国家级职业教育规划教材
人力资源和社会保障部职业能力建设司推荐
全国职业技术院校艺术设计类专业教材

室内装饰工程工程量清单计价

人力资源和社会保障部教材办公室 组织编写

姚杰红 主编

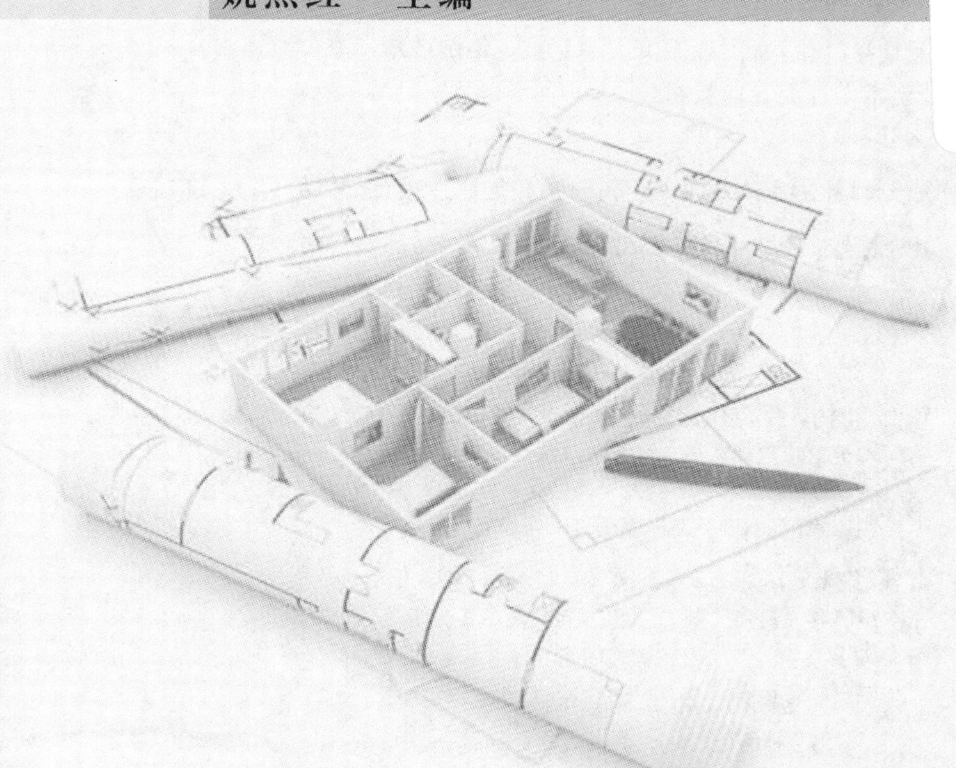

中国劳动社会保障出版社

简　介

本教材为国家级职业教育规划教材，由人力资源和社会保障部职业能力建设司推荐。

本教材共10章，主要内容包括楼地面工程，墙柱面装饰与隔断、幕墙工程，天棚工程，门窗工程，油漆、涂料、裱糊工程，其他装饰工程，拆除工程，措施项目计价及工程量清单计量与计价实例等。

本教材为全国职业技术院校艺术设计类专业教材，也可供相关企业人员参考。

本教材由姚杰红任主编，吴海蓉、何韵仪、苏雪兰参与编写。

图书在版编目(CIP)数据

室内装饰工程工程量清单计价/姚杰红主编. —北京：中国劳动社会保障出版社，2014
(全国职业技术院校艺术设计类专业教材)
ISBN 978－7－5167－0403－5

Ⅰ.①室…　Ⅱ.①姚…　Ⅲ.①室内装饰-工程造价-高等职业教育-教材　Ⅳ.①T723.3

中国版本图书馆CIP数据核字(2014)第268294号

中国劳动社会保障出版社出版发行
(北京市惠新东街1号　邮政编码：100029)
*
国铁印务有限公司印刷装订　新华书店经销
787毫米×1092毫米　16开本　17印张　353千字
2015年1月第1版　　2023年5月第7次印刷
定价：33.00元

营销中心电话：400-606-6496
出版社网址：http://www.class.com.cn
http://jg.class.com.cn

出版说明

全国职业技术院校艺术设计类专业教材的开发基于对当前艺术设计行业技能型人才需求及学校教学实际的调研分析，教材的编审人员由教学经验丰富、实践能力强的一线骨干教师和来自企业的设计人员组成。

本套教材分为基础平台课教材和专业课教材，涵盖了广告设计与制作、室内设计等专业方向，今后将根据需要适时开发其他专业方向的教材。为方便教学，还开发了与教材配套的数字化资源。

◎基础平台课教材

基础平台课教材内容包括素描、速写、色彩、构成、图案等美学基础知识和相关的美学原理，作用是培养学生的美学素养和造型能力。与其配套的训练册能够帮助学生通过练习掌握基本的表现技巧，为后续学习打下基础。

◎专业课教材

专业课教材分别从不同的设计领域，详细讲解了设计的基本概念、表现技法和设计流程，指导学生循序渐进地掌握设计实务，培养他们的实际应用能力和创新能力。

教材编写特别注重理论与实践的结合，强调运用案例引导教学。这些案例一部分来自于企业的真实设计，缩短了课堂教学与实际应用的距离；还有一部分来自于优秀学生作品，它们更加贴近学生的思维，容易得到学生的共鸣，增强学习的自信心。

◎数字化资源

教材开发了配套的电子课件，包含上机操作内容的教材还提供了相关素材，可登录 www. class. com. cn 在相应的书目下载。

目 录 CONTENTS

第一章　概述

学习目标

◆掌握工程造价的含义和特点

◆熟悉室内装饰工程费用构成

◆熟悉工程量清单与预算定额的计价模式

◆熟悉工程量清单计价的标准格式

◆掌握清单计价和定额计价的区别

第一节 室内装饰工程造价原理

一、室内装饰工程概述

1. 室内装饰、装修的概念

室内装饰、装修是指为使建筑物室内空间达到一定的环境质量要求，使用装饰、装修材料对建筑物内部进行装饰处理的工程建设活动。

2. 室内装饰工程的主要作用

(1) 保护建筑物主体结构。室内装饰可使建筑物主体结构不受各种不利因素的侵蚀和影响。室内装饰施工担负着建筑物的内墙、顶棚、地面的装修任务。

(2) 保证建筑物的使用功能。室内装饰工程应在现有建筑结构的基础上尽量满足使用者的使用功能要求，使空间使用功能更加合理。

(3) 强化建筑物的空间序列。对公共娱乐设施、商场、写字楼等建筑物的内部进行合理布局和分隔，能满足建筑物在使用上的各种要求。

(4) 强化建筑物的意境和气氛。通过室内装饰，对室内的环境再创造，从而达到满足精神需求的目的。

(5) 起到装饰性的作用。通过室内装饰，达到美化建筑物及内部环境的目的。

二、工程造价的含义和特点

1. 工程造价的含义

工程泛指一切建设工程，它的范围和内涵具有很大的不确定性。工程造价有下面两种含义。

第一种含义：工程造价是指建设一项工程预期开支或实际开支的全部固定资产投资费用。显然，这一含义是从投资者——业主的角度来定义的。投资者选定一个项目后，就要通过项目评估进行决策，然后进行设计招标、工程招标，直到竣工验收等一系列投资管理活动。在投资活动中所支付的全部费用形成了固定资产和无形资产。所有这些开支就构成了工程造价。从这个意义上说，工程造价就是工程投资费用，建设项目工程造价就是建设项目固定资产投资。

第二种含义：工程造价是指工程价格，即为建成一项工程，预计或实际在土地市场、设备市场、技术劳务市场等交易活动中所形成的建筑安装工程的价格和建设工程总价格。显然，工程造价的第二种含义是以社会主义商品经济和市场经济为前提的。以工程这种特定的商品作为交换对象，通过招投标、承发包或其他交易形式，在进行多次预估的基础上，最终由市场形成的价格。通常把工程造价的第二种含义认定为工程承发包价格。承发包价格是工程造价中一种重要的，也是最典型的价格形式。它是在建筑市场上通过招投标由需求主体投资者和供给主体建筑商共同认可的价格。

工程造价的两种含义是从不同角度把握同一事物的本质。对于建设工程的投资者来说，工程造价就是项目投资，是“购买”项目付出的价格；同时也是投资者在作为市场主体时，“出售”项目时定价的基础。对于承包商来说，工程造价是他们作为市场供给主体出售商品和劳务的价格的总和，或是特指范围的工程造价，如建筑安装工程造价等。

2. 工程造价的特点

（1）工程造价的大额性

要发挥工程项目的投资效用，其工程造价都非常高，动辄数百万元、数千万元，特大的工程项目造价可达百亿元人民币。工程造价的大额性涉及多方面的重大经济利益，也会对宏观经济产生重大影响。

（2）工程造价的个别性和差异性

任何一项工程都有特定的用途、功能和规模。因此，对每一项工程的结构、造型、空间分隔、设备配置和内外装饰都有具体的要求，所以工程内容和实物形态都具有个别性及差异性。产品的个别性和差异性决定了工程造价的个别性和差异性。同时，每期工程所处的地理位置也不相同，使这一特点得到了强化。即不存在造价完全相同的两个工程项目。

（3）工程造价的动态性

任何一项工程从决策到竣工交付使用，都有一个较长的建设期，在建设期内，往往由于不可控制因素影响工程造价。如设计变更、物价变化、工资标准和取费费率的调整、贷款利率和汇率的变化、不利的自然条件、人为因素等都必然会导致工程造价变动。所以，工程造价在整个建设期内处于不确定状态，直至竣工决算后才能最终确定工程的实际造价。

（4）工程造价的层次性

工程造价的层次性取决于工程的层次性。一个建设项目常包含多项能够独立发挥生产能力和工程效益的单项工程，如会所、学校、幼儿园、住宅楼等。一个单项工程又由多个单位工程组成，如土建工程、机电安装工程等。与此相适应，工程造价分为三个层次，即建设项目总造价、单项工程造价和单位工程造价。单位工程还可以细分为分部工程和分项工程，如土建工程可分为土方工程、桩基础工程、装饰工程等，这样工程造价就可细分为五个层次。即使从工程造价的计算程序和工程管理角度来分析，工程造价的层次也是非常明确的。

(5) 工程造价的兼容性

工程造价的兼容性首先表现在其本身具有两种含义，其次表现在其构成的广泛性和复杂性。在工程造价中，除建筑安装工程费用、设备及工具和器具购置费用外，征用土地费用、项目可行性研究费用、规划设计费用、与一定时期政府政策（如产业和税收政策等）相关的费用占有相当的份额，盈利的构成较为复杂，资金成本较大。

三、室内装饰工程的特性与建设项目的划分

1. 室内装饰工程的特性

室内装饰工程除了具有一切商品的共同特点之外，同时又有其自身的特点：本身变化大，没有固定模式，设计范围广，装饰形式多样化，装饰工艺构造复杂，新工艺和新技术不断更新发展，装饰材料价格差异大。

(1) 单件性

每一项建筑装饰工程都有专门用途，有不同的结构和装饰做法，不同的体积和面积，采用不同的施工工艺、设备和材料。即使是用途相同的装饰工程，其技术水平、装饰等级和装饰标准也有差别。装饰工程还必须在结构、造型等方面适应工程所在地气候、地质、地震、水文等自然条件，适应当地的风俗习惯。装饰工程的实物形态千差万别，需要对每项装饰工程分别计算工程造价，即单件计价，而不能像一般工业产品那样按品种、规格和质量等成批定价。

(2) 新颖性

室内装饰的立意、构思、风格和环境氛围的创造，需要从环境的整体、文化特征以及建筑功能特点等多方面考虑，包括新型材料、结构构成、施工工艺，良好的声、光、热环境的设施和设备，以及设计手段的变化，创造能使视觉愉悦和具有文化内涵的室内环境。

(3) 固定性

室内装饰工程必须依附于建筑物主体结构上，而建筑物主体结构必须固定于某一地点，不能随意移动。这一客观事实必然会使室内装饰工程受到当地气候、资源条件的影响和制约。由于建在不同的地点上，再加上不同地区构成工程费用的各种价值要素的差异，最终导致装饰工程造价的千差万别。这一特性称为室内装饰工程的固定性。

综上所述，室内装饰工程具有单件性、新颖性和固定性。因此，不能以整个建筑物的装饰工程作为计价的具体对象。一般采用将一个内容多、项目较复杂的室内装饰工程进行逐步分解的方法，分解成较为简单的、具有统一特征的、可以用较为简单的方法来计算的分项工程项目。建设项目的划分是进行室内装饰工程预算的基础。

2. 建设项目的划分

将室内装饰工程进行层层分解，可以通过对建设项目的划分过程来描述。建设项目按

照合理确定工程造价和基本建设管理工作的需要，划分为建设项目、单项工程、单位工程、分部工程及分项工程五个层次。工程量和造价的计算是由局部到整体的一个分部组合计算的过程。

（1）建设项目

建设项目一般是指在一个总体设计范围内由一个或几个工程项目组成，经济上实行统一核算，行政上实行独立管理，具有独立法人资格的建设工程。对于每一个建设项目，都编有计划任务书和独立总体设计。例如，在工业建筑中，一般一个工厂即为一个建设项目；在民用建筑中，一般一个学校、一所医院即为一个建设项目。

在我国，通常以一个企业、事业行政单位或独立工程作为一个建设项目。如属于一个总体设计中的主体工程及相应的附属配套工程、综合利用工程、环境保护工程、供水供电工程等，都应合并为一个建设项目。凡是不属于一个总体设计，经济上分别核算、工艺流程上没有直接关联的几个独立工程，应分别作为几个建设项目，不能捆在一起作为一个建设项目。

（2）单项工程

单项工程又称工程项目，它是建设项目的组成部分。一个建设项目可以是一个单项工程，也可能包括几个单项工程。单项工程是指具有独立的设计文件，建成后可以独立发挥生产能力或效益的工程。生产性建设项目的单项工程一般是指能独立生产的车间，非生产性建设项目的单项工程，如一所学校的办公楼、教学楼、食堂或宿舍等。

（3）单位工程

单位工程是单项工程的组成部分，一般指不独立发挥生产能力，但具有独立施工条件的工程。如图书馆是一个单项工程，该图书馆的土建工程、设备工程、水暖工程、装修工程等均各属一个单位工程。

（4）分部工程

分部工程是单位工程的组成部分，一般是按单位工程的各个部位划分的。例如，房屋建筑单位工程可划分为基础工程、主体工程、屋面工程等。按室内装饰工程来划分，可分为楼地面工程、墙柱面工程、天棚工程、门窗工程等。

（5）分项工程

分项工程是分部工程的组成部分。如楼地面工程可划分为大理石楼地面、抛光砖楼地面、防滑砖楼地面、水磨石楼地面等。可以认为，不同的室内装饰工程都可以由若干个不同的分项工程组成。只要根据施工图的要求，采用以分项工程为对象计算室内装饰工程量和工程造价，再将分项工程造价汇总为单位工程造价的方法，就能较好地解决各个室内装饰工程的内容不同而又要使其价格水平保持一致的矛盾。

建设项目划分示例如图 1—1 所示。

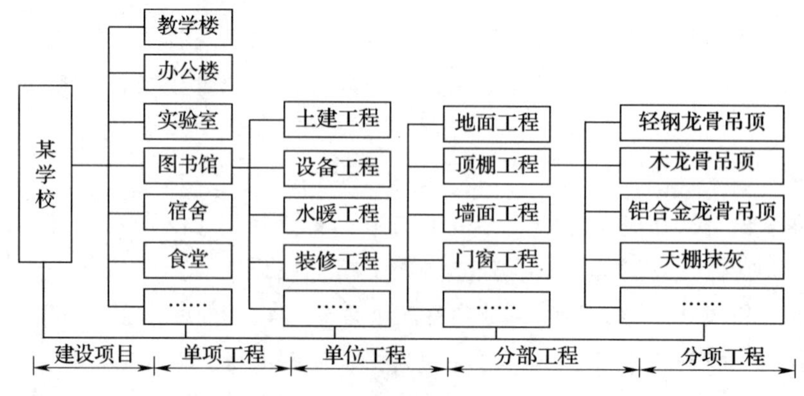

图 1—1 建设项目划分示例

四、室内装饰工程费用构成

为适应深化工程计价改革的需要，根据国家有关法律、法规及相关政策，建设部、财政部在总结《建筑安装工程费用项目组成》（建标〔2003〕206 号文）执行情况的基础上，修订完成了《建筑安装工程费用项目组成》（建标〔2013〕44 号文），自 2013 年 7 月 1 日起施行。

根据《建筑安装工程费用项目组成》，建筑安装工程费按照费用构成要素划分，由人工费、材料（包含工程设备，下同）费、施工机具使用费、企业管理费、利润、规费和税金组成。其中人工费、材料费、施工机具使用费、企业管理费和利润包含在分部分项工程费、措施项目费、其他项目费中。室内装饰工程费用构成与建筑工程费用构成相同，具体费用构成如图 1—2 所示。

1. 人工费

指按工资总额构成规定，支付给从事建筑安装工程施工的生产工人和附属生产单位工人的各项费用。内容包括：

（1）计时工资或计件工资：指按计时工资标准和工作时间或对已做工作按计件单价支付给个人的劳动报酬。

（2）奖金：指对超额劳动和增收节支支付给个人的劳动报酬。如节约奖、劳动竞赛奖等。

（3）津贴、补贴：指为了补偿职工特殊或额外的劳动消耗和因其他特殊原因支付给个人的津贴，以及为了保证职工工资水平不受物价影响支付给个人的物价补贴。如流动施工津贴、特殊地区施工津贴、高温（寒）作业临时津贴、高空津贴等。

（4）加班加点工资：指按规定支付的在法定节假日工作的加班工资和在法定日工作时间外延时工作的加点工资。

（5）特殊情况下支付的工资：指根据国家法律、法规和政策规定，因病、工伤、产假、计划生育假、婚丧假、事假、探亲假、定期休假、停工学习、执行国家或社会义务等原因按计时工资标准或计时工资标准的一定比例支付的工资。

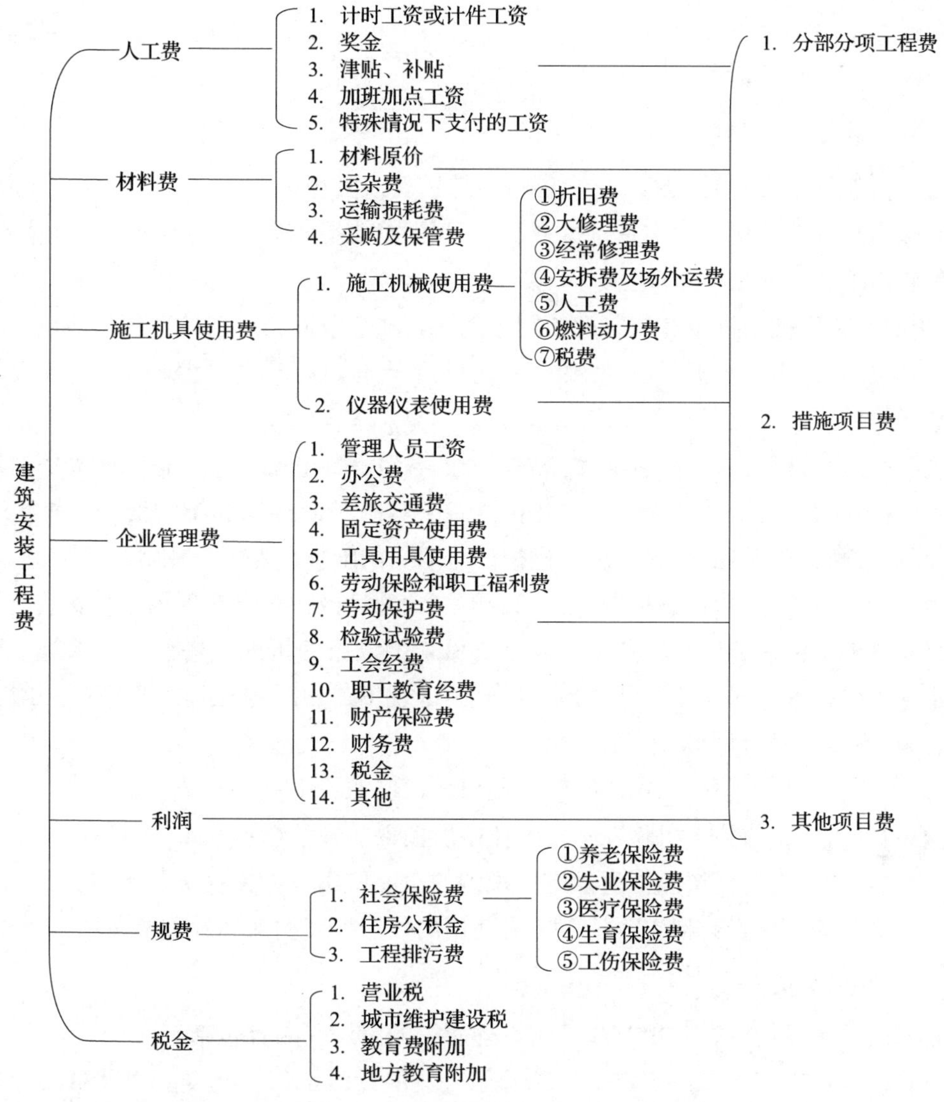

图 1—2　室内装饰工程费用构成图

2. 材料费

指施工过程中耗费的原材料、辅助材料、构配件、零件、半成品或成品、工程设备的费用。内容包括：

（1）材料原价：指材料、工程设备的出厂价格或商家供应价格。

（2）运杂费：指材料、工程设备自来源地运至工地仓库或指定堆放地点所发生的全部费用。

（3）运输损耗费：指材料在运输装卸过程中不可避免的损耗。

（4）采购及保管费：指为组织采购、供应和保管材料、工程设备的过程中所需要的各项费用。包括采购费、仓储费、工地保管费、仓储损耗。

工程设备是指构成或计划构成永久工程一部分的机电设备、金属结构设备、仪器装置，以及其他类似的设备和装置。

3. 施工机具使用费

指施工作业所发生的施工机械、仪器仪表使用费或其租赁费。

（1）施工机械使用费：以施工机械台班耗用量乘以施工机械台班单价表示，施工机械台班单价应由下列七项费用组成：

1）折旧费：指施工机械在规定的使用年限内，陆续收回其原值的费用。

2）大修理费：指施工机械按规定的大修理间隔台班进行必要的大修理，以恢复其正常功能所需的费用。

3）经常修理费：指施工机械除大修理以外的各级保养和临时故障排除所需的费用。包括为保障机械正常运转所需替换设备与随机配备工具附具的摊销和维护费用，机械运转中日常保养所需润滑与擦拭的材料费用及机械停滞期间的维护和保养费用等。

4）安拆费及场外运费：安拆费指施工机械（大型机械除外）在现场进行安装与拆卸所需的人工、材料、机械和试运转费用，以及机械辅助设施的折旧、搭设、拆除等费用；场外运费指施工机械整体或分体自停放地点运至施工现场或由一施工地点运至另一施工地点的运输、装卸、辅助材料及架线等费用。

5）人工费：指机上司机（司炉）和其他操作人员的人工费。

6）燃料动力费：指施工机械在运转作业中所消耗的各种燃料及水、电等。

7）税费：指施工机械按照国家规定应缴纳的车船使用税、保险费及年检费等。

（2）仪器仪表使用费：指工程施工所需使用的仪器仪表的摊销及维修费用。

4. 企业管理费

指建筑安装企业组织施工生产和经营管理所需的费用。内容包括：

（1）管理人员工资：指按规定支付给管理人员的计时工资、奖金、津贴补贴、加班加点工资及特殊情况下支付的工资等。

（2）办公费：指企业管理办公用的文具、纸张、账表、印刷、邮电、书报、办公软件、现场监控、会议、水电、烧水和集体取暖降温（包括现场临时宿舍取暖降温）等费用。

（3）差旅交通费：指职工因公出差、调动工作的差旅费、住勤补助费，市内交通费和误餐补助费，职工探亲路费，劳动力招募费，职工退休、退职一次性路费，工伤人员就医路费，工地转移费，以及管理部门使用的交通工具的油料、燃料等费用。

（4）固定资产使用费：指管理和试验部门及附属生产单位使用的属于固定资产的房屋、设备、仪器等的折旧、大修、维修或租赁费。

（5）工具用具使用费：指企业施工生产和管理使用的不属于固定资产的工具、器具、家具、交通工具和检验、试验、测绘、消防用具等的购置、维修和摊销费。

（6）劳动保险和职工福利费：指由企业支付的职工退职金、按规定支付给离休干部的经费，集体福利费、夏季防暑降温、冬季取暖补贴、上下班交通补贴等。

（7）劳动保护费：企业按规定发放的劳动保护用品的支出。如工作服、手套、防暑降温饮料，以及在有碍身体健康的环境中施工的保健费用等。

（8）检验试验费：指施工企业按照有关标准规定，对建筑及材料、构件和建筑安装物进行一般鉴定、检查所发生的费用，包括自设试验室进行试验所耗用的材料等费用。不包括新结构、新材料的试验费，对构件做破坏性试验及其他特殊要求检验试验的费用和建设单位委托检测机构进行检测的费用，对此类检测发生的费用，由建设单位在工程建设其他费用中列支。但对施工企业提供的具有合格证明的材料进行检测不合格的，该检测费用由施工企业支付。

（9）工会经费：指企业按《工会法》规定的全部职工工资总额比例计提的工会经费。

（10）职工教育经费：指按职工工资总额的规定比例计提，企业为职工进行专业技术和职业技能培训，专业技术人员继续教育、职工职业技能鉴定、职业资格认定，以及根据需要对职工进行各类文化教育所发生的费用。

（11）财产保险费：指施工管理用财产、车辆等的保险费用。

（12）财务费：指企业为施工生产筹集资金或提供预付款担保、履约担保、职工工资支付担保等所发生的各种费用。

（13）税金：指企业按规定缴纳的房产税、车船使用税、土地使用税、印花税等。

（14）其他：包括技术转让费、技术开发费、投标费、业务招待费、绿化费、广告费、公证费、法律顾问费、审计费、咨询费、保险费等。

5. 利润

指施工企业完成所承包工程获得的盈利。

6. 规费

指按国家法律、法规规定，由省级政府和省级有关权力部门规定必须缴纳或计取的费用。包括：

（1）社会保险费：

1）养老保险费：指企业按照规定标准为职工缴纳的基本养老保险费。

2）失业保险费：指企业按照规定标准为职工缴纳的失业保险费。

3）医疗保险费：指企业按照规定标准为职工缴纳的基本医疗保险费。

4）生育保险费：指企业按照规定标准为职工缴纳的生育保险费。

5）工伤保险费：指企业按照规定标准为职工缴纳的工伤保险费。

（2）住房公积金：指企业按规定标准为职工缴纳的住房公积金。

（3）工程排污费：指按规定缴纳的施工现场工程排污费。

其他应列而未列入的规费，按实际发生计取。

7. 税金

指国家税法规定的应计入建筑安装工程造价内的营业税、城市维护建设税、教育费附加以及地方教育附加。

五、工程计价的基本方法

工程计价主要有定额计价和清单计价两种主要方法。定额计价是计划经济体制保留下来的一种传统的计价方式，定额计价模式下建筑工程费用构成主要参照《建筑安装工程费用项目组成》（建标〔2003〕206 号文）。随着计划经济向市场经济的转变，一种新的更适合市场经济发展的计价方式——“清单计价”应运而生，并且逐步与国际接轨，随着国家标准《建设工程工程量清单计价规范》（GB 50500—2013）（以下简称《计价规范》）的颁布实施，工程造价计价更趋合理。工程造价的确定正从“定额计价”向“清单计价”过渡，但在目前的装饰市场中两种计价方式并存。

1. 定额计价法

定额计价法即工料单价法。所谓定额，是指以建筑工程单位估价表为依据编制的定额预算，即在完成单位产品生产过程中，人力、物力或资金消耗的标准额度。定额一般由国家、省、市、自治区的专门机构编制，经主管部门批准后生效执行。定额计价法是项目单价采用分部分项工程的不完全价格（即包括人工费、材料费、机械台班费）的一种计价方法，详见第二节。我国现行有下列两种定额计价方法。

（1）单价法

单价法按以下步骤进行：熟悉施工图及施工组织设计→计算工程量→工程量汇总→套预算单价→计算直接费并进行工料分析→计算各项费用，汇总工程造价→校对→编制说明并填写封面。

（2）实物法

实物法按以下步骤进行：熟悉图样及施工组织设计→计算工程量，套预算定额人工、材料、机械台班消耗数量指标→汇总出单位工程人工、材料、机械台班消耗数量→套当时当地人工、材料、机械台班的实际单价→计算直接费→计算各项费用，汇总工程造价→校对→编制说明并填写封面。

2. 工程量清单计价法

工程量清单计价是指建设方（招标方）公开提供工程量清单并编制标底，承建方（投标方）客观、合理、自主报价，双方签订合同并确定工程价款、工程竣工结算等活动。工程量清单计价是一种国际上通行的计价方式。工程量清单计价采用综合单价计价。就其计价的内容而言，工程量清单计价需按照招标文件的规定，确定完成工程量清单中一个规定计量单位项目的完全价格（即包括人工费、材料费、机械台班费、管理费、利润，并考虑风险费用），详见第二节。

第二节 预算定额计价与工程量清单计价

一、预算定额计价

1. 预算定额的概念

预算定额是建筑工程预算定额和安装工程预算定额的总称，预算定额是计算和确定一个规定计量单位的分项工程或结构件的人工、材料和施工机械台班消耗的数量标准。

2. 预算定额的工程量计算

室内装饰工程的工程量是室内装饰预算和报价的主要数据，它的准确与否直接影响预算和报价的准确性，只有计算准确才能保证工程预算和报价的质量。

（1）工程量的概念

工程量是以物理计量单位或自然计量单位表示的各个分部分项数量。

物理计量单位一般是指以公制度量表示的长度、面积、体积和质量等。例如，楼梯的扶手，室内的踢脚线、挂镜线等均以“米”为计量单位；地面装饰、墙面装饰、顶棚（又称天棚）装饰及建筑面积等均以“平方米”为计量单位；木材、管道保温等均以“立方米”为计量单位；金属构件制作安装等均以“千克”或“吨”为计量单位。

自然计量单位主要指以物体自身为计量单位表示的工程量。例如，建筑卫生陶瓷的盆、器，照明灯具，各种设备的安装等以“组”“套”“个”“件”和“台”为计量单位。

（2）工程量计算规则

各地区执行当地颁发的预算定额，如广东省现在使用的是《广东省建筑与装饰工程综合定额》（2010 年），共上、中、下三册，其中，中册为装饰工程定额，本书就以《广东省建筑与装饰工程综合定额》（中册）（以下称《综合定额》）为例介绍。

《综合定额》是合理确定和有效控制工程造价、衡量工程造价合理性的基础，是编审设计概算、施工图预算、招标控制价、竣工结算的依据，是调节处理工程造价的纠纷、合理确定工程造价的依据。《综合定额》以专业工种划分，按章、节、项目、子目排列，各章均有章说明、工程量计算规则。在进行定额工程量计算之前，必须熟悉定额说明、预算定额的项目划分及单价内容构成，严格按照各章的工程量计算规则进行工程量计算，防止重复、遗漏和错算。

（3）工程量计算方法

首先计算建筑装饰工程建筑面积，做到心中有数，为下一步计算分部分项工程量给定基数。建筑装饰工程量计算一般按下列顺序进行：建筑面积→门窗工程→楼地面工程→顶棚工程→墙面工程→楼梯→配件→其他装饰→脚手架。为了便于计算和复核，采取以下做法和步骤：

1）按顺时针顺序计算，从平面图左上角开始，按顺时针方向逐步计算，绕一周回到左上角。

2）按先横后竖顺序计算，以平面图的横竖方向从左到右，先外后内，先上后下逐步计算。

3）按图样编号顺序计算，如门窗、KTV 包间、客房、酒吧等。

4）运用统筹法计算工程量，做到统筹程序、合理安排、利用基数、连续计算、一次算出、多次使用、结合实际、灵活机动。

计算工程量并不局限于以上几种做法，可根据预算专业人员自己的经验和习惯，采取各种形式和方法。总之，要求计算式简明易懂、层次清楚、有条不紊、算式统一，力求达到准确无误，方便查核的目的。

计算工程量必须熟悉工程内容和预算定额的使用方法，并注明所用定额的编号，当工程项目与定额规定在材料或做法内容上不符时，可按规定办法进行换算、补充或暂估，并注明换算与补充的编号。

（4）计算工程量的注意事项

1）必须是审定的图样或效果图和说明书，对不清楚的问题、尺寸、用料及做法应在计算之前了解清楚。

2）如果根据样板间做法计算工程量，应按业主认可的做法、用料、尺寸计算工程量。

3）计算之前要熟悉定额的内容和做法。工程量计算单位应以定额的计量单位为准。在列出工程量计算项目的同时要确定定额子目，并写出定额编号，不论是国家定额还是参考定额，均在编制说明中写清楚。工程量的小数位应按规定的位数保留，一般为小数点后保留两位。以“个”和“项”等为单位时应取整数。

4）工程量计算书必须按规定格式书写，计算公式要清楚明了，方便复查，计算准确无误。

5）复查项目、单位、数量和小数点等是否有误，如有错误应及时更正。

（5）工程量汇总

工程量计算完毕，经过仔细核对无误后，根据预算定额内容和计算单位的要求，按分部分项工程的顺序逐项汇总，整理列项，为套用定额单价提供方便条件。

二、工程量清单计价

1. 工程量清单计价的基本方法

工程量清单计价的基本过程：在统一的工程量清单项目设置的基础上，按照工程量清单计量规则，根据具体工程的施工图样计算出各个清单项目的工程量，再根据各种渠道所获得的工程造价信息和经验数据计算得到工程造价。这一基本的计价过程如图 1—3 所示。

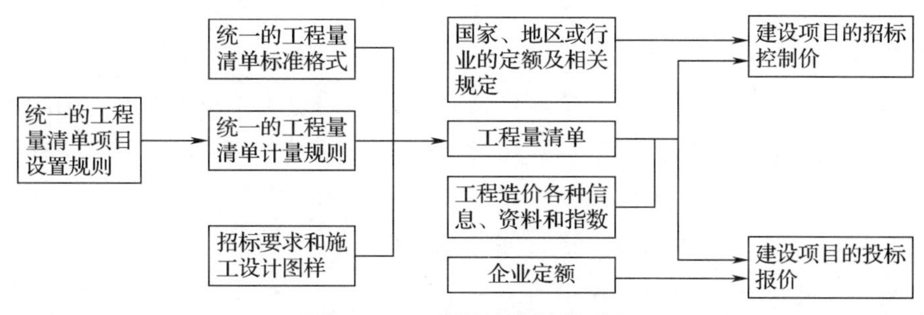

图 1—3 工程量清单计价过程

从工程量清单计价的过程中可以看出，其编制过程可以分为两个阶段，即工程量清单的编制和利用工程量清单来编制投标报价（或招标控制价）。

2. 工程量清单下的工程量计算

工程量根据《计价规范》工程量计算规则计算得到。《计价规范》规则是指对清单项目工程量的计算规定。除另有说明外，所有清单项目的工程量应以实体工程量为准，并以完成后的净值计算；投标人投标报价时，应在单价中考虑施工中的各种损耗和需要增加的工程量。

工程量的计算规则按主要专业划分，包括建筑工程、装饰装修工程、安装工程、市政工程和园林绿化工程五个专业部分。

室内装饰装修工程包括楼地面工程，墙柱面工程，天棚工程，门窗工程，油漆、涂料及裱糊工程，其他装饰工程。

《计价规范》的工程量计算规则与预算定额的工程量计算规则有所区别，按《计价规范》计算规则计算的工程量清单项目是工程实体项目。

具体的计算规则在后面各章详细阐述。

3. 工程量清单计价的定义与程序

工程量清单计价是指投标人按照招标文件的有关规定，完成由招标人提供的工程量清单所需的全部费用，包括分部分项工程费、措施项目费、其他项目费和规费、税金。其基本过程为：

（1）分部分项工程费＝∑分部分项工程量×相应分部分项工程综合单价。

其中，分部分项工程综合单价由人工费、材料费、机械费、管理费、利润组成，并考虑风险费用。

（2）措施项目费＝∑措施项目工程量×措施项目综合单价。

其中，措施项目包括通用措施项目以及与其相对应的单位工程的专用措施项目，措施项目综合单价的构成与分部分项工程综合单价的构成类似。

（3）其他项目费＝暂列金额＋暂估价＋计日工＋总承包服务费。

（4）单位工程报价＝分部分项工程费＋措施项目费＋其他项目费＋规费＋税金。

（5）单项工程报价＝∑单位工程报价。

（6）建设项目总报价＝∑单项工程报价。

4. 工程量清单报价的模式

工程量清单报价是一套比较科学的报价体系，是完善建筑工程招投标市场、健全工程造价市场形成机制的有效途径，其科学性体现在工程造价“量”与“价”的分离。

工程量清单报价要求投标单位根据市场行情和自身实力报价，并逐渐推行合理低价投标中标法，从而打破工程造价形成的单一性和垄断性，呈现出有高有低的多样性。与其他行业一样，建设工程的招投标很大程度上应是工程单价的竞争，如仍采用以往单一的定额计价模式，竞争就不能体现，招投标也就失去了意义。

（1）编制装饰工程工程量清单报价的依据

1）招标文件及工程量清单。工程量清单报价必须实质性地响应招标文件的要求。工程量清单由招标人或其委托的中介机构编制，并提供给投标人，是招标文件必需的组成部分。投标人应根据工程量清单的数量，依据施工图样、企业定额和相关费用规定进行报价。

2）施工图样及有关图集与会审记录。由于工程量清单计价的计算依据是计价规范，其分部分项工程的计算规则和工程内容与实际施工方案不同，因此，清单的工程量不能反映报价的全部内容。所以，投标人在报价时，必须依据施工图样、施工方案及计价定额的要求，针对每一项工程量清单列出所包含的计价项目，并计算出工程量。

3）《建设工程工程量清单计价规范》（GB 50500—2013）。建设工程工程量清单计价规范不仅是编制工程量清单的依据，也是编制报价的依据，编制报价时的有关要求及格式必须执行计价规范。投标人编制报价时，必须根据计价规范中分部分项工程的工程内容及项目特征来确定报价的项目。

4）国家及地区颁发的现行建筑装饰预算定额及与之相配套的各时期的取费标准，其他与建筑装饰工程报价相关的各项政策、规定及调整系数等。

5）企业定额或地区消耗量定额。采用工程量清单计价的一个最主要的特点是投标人自主报价，而投标人自主报价的最重要依据就是投标人依据自己的企业定额报价。但是，由于目前许多企业普遍缺乏和拥有自己的企业定额，因此，为了实现清单计价的平稳过渡，目前的做法是企业均依据地区的消耗量定额报价，当然根据实际情况可做适当调整。

6）施工方案。施工方案是投标人报价的一个主要依据。投标人报价的个性差别主要体现在企业的施工消耗量不同，而施工方案是造成企业施工消耗量不同的最直接原因。不同的施工方案可得出不同的报价。

7）人工、材料、机械台班市场价格。人工、材料、机械台班的实际单价是确定清单综合单价的重要依据，单价的变化直接影响着报价的高低。

（2）业主编制工程量清单

业主在采用工程量清单报价方式的工程管理中，必须加强自我保护，规避风险。工程量清单报价方式更适应商品经济发展的价值规律，摆脱了“政府定价、量价合一”的计划经济管理模式。因为该方式有利于促使施工单位在激烈的市场竞争中不断改进生产方式，提高生产力，从而达到降低工程成本、提高自身市场竞争能力的目的。在采用工程量清单报价方式的同时，因为淡化了“标底”的作用，仅设立“拦标价”（也叫招标控制价或者最高限价），采取合理低价中标的原则，客观上减少了业主投资。

招标控制价编制完成后，需要认真进行审查。加强招标控制价的审查对于提高工程量清单计价水平，保证招标控制价质量具有重要作用。招标控制价的审查过程分为编制人自审、编制人之间互审和审核单位审查三个阶段。招标控制价审查的内容包括符合性、计价基础合理性和招标控制价整体价格水平。在《计价规范》下的工程量清单报价，为招标控制价在商务标测评中建立了一个基准的平台，即招标控制价的计价基础与各投标单位报价的计价基础完全一致，方便了招标控制价与投标报价的对比。

1）完善设计，减少或避免设计变更。施工图样是设计单位根据业主委托绘制的，是对拟建建筑物、构筑物的使用功能、平面布局、外观造型及内在质量进行三维表示的文件，也是编制工程量清单的重要依据。

设计图样一经确定，除发生人力不可抗拒的原因外，业主不可对施工图样进行随意变更，因为任何变更都会造成工程量和分部分项工程单价的变化，从而引起承包商对业主的索赔。因此，业主在与设计单位签订委托设计合同时，应对施工图样的设计质量标准有所约定，因设计人的过失而发生的索赔，设计人应承担一定的经济责任。抓好工程设计，是搞好项目管理的首要环节。

2）科学而准确地编制工程量清单。业主应要求工程量清单编制人应该具有丰富的施工及造价管理经验，所编制的工程量清单除数量准确外，应将每个分项的工艺要求、工作内容、特殊施工措施及材料使用等在项目特征描述中进行详尽的表述，应严谨地设置分部分项工程项目，使其具有良好的可操作性。

3）严谨地设置合同条件。工程量清单报价方式合同条件的设置应使业主尽可能地回避风险，充分考虑工程施工中可能发生的不确定因素，对将来可能发生的不确定因素都要求承包商一一做出承诺，建议参考 FIDIC 条款拟定该工程合同条件。对监理工程师和造价工程师的职责权限要做出明确的规定，无论是监理工程师的计量工作，还是造价工程师的计价工作，最终都必须经过业主的认可才能生效。

为了避免出现工程施工过程的监管失控，树立监理工程师和造价工程师的权威性及明确责任，业主对监理工程师和造价工程师发出的工程指令以及对承包商的工程指令，都必须经过监理工程师和造价工程师发出。为了避免工程项目管理的紊乱，在合同条款中要明确约定承包商不直接接受业主的指令。

（3）施工方投标报价

1）实体工程报价。实体工程量的造价有一部分是不可控制的，如材料费用；有些是可控制的，如机械费用和人工费用。

2）机械费用。为完成建设项目所投入的机械成本最终都要计入工程造价中，报价时不必分摊到单位工程量中。

3）非实体工程报价。非实体工程消耗的工程材料不是项目实体的构成部分，其投入量与施工方案有很大关系，因此，施工企业报价也根据拟采用的方案计算实际投入量，单独计算该部分的材料费用。

4）经营费用。经营费用是施工企业为组织施工所发生的一切费用，相当于以前的间接费用，包括开办费、管理费用、保险费用、劳务费用、各种办证费用以及材料试验费用等。投标企业报价时可以结合以往经验、自身管理水平及实际情况综合报价。经营费用属于竞争性项目。

5）税金和利润。以上构成报价的各项内容是投标企业完成拟建项目所需的投入，而获取一定的利润是投标企业参与投标的目的，同时，投标企业还需要按照税法的规定缴纳一定的税金，所以税金与获取利润是该报价模式的重要组成部分。

（4）关于工程量清单报价模式的几点说明

1）报价与质量、工期的关系。多年来，人们一直认为提高质量、缩短工期会增加项目造价，这种现象针对的是具体承包商。

2）报价与方案息息相关。工程量清单报价模式的一大特点就是报价方案的价格体现，相对而言投标企业投标时所提供的技术、管理措施是形成报价的基础，也是实现报价的保证。

3）评标指标单一化。该报价模式把报价与方案紧密地联系在一起，把方案的差异性转化为报价的差异性，从而使评标指标单一化成为可能。

4）变更与施工措施费。变更会引起工程量的变化，但这些变化不会影响项目的规模，相应地也不会影响投标企业的施工方案。

5. 工程量清单计价步骤

工程量清单是表现拟建工程的分部分项项目、措施项目、其他项目名称和相应数量的明细清单，由招标人按照《建设工程工程量清单计价规范》附录中统一的项目编码、项目名称、计量单位和工程量计算规则进行编码，包括分部分项工程量清单、措施项目清单、其他项目清单。工程量清单反映拟建工程的全部工程内容以及为实现这些工程内容而进行的其他工作，所以其专业性强，内容复杂，要求招标人的业务水平高，能编制出完整、严谨的工程量清单，它直接影响招标的质量，也是招标成败的关键。

推行工程量清单计价是建设市场发展的客观要求，是整顿和规范建筑市场的需要，符合企业自主定价、市场形成价格、政府间接调控的价格运行机制，符合社会主义市场经济特征，符合国际惯例，体现了价值规律。

工程量清单计价的基本步骤如下：

（1）熟悉工程量清单。

（2）研究招标文件。

（3）熟悉施工图样。

（4）熟悉工程量计算规则。

(5) 了解施工现场情况及施工组织设计特点。

(6) 熟悉加工订货的有关情况。

(7) 明确主材和设备的来源情况。

(8) 计算分部分项工程工程量。

(9) 计算分部分项工程综合单价。

(10) 确定措施项目清单及费用。

(11) 确定其他项目清单及费用。

(12) 计算规费及税金。

(13) 汇总各项费用并计算工程造价。

6. 工程量清单计价规范

(1)《建设工程工程量清单计价规范》的主要内容

《计价规范》的内容涵盖了工程实施阶段从计价方式、计价风险开始到竣工结算与支付、合同价款争议的解决、工程造价鉴定以及工程计价资料与档案建立的全过程。

分为以下九个专业：

1) 房屋建筑与装饰工程

2) 仿古建筑工程

3) 通用安装工程

4) 市政工程

5) 园林绿化工程

6) 矿山工程

7) 构筑物工程

8) 城市轨道交通工程

9) 爆破工程

(2) 工程量清单计价的标准格式

工程量清单采用统一格式。工程量清单计价表由下列内容组成：

1) 封面。

①招标工程量清单：封一1。

②招标控制价：封一2。

③投标总价：封一3。

2) 扉页。

①招标工程量清单：扉一1。

②招标控制价：扉一2。

③投标总价：扉一3。

3) 工程计价总说明。

总说明：表—01。

4）汇总表。

①建设项目招标控制价/投标报价汇总表：表—02。

②单项工程招标控制价/投标报价汇总表：表—03。

③单位工程招标控制价/投标报价汇总表：表—04。

5）分部分项工程和措施项目计价表。

①分部分项工程和单价措施项目清单与计价表：表—08。

②综合单价分析表：表—09。

③综合单价调整表：表—10。

④总价措施项目清单与计价表：表—11。

6）其他项目计价表。

①其他项目清单与计价汇总表：表—12。

②暂列金额明细表：表—12—1。

③材料（工程设备）暂估单价及调整表：表—12—2。

④专业工程暂估价及结算价表：表—12—3。

⑤计日工表：表—12—4。

⑥总承包服务费计价表：表—12—5。

⑦索赔与现场签证计价汇总表：表—12—6。

⑧费用索赔申请（核准）表：表—12—7。

⑨现场签证表：表—12—8。

7）规费、税金项目计价表：表—13。

8）工程计量申请（核准）表：表—14。

9）合同价款支付申请（核准）表：表—15～表—19。

10）主要材料、工程设备一览表：表—20～表—22。

计价表格使用详见《建设工程工程量清单计价规范》（GB 50500—2013））。

三、工程量清单计价与预算定额计价的对比分析

1. 工程量清单计价与预算定额计价概念上的区别

工程量清单计价与预算定额计价概念上的区别见表1—1。

表1—1　工程量清单计价与预算定额计价概念上的区别

序号	名称	区别	
		工程量清单计价	预算定额计价
1	编制单位不同	工程量由招标单位统一编制或委托具有相应资质的中介机构编制	工程量由招标单位和投标单位分别按图样计算编制

续表

序号	名称	区　别	
		工程量清单计价	预算定额计价
2	编制依据不同	按照《建筑工程施工发包与承包计价管理办法》（建设部第107号令）规定，标底根据招标文件中的工程量清单和有关要求、施工现场情况、合理的施工方法及建设行政主管部门的有关工程造价计价办法编制。投标报价则根据企业定额和市场价格信息或参照建设行政主管部门发布的社会平均消耗量定额编制	传统预算定额计价依据图样，人、材、机消耗量依据建设行政主管部门颁发的消耗量定额计算，人、材、机单价则依据工程造价管理部门发布的价格信息进行计算
3	编制时间不同	必须在招标文件发出前由招标人编制工程量清单确定工程量，各投标单位都根据统一的工程量清单报价	在招标文件发出后由投标人计算工程量，各投标单位各自计算工程量，各投标单位计算的工程量均不一致
4	表现形式不同	采用综合单价形式（全费用单价），包括人工费、材料费、机械使用费、管理费、利润，并考虑风险因素	采用工料单价形式，由人工费、材料费、机械使用费组成，措施费、企业管理费、利润、规费、税金、风险费用按规定程序另行计算
5	项目编码不同	全国实行统一编码，项目编码用12位阿拉伯数字表示。一到九位为统一编码，其中，一、二位为附录顺序码，三、四位为专业工程顺序码，五、六位为分部工程顺序码，七、八、九位为分项工程项目名称顺序码，十到十二位为清单项目名称顺序码。前九位编码不能变动，后三位编码由清单编制人根据项目设置的清单项目编制	全国各省、市、自治区分别采用不同的定额子目，定额子目×—×是预算定额中不可缺少的内容之一
6	费用组成不同	包括分部分项工程费、措施项目费、其他项目费、规费、税金。包括完成每项工程所包含的全部工程内容的费用；包括完成每项工程内容所需的费用（规费、税金除外）；包括工程量清单中没有体现的，而施工中又必须发生的措施内容所需的费用；包括因风险因素而增加的费用	一般均采用总价形式
7	评标方法不同	经评审合理低价中标，评标时，既要对总价进行评分，又要对综合单价进行分析评分	各省、市、自治区一般都采用百分制评方法

续表

序号	名称	区别	
		工程量清单计价	预算定额计价
8	调价方式不同	一旦中标，报价作为签订施工合同的依据相对固定下来，工程结算则按施工企业实际完成的工程量乘以清单报价中相应的单价计算，单价不能随意调整	合同调整方式有变更签证、定额解释、政策性调整、不可抗力发生等
9	索赔事件增加	因承包商对工程量清单单价包含的工作内容一目了然，故凡建设方不按清单内容施工的，任意要求修改清单的，都会增加施工索赔的因素	按照设计变更签证

2. 工程量清单计价与预算定额计价在投标报价中的对比分析

（1）相同之处

1）都要用施工图和工程量计算规则计算和核定工程量。

2）定额依然是确定实体消耗量的科学依据。

3）需要有一个社会平均水平的取费标准。

4）材料价格可以随市场变化，但人工和机械台班价格在一定时期内仍然要采用政府指导价。

5）要有相对统一的计费程序和计价格式。

（2）不同之处

工程量清单计价与预算定额计价在投标报价中的区别见表1—2。

表1—2　　工程量清单计价与预算定额计价在投标报价中的区别

序号	工程量清单计价	预算定额计价
1	统一由招标人提供工程量清单，实现了同等条件下的公平竞争，在这种模式下，投标人也须计算工程量，但目的是发现差异，以利报价	自己计算工程量，结果五花八门
2	自主报价，竞争的差异体现在价格上	大家都套用统一的预算基价，结果在具体单价上没有差异，千人一面
3	以企业实际情况取费，有利于将竞争放在明处	按统一规定取费
4	两者计费程序和计价格式完全不同	
5	工程量清单项目的划分一般是以一个“综合实体”考虑的，一般包括了多项其他工作内容，据此也规定了相应的工程量计算规则	现行预算定额的项目一般是按照施工工序进行设置的，包括的工程内容一般是单一的，据此规定了相应的工程量计算规则
	故两者的工程量计算规则是有差别的	

（3）总结

两种计价模式都是建立在定额的平台上，不能理解为实行清单计价就不要定额了。定额不能淡化，而应加强。

思考与练习

1. 室内装饰工程的主要作用是什么？
2. 工程造价的特点是什么？
3. 室内装饰工程项目与建设项目是怎样划分的？
4. 工程量清单计价的范围包括哪些？
5. 什么是工程量清单？
6. 《建设工程工程量清单计价规范》的附录包括多少个专业内容？
7. 《建设工程工程量清单计价规范》的特点有哪些？

第二章 楼地面工程

学习目标

◆理解楼地面的组成

◆了解本章清单项目的划分，会查找 GB 50854—2013 附录 L 中的相应项目

◆掌握整体面层、块料面层、踢脚线、台阶项目的工程量计算规则和应用

◆了解扶手栏杆栏板装饰、零星装饰项目的工程量计算规则

◆重点掌握工程量清单的编制和分部分项工程报价表的填写

第一节　楼地面装饰构造与施工工艺

一、楼地面的组成

楼地面的基本组成是基层、中间层和面层，如图 2—1 所示，它们各自的特点与作用为：

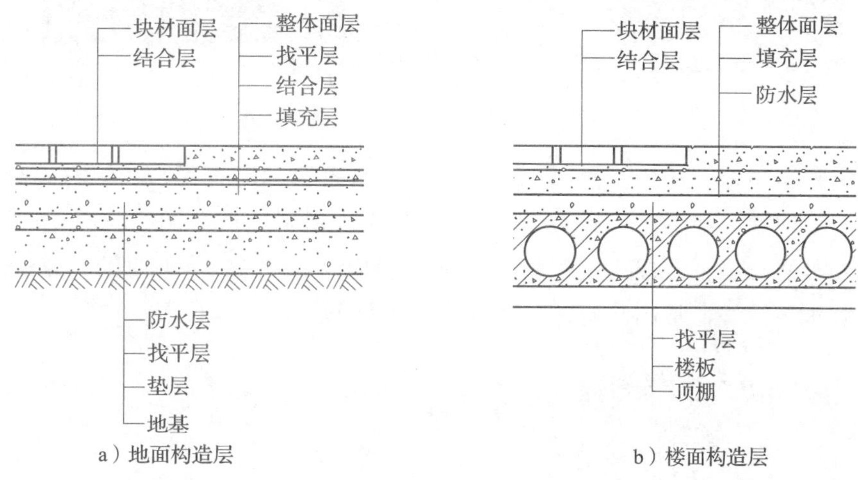

图 2—1　（整体）块料地面与楼面构造

1. 基层

基层的作用是承受中间层和面层上部传来的荷载，要求坚固、稳定。建筑物底层地面一般采用素土分层夯实的回填土或混凝土硬基层作为基层，如图 2—1a 中地基为基层。而建筑物二层及以上的楼层地面的基层一般为钢筋混凝土楼板，如图 2—1b 中的楼板为基层。

2. 中间层

中间层包括垫层、找平层、防水层、填充层、结合层等，是承受面层传来荷载的构造层。如图 2—1a、b 中的中间层位于基层和面层之间。

垫层根据材料不同分为刚性垫层和柔性垫层两类。刚性垫层多用于整体面层和平整度要求较高的铺砌地面，一般采用 C10 或 C15 混凝土，厚度为 80～100 mm；柔性垫层常用碎石、砂、炉渣、灰土等，厚度为 70～100 mm。

找平层、结合层略。

3. 面层

据施工工艺和材质不同面层分为整体面层和块料面层两大类。面层应具有耐磨、不起灰、防水、平整、导热系数小等性能。

整体面层常用水泥砂浆、水磨石、细石混凝土、菱苦土等掺入一定的黏结材料进行现浇。其中，现浇水磨石地面可分为分色与不分色两种。例如，图 2—2a 为分色水磨石地面，图 2—2b 为不分色水磨石地面。现浇河卵石楼地面是整体面层的一种，如图 2—2c 所示为现浇河卵石楼地面。

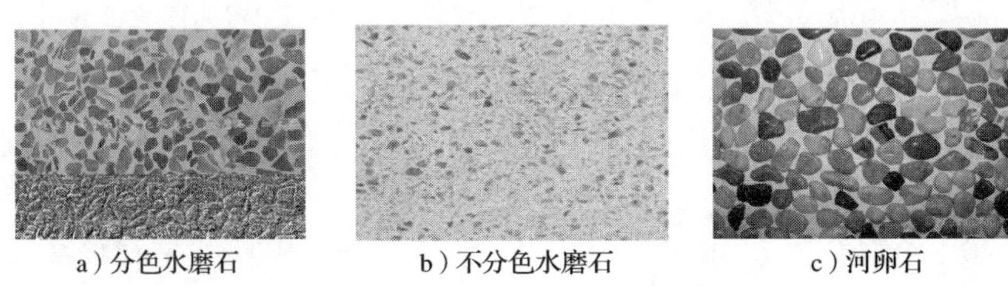

a）分色水磨石　　b）不分色水磨石　　c）河卵石

图 2—2　现浇水磨石、河卵石整体面层

块料面层常用陶瓷类地砖、水泥混凝土类（水磨石块、广场砖）及天然石材（花岗岩板、大理石）等铺贴，如图 2—3 所示，图 a 为花岗岩块料面层，图 2—3b、c 为大理石块料面层。此外水磨石也可做成一定规格尺寸的块料面层，如图 2—3d 所示。图 2—3e 缸砖和马赛克的防水性较好，常用在有防水性要求的卫生间、厨房等位置。

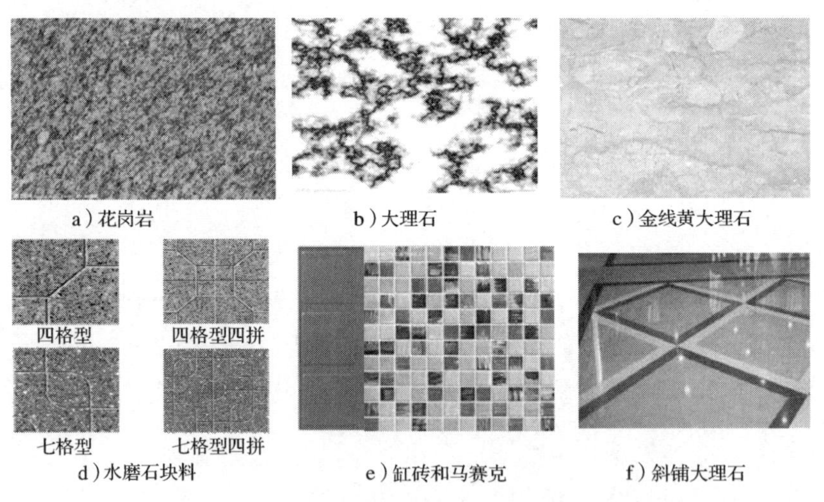

a）花岗岩　　b）大理石　　c）金线黄大理石

d）水磨石块料　　e）缸砖和马赛克　　f）斜铺大理石

图 2—3　各种石材、块料面层

二、楼地面的施工工艺

1. 水泥砂浆楼地面

水泥砂浆的施工工艺流程为：基层处理→弹准线→做灰饼、抹标筋→刷素水泥浆→铺灰、刮平→抹压→养护。具体的施工工艺如下：

（1）基层处理：一切浮灰、油渍、杂质必须清理干净，表面比较光滑的基层应凿毛，并用清水冲洗干净。

（2）弹准线。在四周墙上弹出一道水平基准线，作为确定水泥砂浆面层标高的依据。水平基准线是以地面±0.000 m及楼层砌墙前的抄平点为依据，一般可根据情况弹在标高+500 mm的墙上，如图2—4所示。弹准线时要注意按设计要求的水泥砂浆面层厚度弹线。

（3）做灰饼、抹标筋。面积不大的房间，可根据水平基准线直接用长木杠抹标筋；面积较大的房间，根据水平基准线，在四周墙角处每隔1.5～2 m用1∶2水泥砂浆做灰饼，标志块一般是80～100 mm见方，如图2—5所示。待灰饼结硬后，再以灰饼的高度做出纵横方向通长的标筋以控制面层的厚度。地面标筋用1∶2水泥砂浆，宽度一般为80～100 mm。

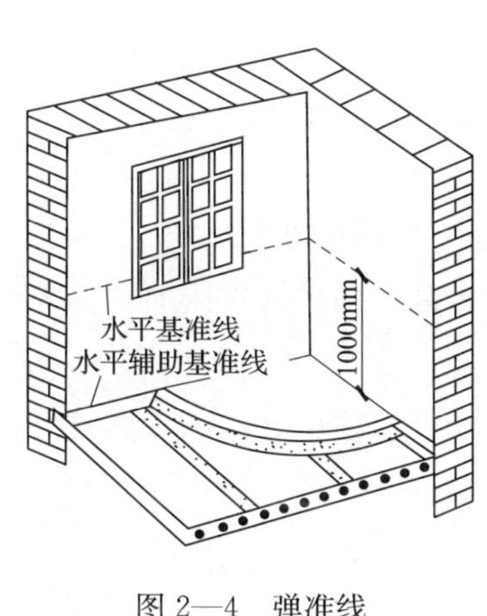

图2—4　弹准线

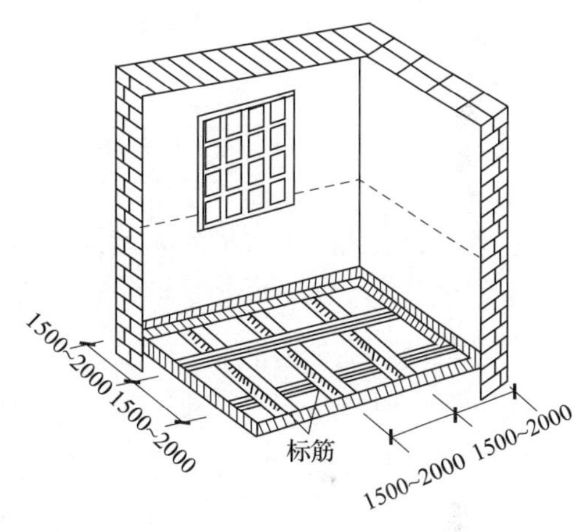

图2—5　做标筋

抹标筋时要注意控制面层厚度，面层的厚度应与门框的锯口线吻合。

有坡度、地漏的房间，应找出不小于5%的坡度，地漏标筋应做成放射状，以保证流水坡向。

（4）刷素水泥浆。其作用是使基层和面层具黏结和防水防潮的作用。

刷素水泥浆的做法是刷素水泥浆前一天把基层浇水湿润，再刷一道配比为0.4～0.5的水泥净浆。

（5）铺灰、刮平。刷一道素水泥浆结合层后，随即在标筋之间铺砂浆，随铺随用木抹子拍实，用短木杠按标筋标高刮平，刮平时要从房间内由里往外刮到门口，符合门框锯口线标高。

（6）抹压。抹压分三遍完成。先用木抹子搓平，并用铁抹子紧跟着压头遍。抹压要轻，使抹子纹浅一些，以压光后表面不出现水纹为宜。

当水泥砂浆开始初凝时（即人踩上去有脚印但不塌陷）即可开始用铁抹子第二遍压光，从边角到大面，顺序加力压实抹光。第二遍压光最重要，要压实、压光、不漏压，表面要清除气泡、孔隙，做到平整光滑。

第三遍抹压在水泥砂浆终凝前完成，人踩上去稍有细微脚印，但抹子抹上去不再有抹子纹时，即可用铁抹子压第三遍。抹压时用劲要稍大些，并把第二遍留下的抹子纹、毛细孔压平、压实、压光。

当地面设计要求分格时，在墙上或踢脚板上划好分格线。面层水泥终凝前，用铁抹子压平压光，把分格缝理直压平。

(7) 养护。夏天在 24 h 后养护，春秋季节应在 48 h 后养护，养护时间不少于 7 d。

养护方法：在地面铺上锯木屑再浇水养护，保持锯木屑湿润。3 d 内不准在上面行走或进行其他作业。

2. 地砖楼地面

工艺流程为：基层处理→抹找平层→弹线、拼花→铺砖→压平拨缝→嵌缝、养护。具体的施工工艺如下：

(1) 基层处理。清除基层表面的灰尘、油污、垃圾等，用水冲洗干净。

(2) 抹找平层

1) 根据墙面上的水平基准线，做灰饼、抹标筋，控制找平层的厚度及坡向。

2) 刮素水泥浆一道，随刮随抹 1∶3 水泥砂浆找平层，用刮尺刮平，木抹拍实、搓毛。

(3) 弹线、拼花

1) 在房间纵横两个方向先排好尺寸，当尺寸不合整块砖的倍数时，可调整接缝宽度或裁半砖用于边角处。

2) 在找平层上每隔 3～5 块砖弹一控制线，并引至墙根部，注意拼花、对缝。

(4) 铺砖

1) 铺前应将选配好的砖洗净，水中浸泡 2～3 h 后，取出晾干备用。

2) 铺贴时，可按纵向控制线先铺几行砖作为标准，然后从里往外退着铺贴。

3) 对于大面积地面宜先每纵、横相隔 10～15 块砖铺一行，形成控制带，然后再铺控制带内的地砖。

(5) 压平拨缝

1) 铺完一个房间，用喷水壶洒水，使砖浸湿接近饱和。

2) 15 min 后用橡胶锤和硬木拍板按顺序满敲一遍。敲平后按顺序调整缝隙，使砖缝顺直匀称。

(6) 嵌缝、养护

1) 2 d 后将缝口清理干净，刷水润湿。

2) 用 1∶1 水泥砂浆勾缝，使其密实、平整、光滑，擦净地面。

3) 嵌缝砂浆终凝后，铺木屑洒水养护 7 d 即可使用。

第二节　楼地面工程清单计量与计价

一、清单项目的划分与说明

1. 清单项目的划分

根据《房屋建筑与装饰工程工程量计算规范》（以下简称《计算规范》）（GB 50854—2013）的附录 L 楼地面装饰工程的内容，楼地面工程分为 8 个分部工程，共计 43 个分项工程项目。一个分部工程对应一个表格，所有表格加起来分为 43 项清单。其中，这 8 个分部工程分别为整体面层及找平层、块料面层、橡塑面层、其他材料面层、踢脚线、楼梯面层、台阶装饰、零星装饰项目。

2. 清单项目的说明

（1）楼梯、台阶牵边和侧面镶贴块料面层，不大于 0.5 m^2的少量分散楼地面镶贴块料面层，应按附录 L 楼地面工程中第 8 个表格“L. 8 零星装饰项目”中的清单项目编码列项。

（2）楼地面中有防水、防潮做法时，另按附录 J. 4 楼（地）面防水、防潮单独清单项目编码列项。

二、清单的计算规则与应用

1. 整体面层及找平层

整体面层及找平层工程量清单项目设置包括：水泥砂浆楼地面、现浇水磨石楼地面、细石混凝土楼地面、菱苦土楼地面、自流坪楼地面、平面砂浆找平层 6 个清单项目，其清单项目的设置见表 2—1。

表 2—1　　整体面层及找平层清单项目设置

项目编码	项目名称	项目特征	计量单位	工程量计算规则	工作内容
011101001	水泥砂浆楼地面	1. 找平层厚度、砂浆配合比 2. 素水泥浆遍数 3. 面层厚度、砂浆配合比 4. 面层做法要求	m^2	按设计图示尺寸以面积计算。扣除凸出地面构筑物、设备基础、室内管道、地沟等所占面积，不扣除间壁墙和小于或等于 0.3 m^2柱、垛、附墙烟囱及孔洞所占面积。门洞、空圈、暖气包槽、壁龛的开口部分不增加面积	1. 基层清理 2. 抹找平层 3. 抹面层 4. 材料运输

续表

项目编码	项目名称	项目特征	计量单位	工程量计算规则	工作内容
011101002	现浇水磨石楼地面	1. 找平层厚度、砂浆配合比 2. 面层厚度、水泥石子浆配合比 3. 嵌条材料种类、规格 4. 石子种类、规格、颜色 5. 颜料种类、颜色 6. 图案要求 7. 磨光、酸洗、打蜡要求	m^2	按设计图示尺寸以面积计算。扣除凸出地面构筑物、设备基础、室内管道、地沟等所占面积，不扣除间壁墙和小于或等于 0.3 m^2 柱、垛、附墙烟囱及孔洞所占面积。门洞、空圈、暖气包槽、壁龛的开口部分不增加面积	1. 基层清理 2. 抹找平层 3. 面层铺设 4. 嵌缝条安装 5. 磨光、酸洗、打蜡 6. 材料运输
011101003	细石混凝土地面	1. 找平层厚度、砂浆配合比 2. 面层厚度、混凝土强度等级			1. 基层清理 2. 抹找平层 3. 面层铺设 4. 材料运输
011101004	菱苦土楼地面	1. 找平层厚度、砂浆配合比 2. 面层厚度 3. 打蜡要求			1. 基层清理 2. 抹找平层 3. 面层铺设 4. 打蜡 5. 材料运输
011101005	自流坪楼地面	1. 找平层砂浆配合比、厚度 2. 界面剂材料种类 3. 中层漆材料种类、厚度 4. 面漆材料种类、厚度 5. 面层材料种类			1. 基层处理 2. 抹找平层 3. 涂界面剂 4. 涂刷中层漆 5. 打磨、吸尘 6. 镘自流平面漆（浆） 7. 拌和自流平浆料 8. 铺面层
011101006	平面砂浆找平层	找平层厚度、砂浆配合比		按设计图示尺寸以面积计算	1. 基层清理 2. 抹找平层 3. 材料运输

注：1. 水泥砂浆面层处理是拉毛还是提浆压光应在面层做法要求中描述。

2. 平面砂浆找平层只适用于仅做找平层的平面抹灰。

3. 间壁墙指墙厚小于或等于 120 mm 的墙。

4. 楼地面混凝土垫层另按附录 E. 1 垫层项目编码列项，除混凝土外的其他材料垫层按《计算规范》表 D. 4 垫层项目编码列项。

（1）适用范围

1）水泥砂浆和细石混凝土楼地面项目根据现浇面层采用材料不同而划分为不同清单项，但在报价时一项清单一般包含找平层和面层工程内容。

2）现浇水磨石楼地面项目适用于普通和彩色现浇水磨石楼地面，预制水磨石楼地面应按 L. 2 块料面层列项。

（2）清单计算规则

按设计图示尺寸以面积（单位：m^2）计算。其中应扣除、不扣除、不增加的分别如下：

1）应扣除：凸出地面的构筑物、设备基础、室内管道、地沟等所占面积。

2）不扣除：间壁墙及小于或等于 0.3 m^2柱、垛、附墙烟囱及孔洞所占面积。

3）不增加：门洞、空圈、暖气包槽、壁龛的开口部分面积（这一点与后面的块料面层、橡塑面层、其他材料面层是不同的）。

（3）注意问题

1）现浇水磨石楼地面可能有嵌条，特别是现浇水磨石楼地面的特征描述中嵌条的种类和规格易漏掉。作为水磨石分格图案的嵌条，可选用玻璃、铜、塑料、不锈钢等材料。现浇水磨石楼地面嵌条常用铜条和玻璃条。

2）平面砂浆找平层只适用于仅做找平层的平面抹灰。

2. 块料面层

块料面层划分为石材楼地面、碎石材楼地面和块料楼地面三个清单项目，其清单项目的设置见表 2—2。其中，石材楼地面指的是面层材质为花岗石、大理石等天然石材的楼地面；碎石材楼地面指的是利用石材的碎料拼接而成的石材楼地面；块料楼地面指面层材质用某种规格和尺寸的人造材料进行铺贴的楼地面，如预制水磨石、陶瓷块料、玻璃块料、缸砖、马赛克、碎拼块料、广场砖、仿古砖等。

表 2—2　　块料面层清单项目设置

项目编码	项目名称	项目特征	计量单位	工程量计算规则	工作内容
011102001	石材楼地面	1. 找平层厚度、砂浆配合比 2. 结合层厚度、砂浆配合比 3. 面层材料品种、规格、颜色 4. 嵌缝材料种类 5. 防护层材料种类 6. 酸洗、打蜡要求	m^2	按设计图示尺寸以面积计算。门洞、空圈、暖气包槽、壁龛的开口部分并入相应的工程量内	1. 基层清理 2. 抹找平层 3. 面层铺设、磨边 4. 嵌缝 5. 刷防护材料 6. 酸洗、打蜡 7. 材料运输
011102002	碎石材楼地面				
011102003	块料楼地面				

注：1. 在描述碎石材项目的面层材料特征时可不用描述规格、颜色。

2. 石材、块料与黏结材料的结合面刷防渗材料的种类在防护层材料种类中描述。

3. 本表工作内容中的磨边指施工现场磨边，后面章节工作内容中涉及的磨边含义相同。

注意问题：门洞、空圈、暖气包槽、壁龛的开口部分并入相应的工程量内，与 L.1 整体面层及找平层不同。

【例题 2—1】 如图 2—6 所示，某房间用 1∶2 水泥砂浆铺贴 600 mm×600 mm 的地砖（选型），周围为黑金沙波打线（与地砖块料对缝），线宽 100 mm（门洞位置本题暂不考虑），列项并求清单和定额工程量。

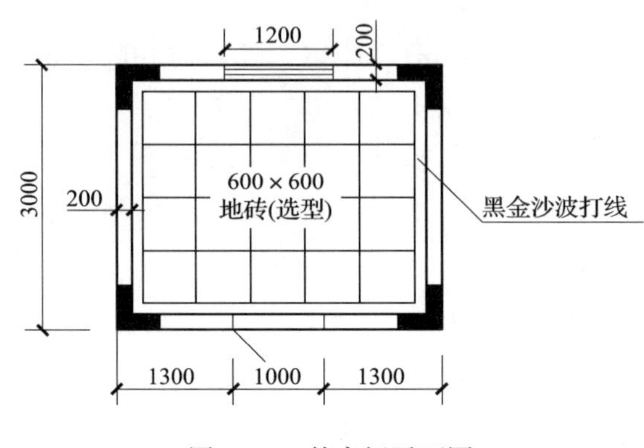

图 2—6 某房间平面图

【解析】 根据《建设工程工程量清单计价规范》（GB 50500—2013）和《房屋建筑与装饰工程工程量计算规范》（GB 50854—2013），可知，该题需使用 011102003001 块料楼地面和 011102001001 石材楼地面这两项清单。根据表 2—2 的工程内容可知，黑金沙波打线在报价时要和块料面层分开组价，块料楼地面工程量要扣除黑金沙波打线工程量。具体计算过程如下：

（1）清单列项与工程量计算

1）011102001001 石材楼地面（黑金沙波打线）清单工程量＝（3.6－0.4－0.1＋3－0.4－0.1）×2×0.1＝1.12 m^2

2）011102003001 块料楼地面清单工程量＝（3.6－0.2×2）×（3－0.2×2）－1.12＝8.32－1.12＝7.2 m^2

（2）定额列项与工程量计算

1）黑金沙波打线：（与块料面层的工程量计算规则一致，按面积计算）＝1.12 m^2，与清单工程量相同。

2）面层：7.2 m^2，与清单工程量相同。

【题目小结】 先计算清单工程量，再计算每项清单对应工作内容的定额工程量，该项清单包含的定额工程内容一目了然，这样更有利于后面的投标报价。

3. 橡塑面层

橡塑面层按照材质不同可分为橡胶板楼地面、橡胶板卷材楼地面、塑料板楼地面、塑料卷材楼地面 4 个清单项目，其清单项目的设置见表 2—3。

表 2—3　　　　橡塑面层清单项目设置

项目编码	项目名称	项目特征	计量单位	工程量计算规则	工作内容
011103001	橡胶板楼地面	1. 黏结层厚度、材料种类 2. 面层材料品种、规格、颜色 3. 压线条种类	m^2	按设计图示尺寸以面积计算。门洞、空圈、暖气包槽、壁龛的开口部分并入相应的工程量内	1. 基层清理 2. 面层铺贴 3. 压缝条装钉 4. 材料运输
011103002	橡胶板卷材楼地面				
011103003	塑料板楼地面				
011103004	塑料卷材楼地面				

注：本表项目中如涉及找平层，另按《计算规范》附录表 L. 1 找平层项目编码列项。

注意问题：门洞、空圈、暖气包槽、壁龛的开口部分并入相应的工程量内，与 L. 1 整体面层及找平层不同。

4. 其他材料面层

其他材料面层按照材质不同可分为地毯楼地面、竹、木（复合）地板、金属复合地板、防静电活动地板四个清单项目，其清单项目的设置见表 2—4。

表 2—4　　　　其他材料面层清单项目设置

项目编码	项目名称	项目特征	计量单位	工程量计算规则	工作内容
011104001	地毯楼地面	1. 面层材料品种、规格、颜色 2. 防护材料种类 3. 黏结材料种类 4. 压线条种类	m^2	按设计图示尺寸以面积计算。门洞、空圈、暖气包槽、壁龛的开口部分并入相应的工程量内	1. 基层清理 2. 铺贴面层 3. 刷防护材料 4. 装钉压条 5. 材料运输
011104002	竹、木（复合）地板	1. 龙骨材料种类、规格、铺设间距 2. 基层材料种类、规格 3. 面层材料品种、规格、颜色 4. 防护材料种类			1. 基层清理 2. 龙骨铺设 3. 基层铺设 4. 面层铺贴 5. 刷防护材料 6. 材料运输
011104003	金属复合地板				
011104004	防静电活动地板	1. 支架高度、材料种类 2. 面层材料品种、规格、颜色 3. 防护材料种类			1. 基层清理 2. 固定支架安装 3. 活动面层安装 4. 刷防护材料 5. 材料运输

注意问题：门洞、空圈、暖气包槽、壁龛的开口部分并入相应的工程量内，与 L. 1 整体面层及找平层不同。

5. 踢脚线

踢脚线按材质不同可分为：水泥砂浆踢脚线、石材踢脚线、块料踢脚线、塑料板踢脚线、木质踢脚线、金属踢脚线、防静电踢脚线七项清单，其清单项目的设置见表 2—5。

表 2—5　踢脚线清单项目设置

<table>
<tr><th>项目编码</th><th>项目名称</th><th>项目特征</th><th>计量单位</th><th>工程量计算规则</th><th>工作内容</th></tr>
<tr><td>011105001</td><td>水泥砂浆踢脚线</td><td>1. 踢脚线高度
2. 底层厚度、砂浆配合比
3. 面层厚度、砂浆配合比</td><td rowspan="7">1. m^2
2. m</td><td rowspan="7">1. 以平方米计量，按设计图示长度乘高度以面积计算
2. 以米计量，按延长米计算</td><td>1. 基层清理
2. 底层和面层抹灰
3. 材料运输</td></tr>
<tr><td>011105002</td><td>石材踢脚线</td><td rowspan="2">1. 踢脚线高度
2. 粘贴层厚度、材料种类
3. 面层材料品种、规格、颜色
4. 防护材料种类</td><td rowspan="2">1. 基层清理
2. 底层抹灰
3. 面层铺贴、磨边
4. 擦缝
5. 磨光、酸洗、打蜡
6. 刷防护材料
7. 材料运输</td></tr>
<tr><td>011105003</td><td>块料踢脚线</td></tr>
<tr><td>011105004</td><td>塑料板踢脚线</td><td>1. 踢脚线高度
2. 黏结层厚度、材料种类
3. 面层材料种类、规格、颜色</td><td rowspan="4">1. 基层清理
2. 基层铺贴
3. 面层铺贴
4. 材料运输</td></tr>
<tr><td>011105005</td><td>木质踢脚线</td><td rowspan="3">1. 踢脚线高度
2. 基层材料种类、规格
3. 面层材料品种、规格、颜色</td></tr>
<tr><td>011105006</td><td>金属踢脚线</td></tr>
<tr><td>011105007</td><td>防静电踢脚线</td></tr>
</table>

注：石材、块料与黏结材料的结合面刷防渗材料的种类在防护层材料种类中描述。

知识链接　　石材踢脚线和块料踢脚线的区别

石材踢脚线主要指大理石、花岗石等天然石材的踢脚线，而块料踢脚线则主要指预制水磨石块、陶瓷块料、缸砖等材质的踢脚线。

注意：内墙的门洞部分要扣减门洞，门洞的两边侧壁（=侧壁厚度一门框厚度）部分需并入。

踢脚线的清单工程量计算可以以 m^2 或者 m（长度）为计量单位。

【例题 2—2】 某一类地区建筑物墙厚均为 240 mm，门窗洞口宽度方向的尺寸如图 2—7 所示，门框厚度为 100 mm。楼地面先用 1∶3 水泥砂浆做 25 mm 厚的找平层，后用 1∶2 水泥砂浆铺花岗石（600 mm×600 mm），踢脚线高 200 mm 用同种花岗石铺贴；用清单计价法列项并计算各项目的工程量 。

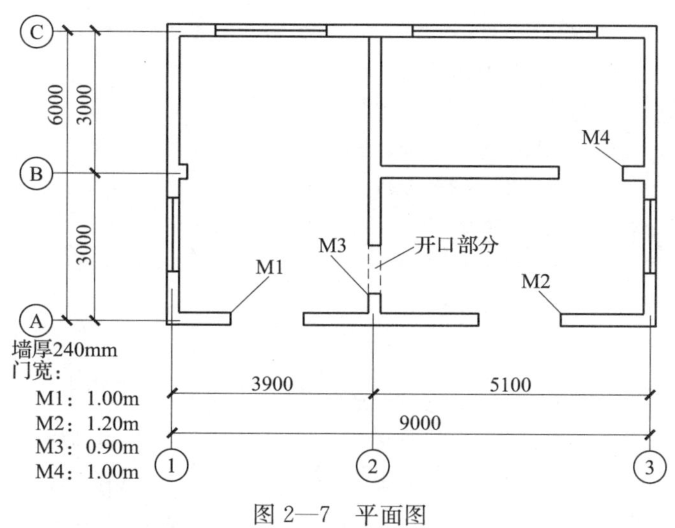

图 2—7 平面图

【解析】 根据《建设工程工程量清单计价规范》（GB 50500—2013）和《房屋建筑与装饰工程工程量计算规范》（GB 50854—2013），可知，该建筑物的楼地面工程有 011102001001 石材楼地面、011105002001 石材踢脚线这两项清单。

（1）011102001001 石材楼地面清单工程量

＝（3.9－0.24）×（6－0.24）＋（5.1－0.24）×（3－0.24）×2＝47.91 m^2

（2）定额列项与工程量计算（查阅《2010 年广东省建筑与装饰工程综合定额》中册）

1）面层：47.91 m^2 同清单；

2）找平层：47.91 m^2 同面层。

（3）011105002001 石材踢脚线清单工程量：

踢脚线面积＝（内墙净长－门洞口＋洞口边）×高度

＝［（3.9－0.24＋6－0.24）×2＋（5.1－0.24＋3－0.24）×2×2－1－1.2－0.9×2－1×2＋（0.24－0.1）×2×4］×0.2≈8.89 m^2

（4）定额列项与工程量计算（查阅《2010 年广东省建筑与装饰工程综合定额》中册）

1）面层：8.89 m^2同清单；

2）底层抹灰：8.89 m^2同面层。

【题目小结】 两项清单的工程量都得以求解，每项清单所包含的定额工作内容也体现在计算过程中，这样更有利于后面的投标报价。

6. 楼梯面层

楼梯面层根据材质不同可分为石材楼梯面层、块料楼梯面层、拼碎块料面层、水泥砂浆楼梯面层、现浇水磨石楼梯面层、地毯楼梯面层、木板楼梯面层、橡胶板楼梯面层、塑料板楼梯面层九个清单项目，其清单项目的设置见表2—6。

表2—6　楼梯面层清单项目设置

项目编码	项目名称	项目特征	计量单位	工程量计算规则	工作内容
011106001	石材楼梯面层	1. 找平层厚度、砂浆配合比 2. 黏结层厚度、材料种类 3. 面层材料品种、规格、颜色 4. 防滑条材料种类、规格 5. 勾缝材料种类 6. 防护层材料种类 7. 酸洗、打蜡要求	m^2	按设计图示尺寸以楼梯（包括踏步、休息平台及小于或等于500 mm的楼梯井）水平投影面积计算。楼梯与楼地面相连时，算至梯口梁内侧边沿；无梯口梁者，算至最上一层踏步边沿加300 mm	1. 基层清理 2. 抹找平层 3. 面层铺贴、磨边 4. 贴嵌防滑条 5. 勾缝 6. 刷防护材料 7. 酸洗、打蜡 8. 材料运输
011106002	块料楼梯面层				
011106003	拼碎块料面层				
011106004	水泥砂浆楼梯面层	1. 找平层厚度、砂浆配合比 2. 面层厚度、砂浆配合比 3. 防滑条材料种类、规格			1. 基层清理 2. 抹找平层 3. 抹面层 4. 抹防滑条 5. 材料运输
011106005	现浇水磨石楼梯面层	1. 找平层厚度、砂浆配合比 2. 面层厚度、水泥石子浆配合比 3. 防滑条材料种类、规格 4. 石子种类、规格、颜色 5. 颜料种类、颜色 6. 磨光、酸洗打蜡要求			1. 基层清理 2. 抹找平层 3. 抹面层 4. 贴嵌防滑条 5. 磨光、酸洗、打蜡 6. 材料运输
011106006	地毯楼梯面层	1. 基层种类 2. 面层材料品种、规格、颜色 3. 防护材料种类 4. 黏结材料种类 5. 固定配件材料种类、规格			1. 基层清理 2. 铺贴面层 3. 固定配件安装 4. 刷防护材料 5. 材料运输
011106007	木板楼梯面层	1. 基层材料种类、规格 2. 面层材料品种、规格、颜色 3. 黏结材料种类 4. 防护材料种类			1. 基层清理 2. 基层铺贴 3. 面层铺贴 4. 刷防护材料 5. 材料运输
011106008	橡胶板楼梯面层	1. 黏结层厚度、材料种类 2. 面层材料品种、规格、颜色 3. 压线条种类			1. 基层清理 2. 面层铺贴 3. 压缝条装钉 4. 材料运输
011106009	塑料板楼梯面层				

注：1. 在描述碎石材项目的面层材料特征时可不用描述规格、颜色。

2. 石材、块料与黏结材料的结合面刷防渗材料的种类在防护层材料种类中描述。

（1）计算规则

按设计图示尺寸以楼梯（包括踏步、休息平台及小于或等于 500 mm 的楼梯井）水平投影面积计算。楼梯与楼地面相连时，算至梯口梁内侧边沿；无梯口梁者，算至最上一层踏步边沿加 300 mm。

（2）注意问题

楼梯面层的清单工程量是以 m² 为计量单位，当楼梯井宽度大于 500 mm 时需扣除。

【例题 2—3】 现浇钢筋混凝土楼梯水磨石面层（见图 2—8），面层 20 mm 1∶1.25 石子浆、找平层 15 mm 1∶2.5 水泥砂浆、嵌铜防滑条，计算其项目工程量（墙厚均为 240 mm）。

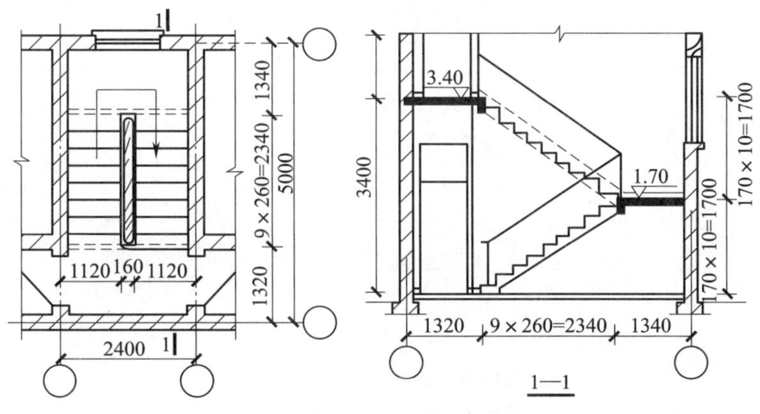

图 2—8 楼梯平面、剖面图

【解析】 在《广东省建筑与装饰工程综合定额》中，防滑条的定额工程量的计算规则为：按设计图示尺寸以长度计算，设计未注明长度时，防滑条按踏步两端距离各减 150 mm 计算。

（1）011106005001 现浇水磨石楼梯面层清单工程量

（2.4－0.12×2）×（2.34＋1.34－0.12）≈7.69 m²

（2）定额列项与工程量计算（查阅《广东省建筑与装饰工程综合定额》中册）

1）面层＝找平层＝（2.4－0.24）×（2.34＋1.34－0.12）≈7.69 m²＝清单工程量

2）嵌铜防滑条＝（9＋1）×2×（1.12－0.12－0.15×2）＝14 m

【题目小结】 注意一个踏步的防滑条长度的计算各个地区可能有所不同，本题采用广东省定额的相关规定进行计算，面层、找平层及防滑条均需应体现在楼梯装饰的投标报价中。

7. 台阶装饰

台阶装饰按材质不同可分为石材台阶面、块料台阶面、拼碎块料台阶面、水泥砂浆台阶面、现浇水磨石台阶面、剁假石台阶面六个清单项目，其清单项目的设置见表 2—7。

表 2—7 台阶装饰清单项目设置

项目编码	项目名称	项目特征	计量单位	工程量计算规则	工作内容
011107001	石材台阶面	1. 找平层厚度、砂浆配合比 2. 黏结层材料种类 3. 面层材料品种、规格、颜色 4. 勾缝材料种类 5. 防滑条材料种类、规格 6. 防护材料种类	m^2	按设计图示尺寸以台阶（包括最上层踏步边沿加 300 mm）水平投影面积计算	1. 基层清理 2. 抹找平层 3. 面层铺贴、磨边 4. 贴嵌防滑条 5. 勾缝 6. 刷防护材料 7. 材料运输
011107002	块料台阶面				
011107003	拼碎块料台阶面				
011107004	水泥砂浆台阶面	1. 找平层厚度、砂浆配合比 2. 面层厚度、砂浆配合比 3. 防滑条材料种类			1. 基层清理 2. 抹找平层 3. 抹面层 4. 抹防滑条 5. 材料运输
011107005	现浇水磨石台阶面	1. 找平层厚度、砂浆配合比 2. 面层厚度、水泥石子浆配合比 3. 防滑条材料种类、规格 4. 石子种类、规格、颜色 5. 颜料种类、颜色 6. 磨光、酸洗打蜡要求			1. 清理基层 2. 抹找平层 3. 抹面层 4. 贴嵌防滑条 5. 打磨、酸洗、打蜡 6. 材料运输
011107006	剁假石台阶面	1. 找平层厚度、砂浆配合比 2. 面层厚度、砂浆配合比 3. 剁假石要求			1. 基层清理 2. 抹找平层 3. 抹面层 4. 剁假石 5. 材料运输

注：1. 在描述碎石材项目的面层材料特征时可不用描述规格、颜色。

2. 石材、块料与黏结材料的结合面刷防渗材料的种类在防护层材料种类中描述。

（1）计算规则

按设计图示尺寸以台阶（包括最上层踏步边沿加 300 mm）水平投影面积计算。

（2）注意问题

楼梯、台阶牵边和侧面镶贴块料面层，小于或等于 0.5 m^2 的少量分散的楼地面镶贴块料面层，应按零星装饰项目清单编码列项。

【例题 2—4】 计算某花岗岩台阶（见图 2—9）的清单工程量。

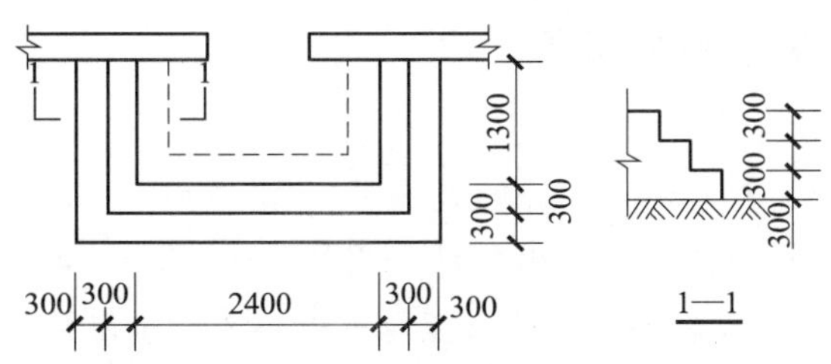

图 2—9 台阶平面与 1—1 剖面图

【解析】 台阶的清单工程量包括踏步及最上一层踏步外沿加 300 mm，如图虚线与台阶外围之间的投影面积为台阶的清单工程量。

011107001001 石材台阶面的清单工程量：

(2.4＋0.3×4) × (1.3＋0.3×2) － (2.4－0.3×2) × (1.3－0.3) ＝5.04 m^2

8. 零星装饰项目

零星装饰项目按材质不同可分为石材零星项目、拼碎石材零星项目、块料零星项目、水泥砂浆零星项目共四个项目，其清单项目的设置见表 2—8。

表 2—8 零星装饰项目清单项目设置

项目编码	项目名称	项目特征	计量单位	工程量计算规则	工作内容
011108001	石材零星项目	1. 工程部位 2. 找平层厚度、砂浆配合比 3. 贴结合层厚度、材料种类 4. 面层材料品种、规格、颜色 5. 勾缝材料种类 6. 防护材料种类 7. 酸洗、打蜡要求	m^2	按设计图示尺寸以面积计算	1. 清理基层 2. 抹找平层 3. 面层铺贴、磨边 4. 勾缝 5. 刷防护材料 6. 酸洗、打蜡 7. 材料运输
011108002	拼碎石材零星项目				
011108003	块料零星项目				
011108004	水泥砂浆零星项目	1. 工程部位 2. 找平层厚度、砂浆配合比 3. 面层厚度、砂浆厚度			1. 清理基层 2. 抹找平层 3. 抹面层 4. 材料运输

注：1. 楼梯、台阶牵边和侧面镶贴块料面层，不大于 0.5 m^2 的少量分散的楼地面镶贴块料面层，应按本表执行。

2. 石材、块料与黏结材料的结合面刷防渗材料的种类在防护层材料种类中描述。

三、 楼地面清单计价

1. 分部分项工程量清单的编制

下面举例说明工程量清单的编制的过程。

【例题 2—5】 如图 2—6 所示，某房间先用 1∶3 水泥砂浆 20 mm 厚找平，后用 1∶2 水泥砂浆铺贴 600 mm×600 mm 浅灰色块料地砖（块料地砖的单价按照 95 元/m²），用1∶2.5水泥砂浆 20 mm 厚铺贴黑金沙大理石波打线（黑金沙大理石的单价按照 200 元/m²），最后石材表面刷保护液，请根据【例题 2—1】求解的清单工程量并填写分部分项工程和单价措施项目清单与计价表。

【解析】 已知 011102003001 块料楼地面清单工程量为 7.2 m²，报价时包含的定额项目内容与工程量分别为：

（1）600 mm×600 mm 地砖面层：7.2 m²。

（2）1∶3 水泥砂浆找平层：7.2 m²。

（3）黑金沙大理石波打线：1.12 m²。

（4）石材刷防护材料：1.12 m²。

题中分部分项工程和单价措施项目清单与计价表见表 2—9。

表 2—9　　分部分项工程和单价措施项目清单与计价表

工程名称：例题 2—5　楼地面装饰工程　　　　第 1 页　共 1 页

序号	项目编码	项目名称	项目特征	计量单位	工程数量	金额（元）	
						综合单价	合价
1	011102003001	块料楼地面	1. 找平层厚度、砂浆配合比：20 mm 厚 1∶3 水泥砂浆 2. 面层材料品种、规格、颜色：600 mm×600 mm 浅灰色块料地砖	m²	7.2	136.85	985.32
2	011102001001	石材楼地面	1. 找平层厚度、砂浆配合比：20 mm 厚 1∶2.5 水泥砂浆 2. 面层材料品种、规格、颜色：100 mm 宽黑金沙大理石波打线 3. 防护层材料种类：大理石表面刷保护液	m²	1.12	257.56	287.35
		分部小计					1272.67

2. 综合单价分析表的填写

请按清单计价规范的要求，对照分部分项工程报价表中的特征描述进行投标报价。

【例题 2—6】 完成例题 2—5 的投标报价，并填写综合单价分析表。

【解析】【例题 2—6】的综合单价分析表见表 2—10。

表 2—10 **综合单价分析表**

工程名称：例题 2—5　楼地面装饰工程　　　　第 1 页　共 2 页

项目编码		011102003001		项目名称		块料楼地面		计量单位	m^2	工程量	7.2
清单综合单价组成明细											
定额编号	定额项目名称	定额单位	数量	单价（元）				合价（元）			
				人工费	材料费	机械费	管理费和利润	人工费	材料费	机械费	管理费和利润
A9—68	楼地面陶瓷块料（每块周长）2 600 mm 以内水泥砂浆	100 m^2	0.01	1 951.29	9 797.31	0	547.28	19.51	97.97	0	5.47
8001656	水泥砂浆 1∶3	m^3	0.020 2	27	188.18	9.71	4.86	0.55	3.8	0.2	0.1
A9—1	楼地面水泥砂浆找平层混凝土或硬基层上 20 mm	100 m^2	0.01	481.41	37.89	0	135.02	4.81	0.38	0	1.35
8001646	水泥砂浆 1∶2	m^3	0.010 1	27	226.94	9.71	4.86	0.27	2.29	0.1	0.05
人工单价		小计						25.14	104.44	0.3	6.97
综合工日 90 元/工日		未计价材料费						0			
清单项目综合单价								136.85			
材料费明细	主要材料名称、规格、型号					单位	数量	单价（元）	合价（元）	暂估单价（元）	暂估合价（元）
	复合普通硅酸盐水泥 P. C32.5					t	0.001 2	317.07	0.38		
	水					m^3	0.04	2.8	0.11		
	其他材料费					元	0.241	1	0.24		
	白棉纱					kg	0.015	12.29	0.18		
	白色硅酸盐水泥 32.5					t	0.000 1	592.37	0.06		
	瓷质抛光砖 600 mm×600 mm					m^2	1.025	95	97.38		
	其他材料费					—	6.09	—	0		
	材料费小计					—	104.44	—	0		

工程名称：例题 2—5　楼地面装饰工程　　　　　　　　第 2 页　共 2 页

项目编码		011102001001		项目名称		石材楼地面	计量单位	m²		工程量	1.12
清单综合单价组成明细											
定额编号	定额项目名称	定额单位	数量	单价（元）				合价（元）			
				人工费	材料费	机械费	管理费和利润	人工费	材料费	机械费	管理费和利润
A9—42	波打线（嵌边）水泥砂浆	100 m²	0.01	2 172.96	20 880.73	0	609.45	21.73	208.81	0	6.09
8001651	水泥砂浆 1∶2.5	m³	0.020 2	27	206.37	9.71	4.86	0.54	4.17	0.2	0.1
A9—1	楼地面水泥砂浆找平层混凝土或硬基层上 20 mm	100 m²	0.01	481.41	37.89	0	135.02	4.81	0.38	0	1.35
8001656	水泥砂浆 1∶3	m³	0.020 2	27	188.18	9.71	4.86	0.54	3.80	0.2	0.1
A9—45	大理石表面刷保护液	100 m²	0.01	364.5	7.5	0	102.23	3.65	0.08	0	1.02
人工单价		小计						31.27	217.23	0.4	8.66
综合工日 90 元/工日		未计价材料费						0			
清单项目综合单价								257.56			
材料费明细	主要材料名称、规格、型号					单位	数量	单价（元）	合价（元）	暂估单价（元）	暂估合价（元）
	复合普通硅酸盐水泥 P. C32.5					t	0.001 3	317.07	0.41		
	水					m³	0.04	2.8	0.11		
	其他材料费					元	0.321 4	1	0.32		
	白棉纱					kg	0.015	12.29	0.18		
	白色硅酸盐水泥 32.5					t	0.000 1	592.37	0.06		
	大理石板					m²	1.04	200	208		
	其他材料费							—	8.15	—	0
	材料费小计							—	217.23	—	0

思考与练习

某市学校会议室旧房改造精装修工程，地面铺装图如图 2—10 所示，其中会议室周围为黑金沙波打线，内铺 600 mm×600 mm 米黄抛光砖（门洞位置暂不考虑计算）。

问：（1）用清单计价法列项求清单工程量并填写分部分项工程和单价措施项目清单与计价表；（2）参阅所在省的最新定额，填写综合单价分析表。

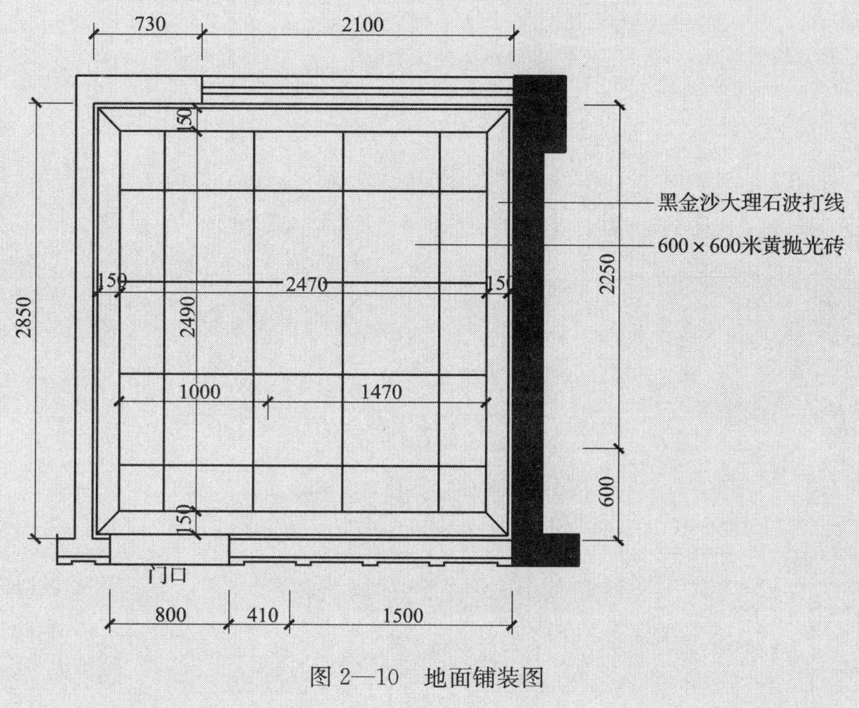

图 2—10　地面铺装图

第三章　墙柱面装饰与隔断、幕墙工程

学习目标

◆了解墙柱面工程的构造、分类和施工工艺

◆了解本章清单项目的划分，会查找 GB 50854—2013 附录 M 中的相应项目

◆掌握墙柱面抹灰、墙面镶贴块料、柱梁面镶贴块料、墙饰面 、柱（梁）饰面、零星抹灰、零星镶贴块料、隔断、幕墙项目的工程量计算规则和应用

◆重点掌握工程量清单的编制和分部分项工程报价表的填写

第一节 墙柱面装饰构造与施工工艺

一、墙柱面工程的构造

建筑工程的墙柱面工程主要是保护墙身不受风、雨、湿气的侵蚀，增强墙身的耐久性，使建筑美观，改善室内的清洁卫生状况。

墙柱面的基本组成是底层、中层和面层，如图 3—1 所示。

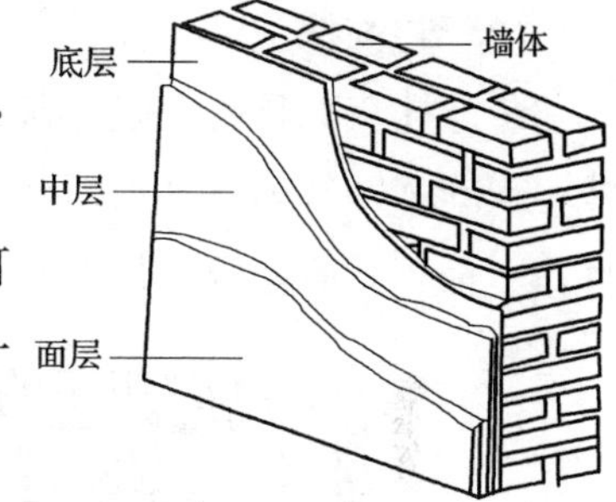

图 3—1 墙柱面组成

1. 底层

底层主要起与基层黏结和初步找平的作用，底层砂浆可采用石灰砂浆、水泥石灰混合砂浆和水泥砂浆。抹灰厚度一般为 10～15 mm。

2. 中层

中层起进一步找平作用，所用砂浆一般与底层相同，厚度为 5～12 mm。

3. 面层

面层主要是使表面光洁、美观，以达到一定的装饰效果，室内墙面抹灰，一般还要做罩面。面层厚度因做法而异，一般为 2～8 mm。

二、墙柱面工程的分类

墙柱面装修可分抹灰类墙面、贴面类墙面、饰面类墙面及隔墙、隔断、幕墙。

1. 抹灰类墙面

抹灰类墙面按装修部位可分为外墙抹灰、内墙抹灰；按施工工艺可分为一般抹灰和装饰抹灰两大类，如图 3—2 和图 3—3 所示。

图 3—2 一般抹灰

图 3—3 墙面装饰抹灰

(1) 一般抹灰

一般抹灰通常采用水泥砂浆、石灰砂浆、混合砂浆、聚合物水泥砂浆、麻刀石灰浆、石膏灰浆等材料。根据抹灰的质量要求，又可分为普通抹灰、高级抹灰。

1) 普通抹灰。做法为一底层、一中层、一面层三遍成活。其外观质量要求表面光滑、洁净、接槎平整、灰缝清晰顺直。

2) 高级抹灰。做法为一底层、数遍中层、一面层多遍成活。其外观质量要求表面光滑、洁净，颜色均匀，无抹纹，灰线平直方正、清晰。

(2) 装饰抹灰

装饰抹灰除具有一般抹灰的作用外，还由于使用的材料不同和施工方法不同而产生各种形式的装饰效果。其底层一般为 1∶3 水泥砂浆打底，面层可用水刷石、水磨石、斩假石、干粘石、假面砖、拉毛灰、喷涂、弹涂等，如图 3—4 所示。

a) 水刷石墙面

b) 拉毛墙面

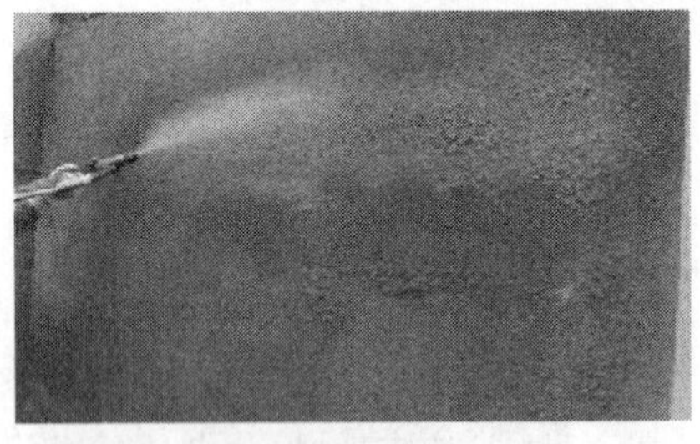

c) 喷涂墙面

d) 斩假石墙面

图 3—4 墙面装饰抹灰

2. 贴面类墙面

贴面类墙面是用饰面砖、天然石材、人造饰面板对室内外墙面进行装饰。常用的贴面材料有石材和块料，石材主要为天然花岗岩、天然大理石、人造花岗岩、人造大理石；块料主要有文化石、陶瓷面砖、凹凸假麻石、纸皮瓷砖、马赛克、河卵石等陶瓷和玻璃制品，如图 3—5 所示。

a) 纸皮瓷砖墙面

b) 陶瓷面砖墙面

图 3—5 块料墙面

3. 饰面类墙面

饰面类装修是将各种天然材料或人造薄板镶钉在墙面上的装饰方法，一般由龙骨、隔离层、基层、面层组成。其中，龙骨分为木龙骨和金属龙骨；基层一般有石膏板、胶合板；面层常采用饰面板、石膏板及各种吸音板等。饰面类墙面如图 3—6 所示。

a) 饰面类墙面效果

b) 饰面板

图 3—6 饰面类墙面

4. 隔断、隔墙

隔断与隔墙是指房屋内部的非承重隔离构件，用于分隔室内空间、遮挡视线、增强空间感。

隔墙一般是指到楼板底或梁底或天花底的隔离墙体。隔墙主要有木龙骨石膏板隔墙、轻质龙骨石膏板隔墙等，如图 3—7 所示。

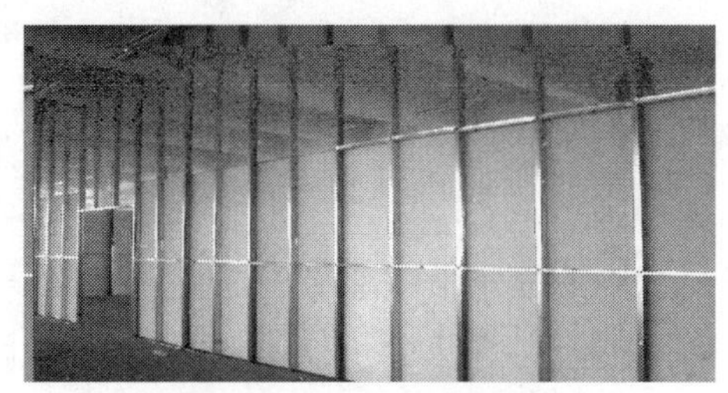
a) 轻质龙骨石膏板隔墙（施工中）

b) 轻质龙骨石膏板隔墙

图 3—7 隔墙

隔断是指用于客厅、厕所、浴室等处将房间隔开，而高度又未到达梁或楼板底的墙。隔断按其使用材料不同分为铝合金全玻璃隔断、木玻璃隔断（木龙骨）、镜面玻璃格式隔断、不锈钢包边框全玻璃隔断、铝合金板隔断、玻璃砖隔断等，如图 3—8 所示。

a) 玻璃镂空式隔断

b) 厕所成品隔断

图 3—8 隔断

5. 幕墙

幕墙由结构框架和镶嵌板材组成，是建筑物的外墙护围，不承重，是现代大型建筑和高层建筑常用的带有装饰效果的轻质墙体。常见的幕墙有铝合金玻璃幕墙、全玻璃幕墙、铝塑板幕墙、石板材幕墙等，如图 3—9 所示。

a) 中央电视台玻璃幕墙

b) 首都博物馆的石材幕墙与玻璃幕墙

图 3—9 幕墙

三、墙柱面工程的施工工艺

1. 墙柱面抹灰

抹灰工程施工是分层进行的，以利于抹灰牢固、抹面平整和保证质量。常用的抹灰工具如图 3—10 所示。

（1）室内墙面抹灰施工工艺流程：基层清理→浇水湿润→吊垂直、套方、找规矩→做灰饼墙→墙面抹标筋（冲筋）→柱及门洞口做护角→抹底灰→抹中层灰→抹窗台板、踢脚或墙裙→抹面层（罩面灰）→清理，如图 3—11 所示为灰饼标筋位置，图 3—12 所示为墙面抹灰施工。

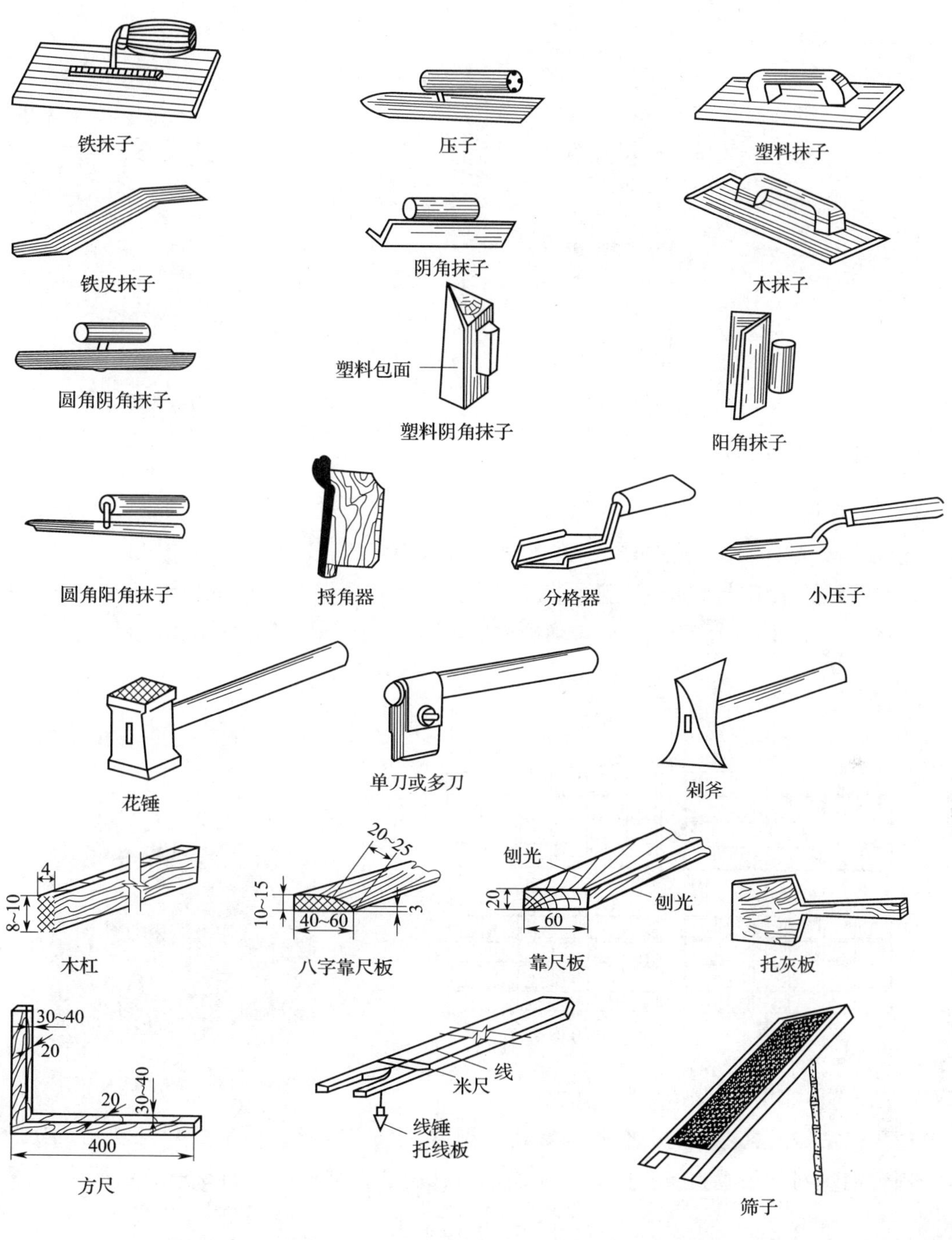

图 3—10　常用的抹灰工具

（2）室外墙面抹灰施工工艺流程：基层清理→浇水湿润→吊垂直、套方、找规矩、做灰饼、墙面冲筋→抹底灰、中灰→弹分格线、嵌分格条→抹罩面灰、起分格条→抹滴水线→养护。

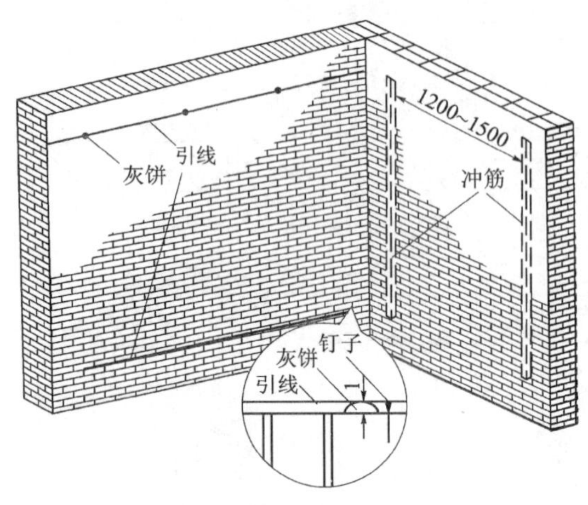

图 3—11 灰饼标筋位置

图 3—12 墙面抹灰施工

2. 墙柱面镶贴块料

墙柱面镶贴块料施工方法主要有镶贴、挂贴、干挂。对于规格不大的块料可直接镶贴，若块料或石材规格较大、较重时，宜使用挂贴法或干挂法，以保证块料稳定。

（1）镶贴施工工艺：基层处理→抹底灰→排砖→弹分格线→选砖→浸砖→镶贴面砖→勾缝、擦缝，如图 3—13 所示为外墙面砖排缝，图 3—14 所示为镶贴墙面块料。

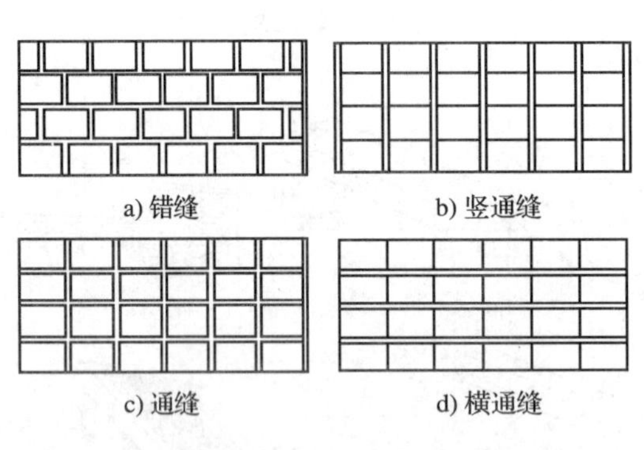

图 3—13 外墙面砖排缝

图 3—14 镶贴墙面块料

（2）挂贴施工工艺：施工准备（钻孔、剔槽）→穿铜丝或镀锌铅丝与块料固定→绑扎→固定钢丝网→吊垂直、找规矩、弹线→石材刷防护剂→安装石材→分层灌浆→擦缝，如图 3—15 所示。

（3）干挂施工工艺：当代饰面饰材装修中一种新型的施工工艺。该方法以金属挂件将饰面石材直接吊挂于墙面或空挂于钢架之上，不需再灌浆粘贴。其原理是在主体结构上设主要受力点，通过金属挂件将石材固定在建筑物上，形成石材装饰幕墙，如图 3—16 所示。

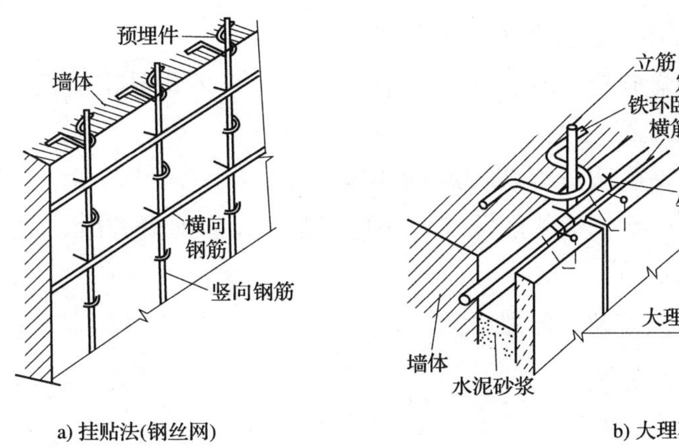

图 3—15 挂贴法

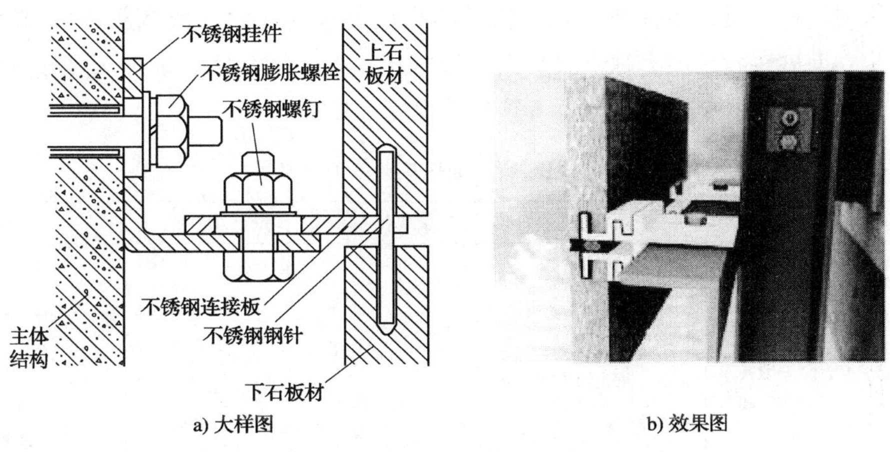

图 3—16 干挂法

第二节 墙柱面装饰与隔断、幕墙工程清单计量与计价

一、清单项目的划分与说明

1. 清单项目的划分

根据 GB 50854—2013 附录 M 中墙、柱面装饰与隔断、幕墙工程量清单项目及计算规则，共分为 10 个分部工程，共计 35 个分项工程。一个分部工程对应一个表格，所有表格加起来分为 35 项清单。10 个分部工程分别为墙面抹灰、柱（梁）面抹灰、零星抹灰、墙面块料面层、柱（梁）面镶贴块料、镶贴零星块料、墙饰面、柱（梁）饰面、隔断、幕墙。

2. 清单项目的说明

（1）石灰砂浆、水泥砂浆、混合砂浆、聚合物水泥砂浆、麻刀石灰浆、石膏灰浆等的抹灰应按 M. 1、M. 2、M. 3 中一般抹灰项目编码列项。

（2）水刷石、斩假石（剁斧石、剁假石）、干粘石、假面砖等的抹灰应按 M. 1、M. 2、M. 3 中装饰抹灰项目编码列项。

（3）0.5 m^2 以内少量分散的抹灰和镶贴块料面层应按 M. 3、M. 6 中相关项目编码列项。

（4）墙面一般抹灰、柱（梁）面一般抹灰均未包括刮腻子、涂乳胶漆，刮腻子、涂乳胶漆属于涂料油漆，应另列清单。

（5）如墙柱面需防水，应单独编码列项。

二、清单的计算规则与应用

1. 墙面抹灰、柱（梁）面抹灰

墙面抹灰、柱（梁）面抹灰工程量清单项目设置包括墙面一般抹灰、墙面装饰抹灰、墙面勾缝、立面砂浆找平层、柱（梁）面一般抹灰、柱（梁）面装饰抹灰、柱（梁）面砂浆找平层、柱面勾缝八个清单项目，其项目的设置，见表 3—1。

表 3—1　　墙面、柱（梁）面抹灰清单项目设置

<table>
<tr><th>项目编码</th><th>项目名称</th><th>项目特征</th><th>计量单位</th><th>工程量计算规则</th><th>工程内容</th></tr>
<tr><td>011201001</td><td>墙面一般抹灰</td><td rowspan="2">1. 墙体类型
2. 底层厚度、砂浆配合比
3. 面层厚度、砂浆配合比
4. 装饰面材料种类
5. 分格缝宽度、材料种类</td><td rowspan="3">m²</td><td rowspan="3">按设计图示尺寸以面积计算。扣除墙裙、门窗洞口及单个大于0.3 m²的孔洞面积，不扣除踢脚线、挂镜线和墙与构件交接处的面积，门窗洞口和孔洞的侧壁及顶面不增加面积。附墙柱、梁、垛、烟囱侧壁并入相应的墙面面积内
1. 外墙抹灰面积按外墙垂直投影面积计算
2. 外墙裙抹灰面积按其长度乘以高度计算
3. 内墙抹灰面积按主墙间的净长乘以高度计算
（1）无墙裙的，高度按室内楼地面至天棚底面计算</td><td rowspan="2">1. 基层清理
2. 砂浆制作、运输
3. 底层抹灰
4. 抹面层
5. 抹装饰面
6. 勾分格缝</td></tr>
<tr><td>011201002</td><td>墙面装饰抹灰</td></tr>
<tr><td>011201003</td><td>墙面勾缝</td><td>1. 勾缝类型
2. 勾缝材料种类</td><td>1. 基层清理
2. 砂浆制作、运输
3. 勾缝</td></tr>
</table>

续表

项目编码	项目名称	项目特征	计量单位	工程量计算规则	工程内容
011201004	立面砂浆找平层	1. 基层类型 2. 找平层砂浆厚度、配合比	m²	(2) 有墙裙的，高度按墙裙顶至天棚底面计算 (3) 有吊顶天棚抹灰高度算至天棚底 4. 内墙裙抹灰面按内墙净长乘以高度计算	1. 基层清理 2. 砂浆制作、运输 3. 抹灰找平
011202001	柱（梁）面一般抹灰	1. 柱（梁）体类型 2. 底层厚度、砂浆配合比 3. 面层厚度、砂浆配合比 4. 装饰面材料种类 5. 分格缝宽度、材料种类		1. 柱面抹灰：按设计图示柱断面周长乘高度以面积计算 2. 梁面抹灰：按设计图示梁断面周长乘长度以面积计算	1. 基层清理 2. 砂浆制作、运输 3. 底层抹灰 4. 抹面层 5. 勾分格缝
011202002	柱（梁）面装饰抹灰				
011202003	柱（梁）面砂浆找平层	1. 柱（梁）体类型 2. 找平层砂浆厚度、配合比			1. 基层清理 2. 砂浆制作、运输 3. 抹灰找平
011202004	柱面勾缝	1. 勾缝类型 2. 勾缝材料种类		按设计图示柱断面周长乘以高度以面积计算	1. 基层清理 2. 砂浆制作、运输 3. 勾缝

（1）适用范围

1）墙、柱面一般抹灰项目适用于石灰砂浆、水泥砂浆、水泥混合砂浆、聚合物水泥砂浆、麻刀石灰浆、石膏灰浆等的抹灰。

2）墙、柱面装饰抹灰项目适用于水刷石、斩假石（剁斧石、剁假石）、干粘石、假面砖等的抹灰。

3）柱面抹灰项目适用于矩形柱、异形柱、圆形柱等抹灰，附墙柱抹灰并入墙面抹灰。

（2）清单计算规则

墙面抹灰按设计图示尺寸以面积（单位：m^2）计算。其中，应扣除、不扣除、不增加的分别如下：

1）应扣除：墙裙、门窗洞口及单个 0.3 m^2 以上的孔洞面积。

2）不扣除：踢脚线、挂镜线和墙与构件交接处的面积。

3）不增加：门窗洞口和孔洞的侧壁及顶面。

4）附墙柱、梁、垛、烟囱侧壁并入相应的墙面面积内。

5）外墙抹灰面积按外墙垂直投影面积计算。

6）外墙裙抹灰面积按其长度乘以高度计算。

7）内墙抹灰面积按主墙间的净长乘以高度计算。

①无墙裙的，高度按室内楼地面至天棚底面计算。

②有墙裙的，高度按墙裙顶至天棚底面计算。

③有吊顶天棚抹灰的，高度算至天棚底。

8）内墙裙抹灰面积按内墙净长乘以高度计算。

柱面勾缝按设计图示柱结构断面周长乘以高度以面积（单位：m^2）计算。

（3）注意事项

1）项目特征描述的墙体类型指砖墙、石墙、混凝土墙、砌块墙及外墙、内墙等。

2）女儿墙外侧面抹灰：当女儿墙墙体材料与外墙墙体材料相同时，可并入外墙面一起计算；若不相同时，则单独列项计算。女儿墙内侧面抹灰一般单独列项。

3）对于墙裙抹灰，其面积在扣除相应门窗洞口时，应注意其高度尺寸，避免重复计算或漏算。

4）挂镜线是指安装于室内墙面的上半部，与门窗洞口相接，作为室内装饰及挂置镜框用的木条，一般多沿室内周圈设置，如图 3—17 所示。

5）立面砂浆找平项目适用于仅做找平层的立面抹灰。

6）飘窗凸出外墙面增加的抹灰并入外墙工程量内。

7）有吊顶天棚的内墙面抹灰，抹至吊顶以上部分在综合单价中考虑。

图 3—17　挂镜线

【例题 3—1】 如图 3—18 所示，某住宅室内无墙裙、无吊顶，踢脚线高 150 mm，室内净高为 3 m。室内墙面的底层抹灰为 1∶1∶6 水泥石灰砂浆 15 mm 厚，面层抹灰为 1∶3 石灰砂浆批面 5 mm 厚，刮腻子两道，面扫白色乳胶漆两遍。试列项并求室内所有房间墙面一般抹灰的清单工程量。

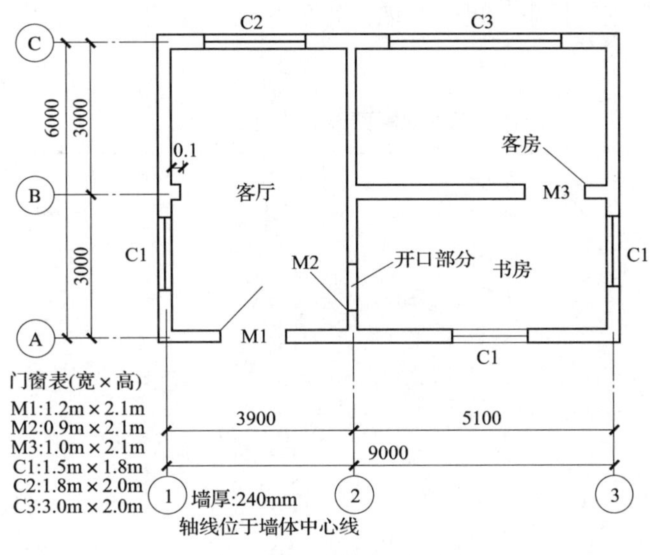

图 3—18 某住宅平面图

【解析】 根据 GB 50854—2013《房屋建筑与装饰工程工程量计算规范》可知，该题需使用 011201001 墙面一般抹灰这项清单。由于刮腻子、扫乳胶漆应使用“抹灰面油漆”清单（属于“油漆、涂料、裱糊工程”章节），因此，不能在墙面一般抹灰清单中进行计算与组价，具体计算过程如下：

(1) 011201001001 墙面一般抹灰清单工程量

客厅：[（3.9－0.12×2＋6－0.12×2）×2＋0.1×2]×3－（1.2×2.1＋1.5×1.8＋1.8×2＋0.9×2.1）＝46.41 m²

书房：（5.1－0.24＋3－0.24）×2×3－（0.9×2.1＋1×2.1＋1.5×1.8×2）＝36.33 m²

客房：（5.1－0.24＋3－0.24）×2×3－（1×2.1＋3×2）＝37.62 m²

墙面一般抹灰清单工程量＝46.41＋36.33＋37.62＝120.36 m²

(2) 定额工程量与清单工程量相同

【题目小结】 题中提及无墙裙、无吊顶，踢脚线高 150 mm，净高为 3 m，计算规则指出无墙裙、无吊顶时，高度算至天棚底面，即净高。虽有踢脚线高 150 mm，但不扣除踢脚线面积。附墙柱侧面需要计算。此外需准确扣除门窗洞口面积。

2. 墙面块料面层、柱（梁）面镶贴块料

墙面块料面层工程量清单项目设置包括石材墙面、拼碎石材墙面、块料墙面、干挂石材钢骨架四个清单项目，其项目的设置见表 3—2。柱（梁）面镶贴块料工程量清单项目设置包括石材柱面、块料柱面、拼碎块柱面、石材梁面、块料梁面五个清单项目，其项目的设置见表 3—3。其中，拼碎石材是指利用石材（大理石、花岗石）的边角废料、碎料，经

过适当的分类加工后进行拼砌，可作为墙面饰面材料，还能取得别具一格的装饰效果，如图 3—19 所示。

表 3—2　　墙面块料面层清单项目设置

项目编码	项目名称	项目特征	计量单位	工程量计算规则	工程内容
011204001	石材墙面	1. 墙体类型 2. 安装方式 3. 面层材料品种、规格、颜色 4. 缝宽、嵌缝材料种类 5. 防护材料种类 6. 磨光、酸洗、打蜡要求	m^2	按镶贴表面积计算	1. 基层清理 2. 砂浆制作、运输 3. 黏结层铺贴 4. 面层安装 5. 嵌缝 6. 刷防护材料 7. 磨光、酸洗、打蜡
011204002	拼碎石材墙面				
011204003	块料墙面				
011204004	干挂石材钢骨架	1. 骨架种类、规格 2. 防锈漆品种遍数	t	按设计图示尺寸以质量计算	1. 骨架制作、运输、安装 2. 刷漆

表 3—3　　柱（梁）面镶贴块料清单项目设置

项目编码	项目名称	项目特征	计量单位	工程量计算规则	工程内容
011205001	石材柱面	1. 柱截面类型、尺寸 2. 安装方式 3. 面层材料品种、规格、颜色 4. 缝宽、嵌缝材料种类 5. 防护材料种类 6. 磨光、酸洗、打蜡要求	m^2	按镶贴表面积计算	1. 基层清理 2. 砂浆制作、运输 3. 黏结层铺贴 4. 面层铺贴 5. 嵌缝 6. 刷防护材料 7. 磨光、酸洗、打蜡
011205002	块料柱面				
011205003	拼碎块柱面				
011205004	石材梁面	1. 安装方式 2. 面层材料品种、规格、颜色 3. 缝宽、嵌缝材料种类 4. 防护材料种类 5. 磨光、酸洗、打蜡要求			
011205005	块料梁面				

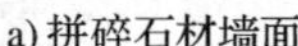

a) 拼碎石材墙面

b) 石材边角废料、碎料

图 3—19 拼碎石材

（1）适用范围

块料柱面和梁面项目仅适用于独立矩形柱、异形柱（包括圆形柱）及独立梁镶贴块料项目。

（2）清单计算规则

墙面块料面层、柱（梁）面镶贴块料均按镶贴表面积（单位：m^2）计算。

干挂石材钢骨架按设计图示尺寸以质量（单位：t）计算。

（3）注意事项

1）计算规则中的“镶贴表面积”按块料面层的建筑尺寸（各块料面层＋粘贴、挂贴、干挂层厚度）计算，不能按结构尺寸计算。

2）在描述碎块项目的面层材料特征时可不用描述规格、颜色。

3）石材、块料与黏结材料的结合面刷防渗材料的种类在防护层材料种类中描述。

4）安装方式可描述为砂浆或黏结剂黏结、挂贴、干挂等，不论哪种安装方式，都要详细描述与组价相关的内容。

5）柱梁面干挂石材的钢骨架按表 3—2 相应项目编码列项。

【例题 3—2】 如图 3—20 和图 3—21 所示为某单层房屋外墙，室外地坪为－0.35 m，外墙面全部用 1∶1∶6 水泥石灰砂浆打底 20 mm 厚，纯水泥膏贴 95 mm×45 mm 外墙纸皮瓷砖密缝，其中（雨篷长 1.8 m、高 0.1 m；窗上挑檐、窗台长 1.7 m、高0.1 m；屋顶挑檐出边 0.1 m、高 0.2 m；台阶长 3.9 m、高 0.35 m）。试列项并求清单工程量。

【解析】 根据 GB 50854—2013《房屋建筑与装饰工程工程量计算规范》可知，该题需使用 011204003001 块料墙面这项清单。由于图样没有给出块料的厚度，也没有外墙装修大样图，因此工程量按图示尺寸计算便可，此外，计算时应注意扣除雨篷、挑檐、窗台、台阶等与墙相接的面积。块料墙面计算需包含窗四边的侧面积，按墙厚的 1/3 计算宽度。具体计算过程如下：

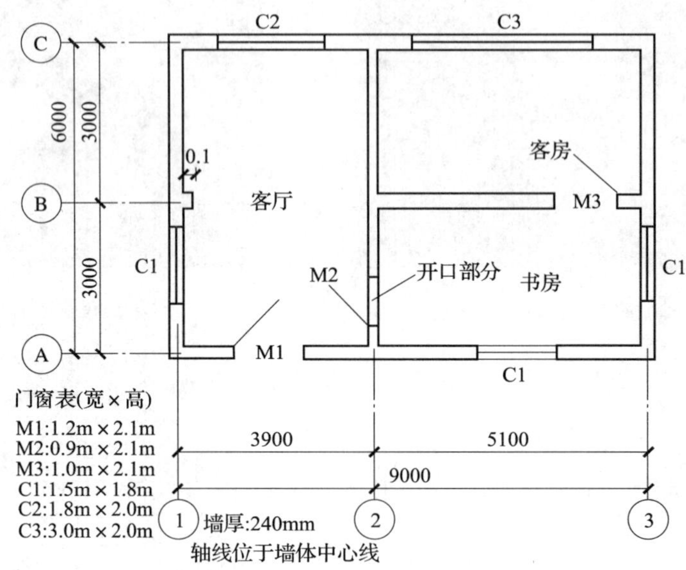

图 3—20　某房屋平面图

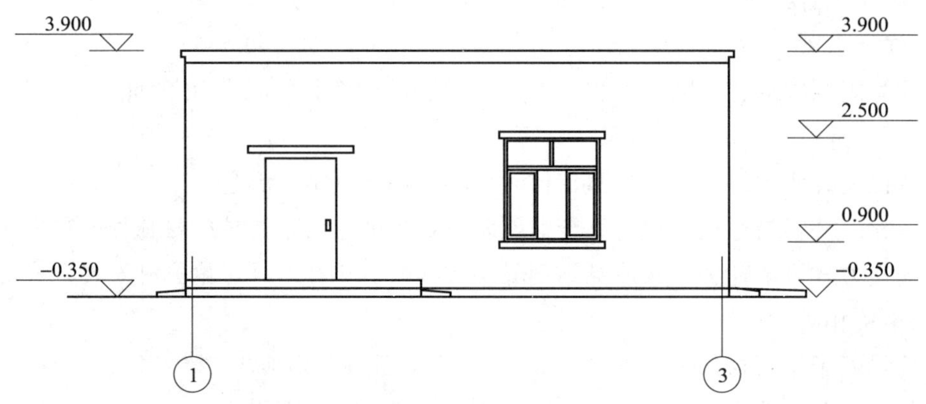

图 3—21　某房屋立面图

(1) 011204003001 块料墙面清单工程量

(9＋0.24＋6＋0.24) ×2× (3.9－0.2＋0.35) － (1.2×2.1＋1.5×1.8×3＋1.8×2＋3×2) － (1.8×0.1＋1.7×0.1×2＋3.9×0.35) ＋ [(1.5＋1.8) ×2×3＋ (1.8＋2) ×2＋(3＋2) ×2] ×0.08＝106.275 m^2

(2) 块料墙面定额工程量与清单工程量相同。

(3) 底层抹灰定额工程量为 103.283 m^2。

【题目小结】 本题的难点在于如何正确计算工程量，对于初学者需要注意，计算规则为按设计图示尺寸以镶贴表面积计算，也就是有镶贴的地方就要计算，如外墙与窗之间的面积，一般认为窗的宽度占墙厚的 1/3，座中安装，因此，块料外墙到窗的宽度同为墙厚的 1/3，如图 3—22 所示。如没有镶贴到的地方则不计算，如雨篷、台阶、挑檐与墙面的交接处，计算高度时需要计算到室外地坪。此外，块料墙面的底层抹灰需要在清单中进行组价，但抹灰工程量计算规则规定：门窗洞口的侧壁和顶面不增加面积，即不计算工程量，因此，底层抹灰的工程量比块料面层工程量少。

a) 块料墙面与窗台 1

b) 块料墙面与窗台 2(软件模拟图)

图 3—22 块料墙面与窗台

3. 墙面、柱（梁）面饰面

墙面、柱（梁）面饰面分别由两个清单项目组成，其项目的设置见表 3—4。

表 3—4 墙面、柱（梁）面饰面清单项目设置

项目编码	项目名称	项目特征	计量单位	工程量计算规则	工程内容
011207001	墙面装饰板	1. 龙骨材料种类、规格、中距 2. 隔离层材料种类、规格 3. 基层材料种类、规格 4. 面层材料品种、规格、颜色 5. 压条材料种类、规格	m^2	按设计图示墙净长乘以净高以面积计算。扣除门窗洞口及单个大于 0.3 m^2的孔洞所占面积	1. 基层清理 2. 龙骨制作、运输、安装 3. 钉隔离层 4. 基层铺钉 5. 面层铺贴
011207002	墙面装饰浮雕	1. 基层类型 2. 浮雕材料种类 3. 浮雕样色		按设计图示尺寸以面积计算	1. 基层清理 2. 材料制作、运输 3. 安装成型

续表

项目编码	项目名称	项目特征	计量单位	工程量计算规则	工程内容
011208001	柱（梁）面装饰	1. 龙骨材料种类、规格、中距 2. 隔离层材料种类 3. 基层材料种类、规格 4. 面层材料品种、规格、颜色 5. 压条材料种类、规格	m^2	按设计图示饰面外围尺寸以面积计算。柱帽、柱墩并入相应柱饰面工程量内	1. 基层清理 2. 龙骨制作、运输、安装 3. 钉隔离层 4. 基层铺钉 5. 面层铺贴
011208002	成品装饰柱	1. 柱截面、高度尺寸 2. 柱材质	1. 根 2. m	1. 以根计量，按设计数量计算 2. 以米计量，按设计长度计算	柱运输、固定、安装

（1）适用范围

1）墙面、柱（梁）饰面板包括金属饰面板（如彩色涂色钢板、彩色不锈钢板、镜面不锈钢饰面板、铝合金板、铝塑板等），塑料饰面板（如聚氯乙烯塑料面板、玻璃钢饰面板、塑料贴面饰面板、聚酯装饰板、复塑中密度纤维板等），木制饰面板（如胶合板、硬质纤维板、细木工板等）。

2）柱（梁）饰面板项目仅适用于独立矩形柱、异形柱（包括圆形柱）及单独梁面装饰面板项目。

（2）清单计算规则

墙饰面按设计图示墙净长乘以净高以面积（单位：m^2）计算。扣除门窗洞口及单个0.3 m^2以上的孔洞所占面积。

柱（梁）饰面按设计图示饰面外围尺寸以面积（单位：m^2）计算。柱帽、柱墩并入相应柱饰面工程量内计算。

墙面装饰浮雕按设计图示尺寸以面积（单位：m^2）计算。

成品装饰柱可按设计数量（单位：根）计算，也可按设计长度（单位：m）计算。

（3）注意事项

1）柱（梁）饰面计算规则中的“外围尺寸”是指饰面表面积，不是结构尺寸，这与抹灰工程量计算不同。

2）柱面装饰如设计有柱帽、柱墩，而且饰面材料相同，其饰面工程量并入柱饰面工程量内计算。

【例题 3—3】 如图 3—23 所示，某独立柱 500 mm×500 mm 干挂 25 mm 厚大理石，装饰成 830 mm×830 mm 矩形柱，柱高 3 m，不锈钢骨架（20 kg/m²）。试列项并求该柱面层清单工程量和骨架工程量。

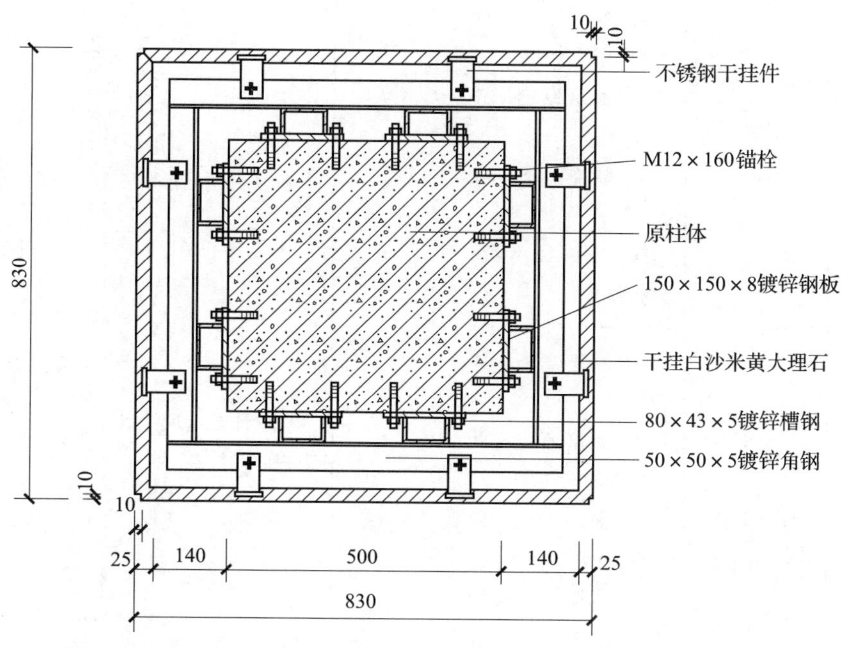

图 3—23 石材饰面板矩形柱平面图

【解析】 根据 GB 50854—2013《房屋建筑与装饰工程工程量计算规范》可知，该题需使用 011208001001 柱（梁）面装饰这项清单。由于该柱使用干挂法施工，因此该柱的骨架需要在柱（梁）面装饰清单中进行计算与组价，具体计算过程如下：

（1）011208001001 柱（梁）面装饰清单工程量

$$0.83\times4\times3=9.96\ \mathrm{m}^2$$

（2）骨架（镀锌角钢）工程量

$$(0.83-0.025\times2)\times4\times3=9.36\ \mathrm{m}^2$$

$$20\times9.36=187.2\ \mathrm{kg}=0.187\ 2\ \mathrm{t}$$

【题目小结】 本例的矩形柱由于使用干挂法进行施工，因此不能套用柱面镶贴块料的石材柱面，而钢骨架在组价时应按质量“t”计算。

4. 零星抹灰、零星镶贴块料

零星抹灰清单包括零星项目一般抹灰、零星项目装饰抹灰、零星项目砂浆找平三个项目；零星镶贴块料包括石材零星项目、块料零星项目、拼碎块零星项目三个项目，其项目的设置见表 3—5。

表 3—5　零星抹灰、零星镶贴块料清单项目设置

项目编码	项目名称	项目特征	计量单位	工程量计算规则	工程内容
011203001	零星项目一般抹灰	1. 基层类型、部位 2. 底层厚度、砂浆配合比 3. 面层厚度、砂浆配合比 4. 装饰面材料种类 5. 分格缝宽度、材料种类	m^2	按设计图示尺寸以面积计算	1. 基层清理 2. 砂浆制作、运输 3. 底层抹灰 4. 抹面层 5. 抹装饰面 6. 勾分格缝
011203002	零星项目装饰抹灰	1. 基层类型、部位 2. 底层厚度、砂浆配合比 3. 面层厚度、砂浆配合比 4. 装饰面材料种类 5. 分格缝宽度、材料种类			
011203003	零星项目砂浆找平	1. 基层类型、部位 2. 找平的砂浆厚度、配合比			1. 基层清理 2. 砂浆制作、运输 3. 抹灰找平
011206001	石材零星项目	1. 基层类型、部位 2. 安装方式 3. 面层材料品种、规格、颜色 4. 缝宽、嵌缝材料种类 5. 防护材料种类 6. 磨光、酸洗、打蜡要求		按镶贴表面积计算	1. 基层清理 2. 砂浆制作、运输 3. 面层安装 4. 嵌缝 5. 刷防护材料 6. 磨光、酸洗、打蜡
011206002	块料零星项目				
011206003	拼碎块零星项目				

(1) 适用范围

零星抹灰、零星镶贴块料面层适用于挑檐、天沟、腰线、窗台线、门窗套、压顶、扶手、遮阳板、雨篷周边、碗柜、过人洞、暖气壁龛池槽、花台，以及单体0.5 m^{2}以内少量的抹灰和块料面层。

(2) 清单计算规则

零星抹灰按设计图示尺寸以面积（单位：m^2）计算。

零星镶贴块料按镶贴表面积（单位：m^2）计算。

(3) 注意事项

1）根据上述工程量计算规则，零星抹灰按设计图示尺寸以面积计算，即不包括抹灰层的厚度，而零星镶贴块料按设计图示尺寸以镶贴表面积计算，是包括镶贴装饰层厚度的。

2）零星项目抹石灰砂浆、水泥砂浆、混合砂浆、聚合物水泥砂浆、麻刀石灰浆、石膏灰浆等按零星项目一般抹灰编码列项，水刷石、斩假石、干粘石、假面砖等按零星项目装饰抹灰编码列项。

3）在描述碎块项目的面层材料特征时可不用描述规格、颜色。

4）石材、块料与黏结材料的结合面刷防渗材料的种类在防护层材料种类中描述。

5）零星项目干挂石材的钢骨架按表3—2相应项目编码列项。

6）墙、柱（梁）面小于或等于0.5 m^{2}的少量分散的抹灰、镶贴块料面层按零星项目编码列项。

【例题3—4】 如图3—24和图3—25所示，某单层房屋外墙上，雨篷周边、窗挑檐周边、窗台线周边用1∶1∶6水泥石灰砂浆打底15 mm厚，1∶2∶5水泥砂浆面5 mm厚，刮腻子两遍，涂白色乳胶漆两遍。其中雨篷长1.8 m、宽0.8 m、高0.1 m；窗上挑檐、窗台长1.7 m、宽0.2 m、高0.1 m。试列项并求清单工程量。

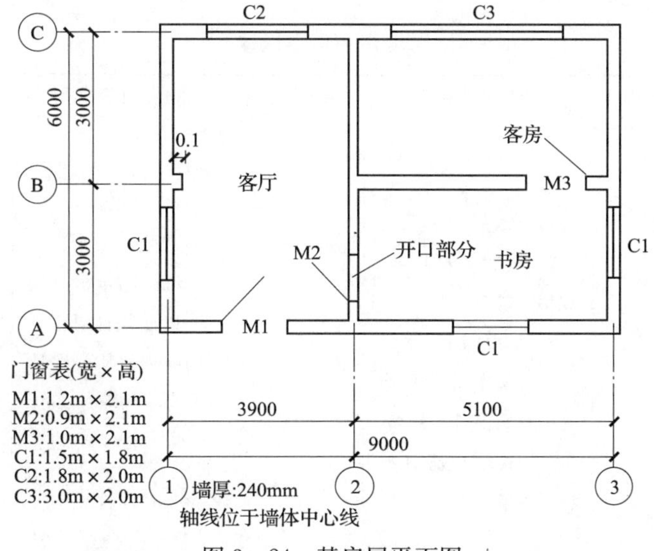

图3—24 某房屋平面图

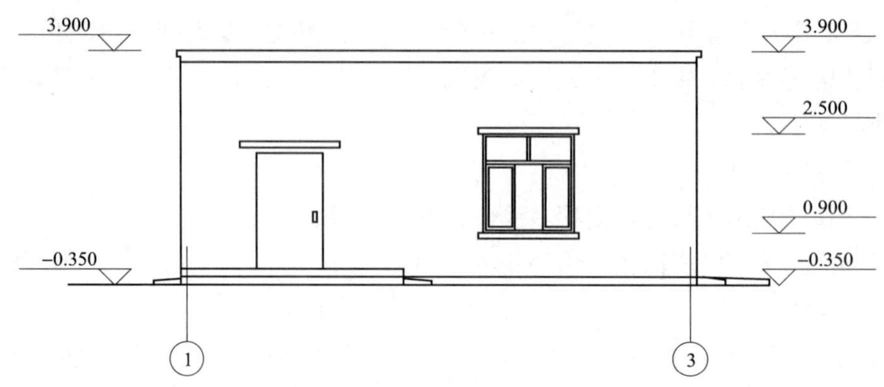

图 3—25　某房屋立面图

【解析】 根据定额规则，挑檐、窗台线、雨篷周边适用于零星抹灰项目，由 GB 50854—2013《房屋建筑与装饰工程工程量计算规范》可知，该题需使用 011203001001 零星项目一般抹灰这项清单。由于本章节是"墙柱面工程"，因此本题只需计算挑檐、窗台线、雨篷周边即可，其底面和顶面留待以后的章节计算。具体计算过程如下：

(1) 011203001001 零星项目一般抹灰清单工程量

$$(1.8+0.8\times2)\times0.1+(1.7+0.2\times2)\times0.1\times2=0.76\ \text{m}^2$$

(2) 零星项目一般抹灰定额工程量与清单工程量相同。

【题目小结】 本题要求同学们准确判断图样上哪些项目为零星项目，从而准确列项并计算。

5. 幕墙

幕墙清单项目设置见表 3—6。

表 3—6　　**幕墙清单项目设置**

项目编码	项目名称	项目特征	计量单位	工程量计算规则	工程内容
011209001	带骨架幕墙	1. 骨架材料种类、规格、中距 2. 面层材料品种、规格、颜色 3. 面层固定方式 4. 隔离带、框边封闭材料品种、规格 5. 嵌缝、塞口材料种类	m²	按设计图示框外围尺寸以面积计算。与幕墙同种材质的窗所占面积不扣除	1. 骨架制作、运输、安装 2. 面层安装 3. 隔离带、框边封闭 4. 嵌缝、塞口 5. 清洗

续表

项目编码	项目名称	项目特征	计量单位	工程量计算规则	工程内容
011209002	全玻（无框玻璃）幕墙	1. 玻璃品种、规格、颜色 2. 黏结塞口材料种类 3. 固定方式	m^2	按设计图示尺寸以面积计算，带肋全玻幕墙按展开面积计算	1. 幕墙安装 2. 嵌缝、塞口 3. 清洗

（1）适用范围

1）带骨架幕墙项目适用于面层为钢化玻璃、铝塑板、铝板、石板材等，其骨架适用于铝骨架、钢骨架、不锈钢骨架等。

2）全玻幕墙项目适用于座装式、吊挂式、点支式等固定方式。

（2）清单计算规则

带骨架幕墙按设计图示框外围尺寸以面积（单位：m^2）计算。与幕墙同种材质的窗所占面积不扣除。

全玻幕墙按设计图示尺寸以面积（单位：m^2）计算，带肋全玻幕墙按展开面积计算。

（3）注意事项

1）对幕墙进行列项时，必须清楚带骨架幕墙与全玻幕墙的区别。幕墙的面板及支承均为玻璃的是全玻幕墙，它与带骨架幕墙的最大区别就在于骨架（肋）与面板同是玻璃。全玻幕墙的通透性更强。

2）幕墙钢骨架按表 3—2 干挂石材钢骨架编码列项。

6. 隔断

隔断清单项目设置见表 3—7。

表 3—7　　隔断清单项目设置

项目编码	项目名称	项目特征	计量单位	工程量计算规则	工程内容
011210001	木隔断	1. 骨架、边框材料种类、规格 2. 隔板材料品种、规格、颜色 3. 嵌缝、塞口材料品种 4. 压条材料种类	m^2	按设计图示框外围尺寸以面积计算。扣除单个小于或等于 0.3 m^2的孔洞所占面积；浴厕门的材质与隔断相同时，门的面积并入隔断面积内	1. 骨架及边框制作、运输、安装 2. 隔板制作、运输、安装 3. 嵌缝、塞口 4. 装钉压条

续表

项目编码	项目名称	项目特征	计量单位	工程量计算规则	工程内容
011210002	金属隔断	1. 骨架、边框材料种类、规格 2. 隔板材料品种、规格、颜色 3. 嵌缝、塞口材料品种	m²	按设计图示框外围尺寸以面积计算。扣除单个小于或等于0.3 m²的孔洞所占面积；浴厕门的材质与隔断相同时，门的面积并入隔断面积内	1. 骨架及边框制作、运输、安装 2. 隔板制作、运输、安装 3. 嵌缝、塞口
011210003	玻璃隔断	1. 边框材料种类、规格 2. 玻璃品种、规格、颜色 3. 嵌缝、塞口材料品种		按设计图示框外围尺寸以面积计算。不扣除单个小于或等于0.3 m²的孔洞所占面积	1. 边框制作、运输、安装 2. 玻璃制作、运输、安装 3. 嵌缝、塞口
011210004	塑料隔断	1. 边框材料种类、规格 2. 隔板材料品种、规格、颜色 3. 嵌缝、塞口材料品种			1. 骨架及边框制作、运输、安装 2. 隔板制作、运输、安装 3. 嵌缝、塞口
011210005	成品隔断	1. 隔板材料品种、规格、颜色 2. 配件品种、规格	1. m² 2. 间	1. 以平方米计量，按设计图示框外围尺寸以面积计算 2. 以间计量，按设计间的数量计算	1. 隔断运输、安装 2. 嵌缝、塞口
011210006	其他隔断	1. 骨架、边框材料种类、规格 2. 隔板材料品种、规格、颜色 3. 嵌缝、塞口材料品种	m²	按设计图示框外围尺寸以面积计算。不扣除单个小于或等于0.3 m²的孔洞所占面积	1. 骨架及边框安装 2. 隔板安装 3. 嵌缝、塞口

（1）适用范围

隔断项目适用于石膏板、条板类隔墙及浴厕隔断等。

（2）清单计算规则

1）木隔断、金属隔断按设计图示框外围尺寸以面积（单位：m^2）计算。

扣除：单个小于或等于 0.3 m^2的孔洞所占面积。

浴厕门的材质与隔断相同时，门的面积并入隔断面积内。

2）玻璃隔断、塑料隔断按设计图示框外围尺寸以面积（单位：m^2）计算。

不扣除：单个小于或等于 0.3 m^2的孔洞所占面积。

3）成品隔断可按设计图示框外围尺寸以面积（单位：m^2）计算；也可按设计间的数量（单位：间）计算。

4）其他隔断按设计图示框外围尺寸以面积（单位：m^2）计算。

不扣除：单个小于或等于 0.3 m^2的孔洞所占面积。

（3）注意事项

当浴厕门的材质与隔断相同时，隔断上的门就包括在隔断项目报价内，所以计算规则中并入隔断面积内一起计算。

三、墙柱面装饰与隔断、幕墙工程清单计价

1. 分部分项工程量清单的编制

下面举例说明工程量清单的编制过程，并填写分部分项工程和单价措施项目清单与计价表。

【例题 3—5】 请根据例题 3—1～例题 3—4 的住宅工程求解的清单工程量编制分部分项工程量清单，完成表 3—8，其中外墙 95 mm×45 mm 浅灰色纸皮瓷砖单价为 29 元/m^2。

【解析】 （1）已知 011201001001 墙面一般抹灰清单工程量：120.36 m^2

报价时包含的定额项目内容与工程量分别为：

1）1∶1∶6 水泥石灰砂浆打底 15 mm 厚：120.36 m^2。

2）1∶3 石灰砂浆面 5 mm 厚：120.36 m^2。

（2）已知 011204003001 块料墙面清单工程量：106.275 m^2。

报价时包含的定额项目内容与工程量分别为：

1）95 mm×45 mm 浅灰色纸皮瓷砖：106.275 m^2。

2）1∶1∶6 水泥石灰砂浆打底 20 mm 厚：103.283 m^2。

（3）已知 011203001001 零星项目一般抹灰清单工程量：0.76 m^2。

报价时包含的定额项目内容与工程量分别为：

1）1∶1∶6 水泥石灰砂浆打底 15 mm 厚：0.76 m^2。

2）1∶2.5 水泥砂浆面 5 mm 厚：0.76 m^2。

2. 综合单价分析表的填写

请按清单计价规范的要求，对照分部分项工程和单价措施项目清单与计价表中的特征描述进行投标报价。

表 3—8　　分部分项工程和单价措施项目清单与计价表

工程名称：例题 3—5 墙柱面装饰　　第 1 页 共 1页

序号	项目编码	项目名称	项目特征	计量单位	工程数量	金额（元）	
						综合单价	合价
1	011201001001	墙面一般抹灰	1. 墙体类型：砖内墙 2. 底层厚度、砂浆配合比：15 mm厚1∶1∶6水泥石灰砂浆 3. 面层厚度、砂浆配合比：5 mm厚1∶3石灰砂浆	m²	120.36	20.97	2 523.95
2	011204003001	块料墙面	1. 墙体类型：砖外墙 2. 黏结层厚度、材料种类：20 mm厚1∶1∶6水泥石灰砂浆打底，纯水泥膏粘贴 3. 面层厚度、材料种类：95 mm×45 mm浅灰色纸皮瓷砖	m²	106.275	106.52	11 320.41
3	011203001001	零星项目一般抹灰	1. 基层类型：砖外墙 2. 底层厚度、砂浆配合比：15 mm厚1∶1∶6水泥石灰砂浆 面层厚度、砂浆配合比：5 mm厚1∶2.5水泥砂浆	m²	0.76	80.24	60.98
		分部小计					13 905.34

【例题 3—6】 完成例题 3—5 的投标报价，并填写综合单价分析表，见表 3—9～表 3—11。

表 3—9　　综合单价分析表（一）

工程名称：例题 3—5 墙柱面装饰　　第1页 共3页

项目编码	011201001001	项目名称	墙面一般抹灰					计量单位	m²	清单工程量		120.36
综合单价分析												
定额编号	定额名称	定额单位	工程数量	单价（元）					合价（元）			
				人工费	材料费	机械费	管理费	利润	人工费	材料费	机械费	管理费	利润
A10—8	各种墙面水泥石灰砂浆底石灰砂浆面15+5 mm	100 m²	0.01	1 290.6	29.75		129.67	232.31	12.91	0.3		1.3	2.32

续表

定额编号	定额名称	定额单位	工程数量	单价（元）					合价（元）				
				人工费	材料费	机械费	管理费	利润	人工费	材料费	机械费	管理费	利润
8003191	水泥石灰砂浆1∶1∶6	m^3	0.017 3	29.7	146.88	9.71		5.35	0.51	2.54	0.17		0.09
8003171	石灰砂浆1∶3		0.005 7	27	105.57	9.71		4.86	0.15	0.6	0.06		0.03
人工单价		小计							13.57	3.44	0.23	1.3	2.44
综合工日90元/工日		未计价材料费											
综合单价									20.98				
材料费明细	主要材料名称、规格、型号					单位	数量		单价（元）	合价（元）	暂估单价（元）	暂估合价（元）	
	水					m^3	0.006 9		2.8	0.02			
	复合普通硅酸盐水泥 P.C 32.5					t	0.000 3		317.07	0.1			
	其他材料费					元	0.183		1	0.18			
	其他材料费								—	3.14	—		
	材料费小计								—	3.44	—		

表 3—10　　综合单价分析表（二）

工程名称：例题 3—5 墙柱面装饰　　第 2 页　共 3 页

项目编码	011204003001	项目名称	块料墙面	计量单位	m^2	清单工程量	106.275

综合单价分析

定额编号	定额名称	定额单位	工程数量	单价（元）					合价（元）				
				人工费	材料费	机械费	管理费	利润	人工费	材料费	机械费	管理费	利润
A10—165	镶贴纸皮瓷砖水泥膏墙面墙裙	100 m^2	0.01	4 123.71	3 397.94		414.31	742.27	41.24	33.98		4.14	7.42
A10—1换	底层抹灰各种墙面15 mm实际厚度（mm）：20	100 m^2	0.01	1 170.9	40.07		117.62	210.76	11.71	0.4		1.18	2.11

续表

定额编号	定额名称	定额单位	工程数量	单价（元）					合价（元）				
				人工费	材料费	机械费	管理费	利润	人工费	材料费	机械费	管理费	利润
8003191	水泥石灰砂浆1∶1∶6	m³	0.022 7	29.7	146.88	9.71		5.35	0.67	3.33	0.22		0.12
人工单价		小计							53.62	37.71	0.22	5.32	9.65
综合工日 90 元/工日		未计价材料费											
综合单价									106.52				

材料费明细	主要材料名称、规格、型号	单位	数量	单价（元）	合价（元）	暂估单价（元）	暂估合价（元）
	水	m³	0.012 2	2.8	0.03		
	复合普通硅酸盐水泥 P.C 32.5	t	0.000 6	317.07	0.19		
	其他材料费	元	0.232 5	1	0.23		
	白棉纱	kg	0.01	12.29	0.12		
	瓷质马赛克粒径 45 mm×95 mm	m²	1.03	29	29.87		
	其他材料费			—	7.26	—	
	材料费小计			—	37.71	—	

表 3—11　　　　综合单价分析表（三）

工程名称：例题 3—5 墙柱面装饰　　　　第 3 页　共 3 页

项目编码	011203001001	项目名称	零星项目一般抹灰	计量单位	m²	清单工程量	0.76

综合单价分析													
定额编号	定额名称	定额单位	工程数量	单价（元）					合价（元）				
				人工费	材料费	机械费	管理费	利润	人工费	材料费	机械费	管理费	利润
A10—26	零星项目水泥石灰砂浆底水泥砂浆面 15+5 mm	100 m²	0.01	5 846.4	29.53		587.39	1 052.35	58.46	0.3		5.87	10.52
8001651	水泥砂浆 1∶2.5	m³	0.006 2	27	206.37	9.71		4.86	0.17	1.28	0.06		0.03

续表

定额编号	定额名称	定额单位	工程数量	单价（元）					合价（元）				
				人工费	材料费	机械费	管理费	利润	人工费	材料费	机械费	管理费	利润
8003191	水泥石灰砂浆 1∶1.6	m³	0.018 6	29.7	146.88	9.71		5.35	0.55	2.73	0.18		0.10
人工单价		小计							59.18	4.3	0.24	5.87	10.65
综合工日 90 元/工日		未计价材料费											
综合单价									80.24				
材料费明细	主要材料名称、规格、型号					单位	数量		单价（元）	合价（元）	暂估单价（元）	暂估合价（元）	
	水					m³	0.012 6		2.8	0.04			
	复合普通硅酸盐水泥 P.C 32.5					t	0.000 3		317.07	0.1			
	其他材料费					元	0.196 6		1	0.2			
	其他材料费								—	4.01	—		
	材料费小计								—	4.3	—		

思考与练习

广州市某学校会议室旧房改造精装修工程中小房间平面图如图 3—26 所示，立面展开图如图 3—27 所示。

（1）用清单计价法列项求墙柱面清单工程量并编制分部分项工程量清单。

（2）参阅《广东省建筑与装饰工程综合定额》中册，填写综合单价分析表。

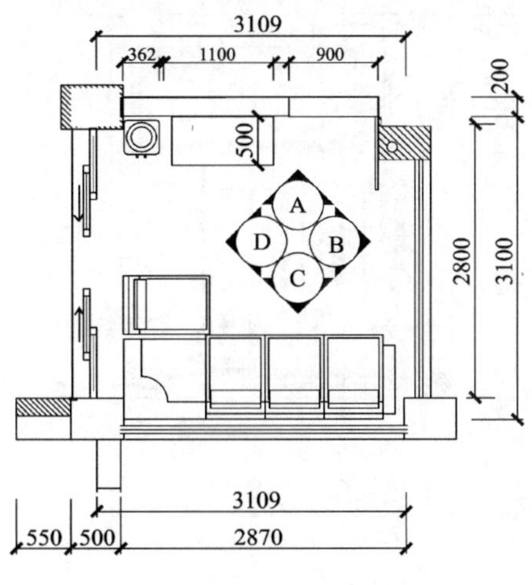

图 3—26　小房间平面图

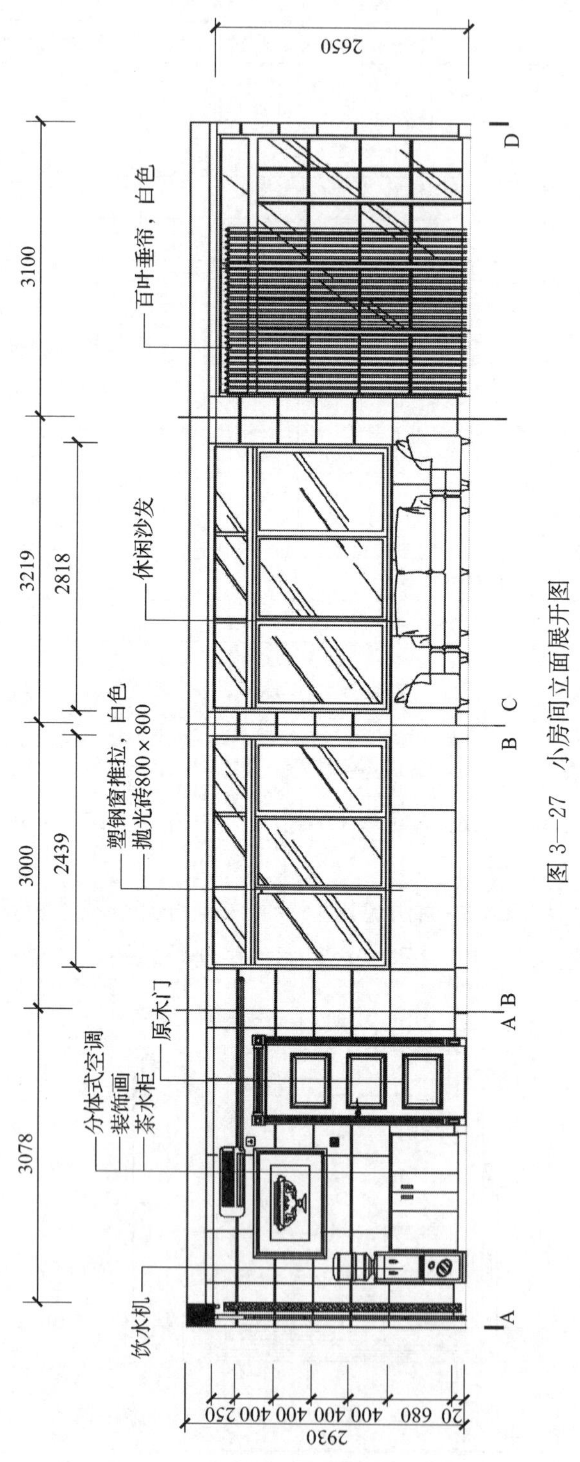

图 3—27 小房间立面展开图

第四章　天棚工程

学习目标

◆了解天棚工程的组成、分类和施工工艺

◆了解本章清单项目的划分，会查找 GB 50854—2013 附录 N 中的相应项目

◆掌握天棚抹灰、天棚吊顶项目的工程量计算规则和应用

◆了解天棚其他装饰项目的工程量计算规则

◆重点掌握工程量清单的编制和分部分项工程报价表的填写

第一节 天棚装饰构造与施工工艺

一、天棚工程的组成

天棚又称顶棚或天花板，是楼板层的最下面部分，是建筑物室内的主要饰面之一。

二、天棚工程的分类

天棚工程按安装施工方式的不同，可分为直接式天棚、悬吊式天棚等。

1. 直接式天棚

直接式天棚是在屋面板、楼板等的底面直接进行抹灰、喷浆、粘贴壁纸等工序。天棚抹灰是天棚装饰最简易的一种，如图4—1所示，其做法是先在顶棚屋面板或楼板上刷一道纯水泥浆，使抹灰层能与基层更好地黏合，再用混合砂浆打底，然后做面层抹灰，如图4—2所示。

图4—1 天棚抹灰

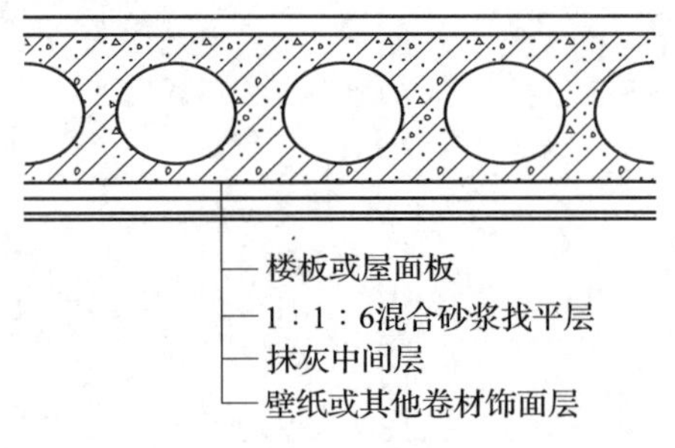

图4—2 直接式天棚

2. 悬吊式天棚

悬吊式天棚又称为“吊顶”或“天花板”，一般由吊筋、龙骨、饰面板构成。它离楼板下表面有一定的距离，通过吊筋与主体结构连接在一起。由于安装比较灵活，可以根据设计师的要求做成平面式吊顶、跌级吊顶、艺术造型吊顶。

顶棚龙骨包括主龙骨、次龙骨、横撑龙骨。它们是吊顶的骨架，对吊顶起着支承的作用。其材料有木龙骨和金属龙骨，木龙骨包括对剖圆木龙骨、方木龙骨，如图4—3和图4—4所示；金属龙骨包括装配式U形轻钢龙骨（见图4—5）、装配式T形铝合金龙骨（见图4—6）。按承重方式不同分为上人型和不上人型，如图4—7所示为吊筋和吊挂件，图4—8所示为轻钢龙骨和铝合金龙骨。

图 4—3　木龙骨

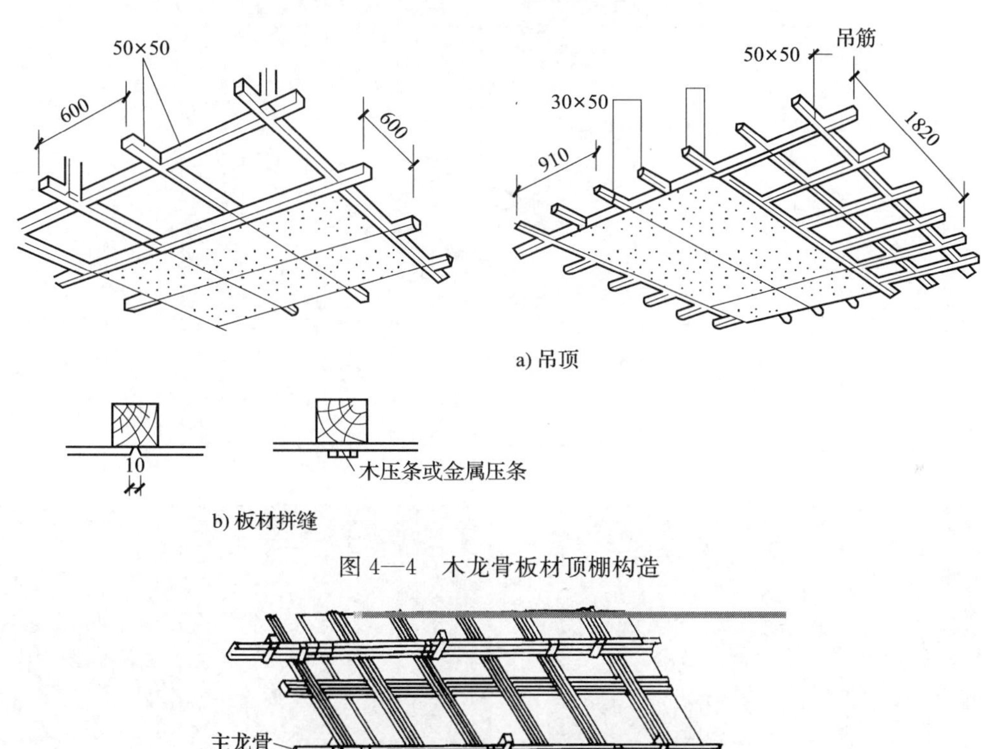

a) 吊顶

b) 板材拼缝

图 4—4　木龙骨板材顶棚构造

图 4—5　U 形轻钢龙骨构造

基层板位于面层和龙骨之间，在制作天花板时初步成形，还没有达到表面装饰的作用，因此叫作基层板，特别要说明的是有基层板就一定要有面层板，但有面层板时不一定需要基层板，具体按设计要求选择。一般有胶合板和石膏板。

饰面板即面层板，常用的有胶合板、钙塑板、铝扣板等。

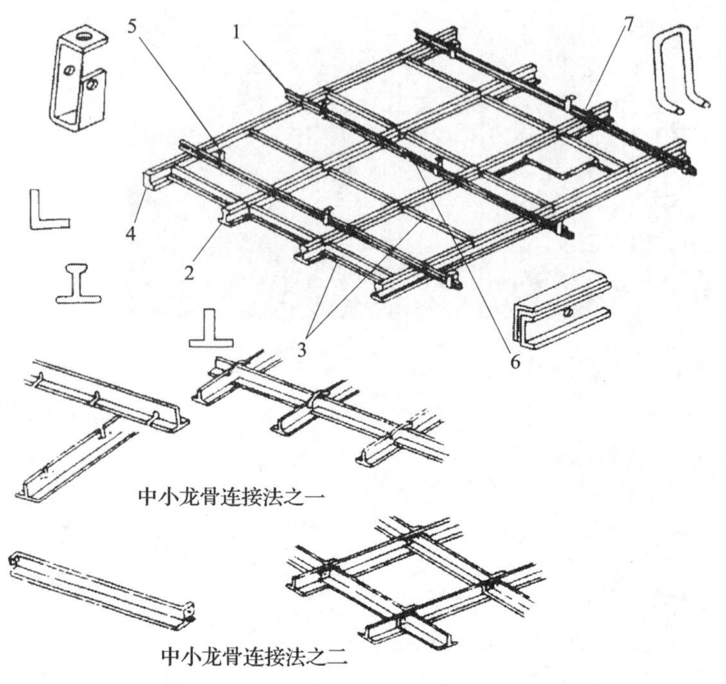

图 4—6　T 形铝合金龙骨构造

1—U 形大龙骨　2—中龙骨　3—小龙骨及横撑　4—边龙骨

5—大龙骨吊挂件　6—大龙骨纵向连接件　7—中、小龙骨吊钩

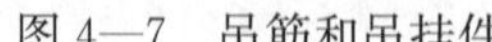

图 4—7　吊筋和吊挂件

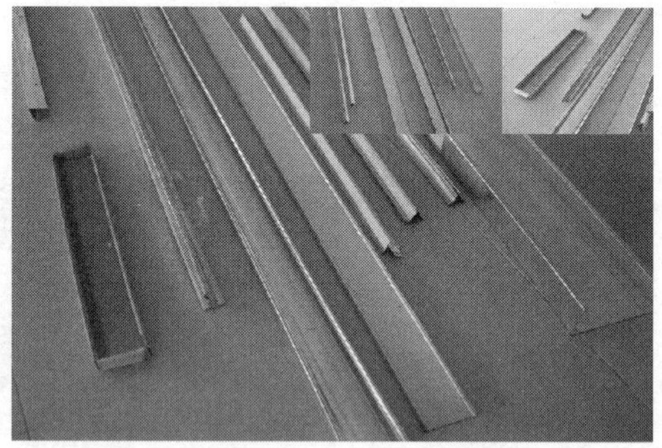

图 4—8　轻钢龙骨和铝合金龙骨

根据天棚吊顶造型的不同，可分为平面天棚、跌级天棚、艺术造型天棚。天棚面层在同一标高者为平面天棚，如图 4—9 所示。天棚面层不在同一标高者为跌级天棚，如图 4—10 所示。艺术造型天棚分为锯齿形、阶梯形、吊挂式、藻井式四种类型，若天棚面层不在同一标高且超过两级（包括两级）者为阶梯型天棚，如图 4—11 所示。

图 4—9 平面天棚

图 4—10 跌级天棚

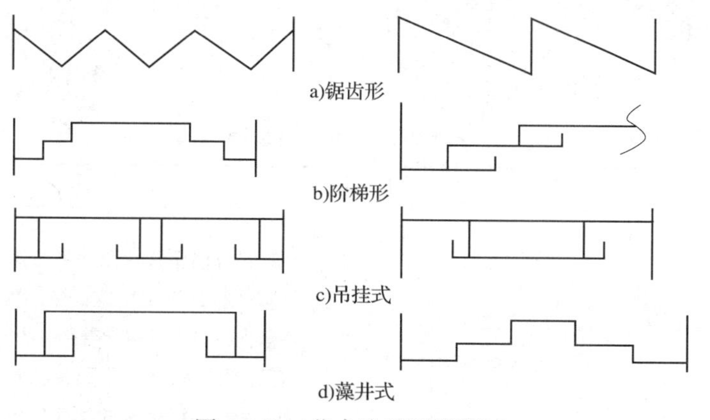

图 4—11 艺术造型天棚断面

三、天棚工程施工工艺

1. 天棚抹灰施工工艺

施工准备→基层处理→找规矩→分层抹灰→罩面装饰抹灰。

2. 天棚吊顶施工工艺

安装吊点紧固件→沿吊顶标高线固定墙边龙骨→刷防火漆→拼接龙骨→分片吊装与吊点固定→分片间的连接→预留孔洞→整体调整→安装饰面板。

第二节 天棚工程清单计量与计价

一、清单项目的划分与说明

1. 清单项目的划分

根据 GB 50854—2013《房屋建筑与装饰工程工程量计算规范》附录 N 中天棚工程工程量清单项目及计算规则，天棚工程分为 4 个分部工程，共计 10 个分项工程。其中，这

10个分项工程分别为天棚抹灰、采光天棚、吊顶天棚、格栅吊顶、吊筒吊顶、藤条造型悬挂吊顶、织物软雕吊顶、装饰网架吊顶、灯带（槽）、送风口和回风口。

2. 清单项目的说明

（1）石灰砂浆面、水泥砂浆面、纸筋灰面、石膏面、抹平扫白、一次成活等的抹灰应按表4—1中天棚抹灰项目编码列项。

（2）平面天棚、跌级天棚、艺术造型天棚按表4—2天棚吊顶项目编码列项。

二、清单的计算规则与应用

1. 天棚抹灰

天棚抹灰清单项目设置见表4—1。

表4—1　　天棚抹灰清单项目设置

项目编码	项目名称	项目特征	计量单位	工程量计算规则	工程内容
011301001	天棚抹灰	1. 基层类型 2. 抹灰厚度、材料种类 3. 砂浆配合比	m^2	按设计图示尺寸以水平投影面积计算。不扣除间壁墙、垛、柱、附墙烟囱、检查口和管道所占的面积，带梁天棚、梁两侧抹灰面积并入天棚面积内，板式楼梯底面抹灰按斜面积计算，锯齿形楼梯底板抹灰按展开面积计算	1. 基层清理 2. 底层抹灰 3. 抹面层

（1）适用范围

天棚抹灰项目适用于天棚、阳台、雨篷及楼梯底面石灰砂浆、水泥砂浆、水泥混合砂浆、石膏砂浆等抹灰。

（2）清单计算规则

天棚抹灰按设计图示尺寸以水平投影面积（单位：m^2）计算。其中应扣除、不扣除、不增加的分别如下：

1）不扣除间壁墙、垛、柱、附墙烟囱、检查口和管道所占的面积。

2）带梁天棚、梁两侧抹灰面积并入天棚面积内。

3）板式楼梯底面抹灰按斜面积计算。

4）锯齿形楼梯底板抹灰按展开面积计算。

（3）注意事项

1）项目特征描述的基层类型指现浇混凝土板、预制混凝土板、木板条等。

2）带梁天棚、梁两个侧面抹灰面积并入天棚面积内。若梁下有墙，则梁侧面并入墙面抹灰面积内。

（4）定额计价方式下天棚抹灰工程量计算

1）阳台底面抹灰，按设计图示尺寸以水平投影面积计算，并入相应的天棚抹灰面积内。阳台带悬臂梁的，其工程量乘以系数 1.15。

2）雨篷底层抹灰，按设计图示尺寸以水平投影面积计算，并入相应的天棚抹灰面积内。

3）天棚抹灰如带有装饰线时，装饰线按设计图示尺寸以长度计算，计算天棚抹灰工程量时不扣除装饰线所占面积。如图 4—12 所示为装饰线。

4）天棚中平面天棚、跌级天棚和艺术造型天棚抹灰，均按设计图示尺寸以展开面积计算。

5）注意事项。天棚抹灰工程量按设计图示尺寸以水平投影面积计算指的是按图示室内净面积，也就是不包含实心砖墙在内的水平投影面积。

图 4—12　装饰线

【例题 4—1】 如图 4—13 所示，某工程为现浇井字梁顶棚，1∶1∶6 水泥石灰砂浆底层厚 10 mm，1∶2.5 纸筋灰面面层厚 3 mm。试列项并求天棚抹灰的工程量。

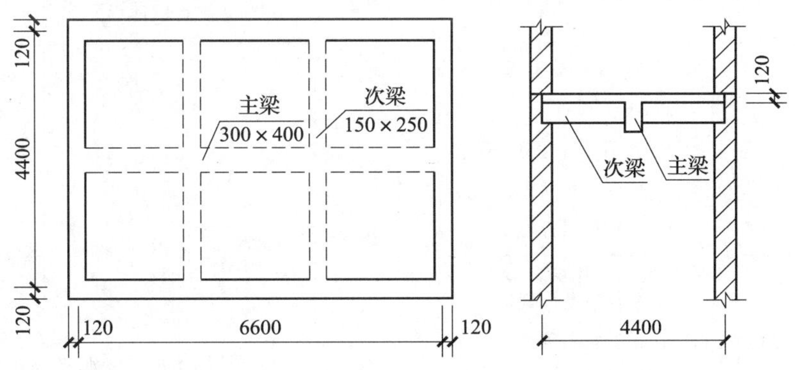

图 4—13　天棚平面图、剖面图

【解析】 根据 GB 50854—2013《房屋建筑与装饰工程工程量计算规范》可知，该题需使用 011301001 天棚抹灰这项清单。由于刮腻子、扫乳胶漆应使用“抹灰面油漆”清单（属于“油漆、涂料、裱糊工程”章节），因此，不能在墙面一般抹灰清单中进行计算与组价，具体计算过程如下：

（1）011301001001 天棚抹灰清单工程量

（6.6－0.24）×（4.4－0.24）＋（0.4－0.12）×（6.6－0.24）×2＋

$(0.25-0.12)\times(4.4-0.24-0.3)\times4\approx32.03\ m^2$

(2) 定额工程量与清单工程量相同。

【题目小结】 题中要求计算天棚抹灰工程量，其天棚若为带梁天棚，梁两侧抹灰面积并入天棚工程内。即定额工程量与清单工程量相同。计算时可以先考虑计算房间的水平投影面积，再分别加上梁侧面积即可。

2. 天棚吊顶

天棚吊顶清单项目包括吊顶天棚、格栅吊顶、吊筒吊顶、藤条造型悬挂吊顶、织物软雕吊顶、装饰网架吊顶六个清单项目，其设置见表 4—2。

表 4—2　　天棚吊顶清单项目设置

项目编码	项目名称	项目特征	计量单位	工程量计算规则	工程内容
011302001	吊顶天棚	1. 吊顶形式、吊杆规格、高度 2. 龙骨材料种类、规格、中距 3. 基层材料种类、规格 4. 面层材料品种、规格 5. 压条材料种类、规格 6. 嵌缝材料种类 7. 防护材料种类	m^2	按设计图示尺寸以水平投影面积计算。天棚面中的灯槽及跌级、锯齿形、吊挂式、藻井式天棚面积不展开计算。不扣除间壁墙、检查口、附墙烟囱、柱垛和管道所占面积，扣除单个大于 0.3 m^2 的孔洞、独立柱及与天棚相连的窗帘盒所占的面积	1. 基层清理、吊杆安装 2. 龙骨安装 3. 基层板铺贴 4. 面层铺贴 5. 嵌缝 6. 刷防护材料
011302002	格栅吊顶	1. 龙骨材料种类、规格、中距 2. 基层材料种类、规格 3. 面层材料品种、规格 4. 防护材料种类		按设计图示尺寸以水平投影面积计算	1. 基层清理 2. 安装龙骨 3. 基层板铺贴 4. 面层铺贴 5. 刷防护材料
011302003	吊筒吊顶	1. 吊筒形状、规格 2. 吊筒材料种类 3. 防护材料种类			1. 基层清理 2. 吊筒制作安装 3. 刷防护材料
011302004	藤条造型悬挂吊顶	1. 骨架材料种类、规格 2. 面层材料品种、规格			1. 基层清理 2. 龙骨安装 3. 面层铺贴
011302005	织物软雕吊顶				
011302006	装饰网架吊顶	网架材料品种、规格			1. 基层清理 2. 网架制作安装

(1) 适用范围

011302001 的吊顶天棚一般指悬吊式天棚吊顶，其面层适用于石膏板、埃特板、装饰吸音罩面板、纤维水泥加压板、金属装饰板、木装饰板、玻璃饰面等。

而开敞式天棚（如格栅吊顶、网架吊顶等）应另按相应清单项目列项，包括格栅吊顶（见图 4—14 和图 4—15）、吊筒吊顶（见图 4—16）、藤条造型悬挂吊顶（见图 4—17）、织物软雕吊顶（见图 4—18）、装饰网架吊顶（见图 4—19 和图 4—20）。

图 4—14 铝合金格栅吊顶

图 4—15 木格栅吊顶

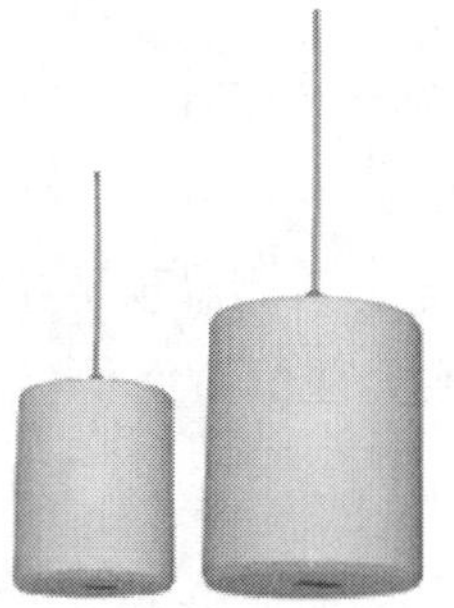

图 4—16 吊筒吊顶

图 4—17 藤条造型悬挂吊顶

图 4—18 织物软雕吊顶

图 4—19 装饰钢网架吊顶

(2) 清单计算规则

天棚吊顶按设计图示尺寸以水平投影面积计算。

图 4—20　装饰网架吊顶

1）不展开：天棚面中的灯槽及跌级、锯齿形、吊挂式、藻井式天棚面积不展开计算。

2）不扣除：间壁墙、检查口、附墙烟囱、柱垛和管道所占面积。

3）扣除：单个 0.3 m^2 以上的孔洞、独立柱及与天棚相连的窗帘盒所占的面积。

格栅吊顶、吊筒吊顶、藤条造型悬挂吊顶、织物软雕吊顶、装饰网架吊顶按设计图示尺寸以水平投影面积计算。

（3）注意事项

1）天棚吊顶工程量与楼地面工程量计算相似，若吊顶为平面时，实际计算时可套用相应房间地面面积，并在此基础上扣除独立柱、窗帘盒面积。

2）天棚吊顶工程量计算与天棚抹灰计算规则有所不同。天棚吊顶不扣除柱、垛，即指与墙体相连的柱、垛而凸出墙体部分所占面积，应扣除独立柱所占面积，而天棚抹灰不扣除柱、垛所占面积，即独立柱面积也不扣除。

（4）定额计价方式下天棚吊顶工程工程量计算

平面天棚、跌级天棚、艺术造型天棚工程量计算规则如下：

1）天棚龙骨工程量按设计图示尺寸以水平投影面积计算。不扣除间壁墙、检查洞、附墙烟囱、柱垛和管道的面积，但应扣除单个 0.3 m^2以外的孔洞、独立柱及与天棚相连的窗帘盒所占面积。

2）天棚基层、面层工程量除注明外均按设计图示尺寸以展开面积计算。不扣除间壁墙、检查洞、附墙烟囱、柱垛和管道的面积，但应扣除单个 0.3 m^2以外的孔洞、独立柱及与天棚相连的窗帘盒所占面积。

3）其他天棚（含龙骨和面层）工程量按设计图示尺寸以水平投影面积计算。

4）注意事项。天棚吊顶工程量需分层计算，自上而下，而且龙骨工程量的计算规则与基层、面层是不同的。

【例题 4—2】　天棚平面图如图 4—21 所示，试列项并求龙骨与天棚面层的工程量。

【解析】　根据 GB 50854—2013《房屋建筑与装饰工程工程量计算规范》可知，该题需使用 011302001001 吊顶天棚这项清单。

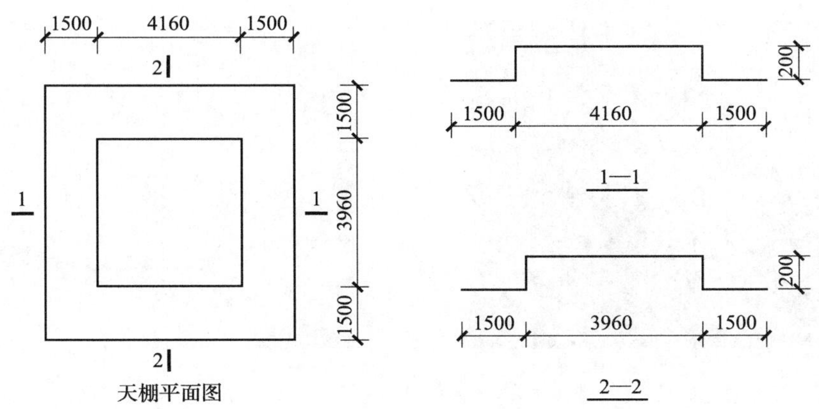

图 4—21 天棚平面图

(1) 011302001001 吊顶天棚清单工程量

$$6.96\times7.16\approx49.83\ m^2$$

(2) 天棚龙骨与天棚面层定额工程量

1) 天棚龙骨以水平投影面积计算 $=6.96\times7.16\approx49.83\ m^2$

2) 天棚面层以展开面积计算 $=49.83+(4.16+3.96)\times2\times0.2\approx53.08\ m^2$

3. 采光天棚

采光天棚清单项目设置见表 4—3。

表 4—3 采光天棚清单项目设置

项目编码	项目名称	项目特征	计量单位	工程量计算规则	工程内容
0113003001	采光天棚	1. 骨架类型 2. 固定类型、固定材料品种、规格 3. 面层材料品种、规格 4. 嵌缝、塞口材料种类	m^2	按框外围展开面积计算	1. 基层清理 2. 面层制安 3. 嵌缝、塞口 4. 清洗

(1) 适用范围

采光天棚适用于多边形组合光棚、二坡光棚、点支式夹胶玻璃光棚、成品组合光棚、半圆柱形聚碳酸酯板光棚，如图 4—22 和图 4—23 所示。

(2) 清单计算规则

采光天棚按框外围展开面积（单位：m^2）计算。

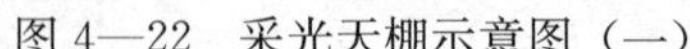

图 4—22 采光天棚示意图（一）

图 4—23 采光天棚示意（二）

（3）注意问题

采光天棚骨架不包括在本节中，应单独按 GB 50854—2013 附录 F 金属结构工程相关项目编码列项。

4. 天棚其他装饰

天棚其他装饰清单项目包括灯带（槽）、送风口和回风口两个项目，其设置见表 4—4。

表 4—4　　天棚其他装饰清单项目设置

项目编码	项目名称	项目特征	计量单位	工程量计算规则	工程内容
011304001	灯带	1. 灯带形式、尺寸 2. 格栅片材料品种、规格 3. 安装固定方式	m^2	按设计图示尺寸以框外围面积计算	安装、固定
011304002	送风口和回风口	1. 风口材料品种、规格 2. 安装固定方式 3. 防护材料种类	个	按设计图示数量计算	1. 安装、固定 2. 刷防护材料

（1）适用范围

1）灯带（槽）适用于不锈钢、铝合金、玻璃类格栅灯带，如图 4—24 和图 4—25 所示。

2）送风口和回风口适用于金属、塑料、木质风口，如图 4—26 和图 4—27 所示。

（2）清单计算规则

1）灯带（槽）按设计图示尺寸以框外围面积（单位：m^2）计算。

2）送风口、回风口按设计图示数量（单位：个）计算。

图 4—24　灯带（一）

图 4—25　灯带（二）

图 4—26　送风口和回风口

图 4—27　吊顶与风口位置

（3）注意事项

送风口、回风口按开关划分为直形与弧形，为便于计价一般宜分开列项。

三、天棚工程清单计价

1. 分部分项工程量清单的编制

下面举例说明工程量清单的编制过程，并填写分部分项工程和单价措施项目清单与计价表。

【例题 4—3】 如图 4—28 所示，计算书房吊顶天棚的清单工程量，并填写清单分析表，计算综合单价及综合单价分析。墙体厚度 240 mm，轴线均与墙体中心对齐，窗帘盒宽度为 200 mm。书房采用装配式 U 形轻钢天棚龙骨（不上人），规格、中距综合考虑。纸面石膏板面层，规格为 300 mm×300 mm×12 mm。本工程所在地广州，其中人工费 51 元/工日。

【解析】（1）思路分析：书房天棚为跌级天棚，主卧室天棚为平面天棚，并应该扣除与天棚相连的窗帘盒所占面积。

（2）书房天棚工程计算：

龙骨工程量＝（4.5－0.24）×（3.5－0.24－0.2）≈13.04 m^2

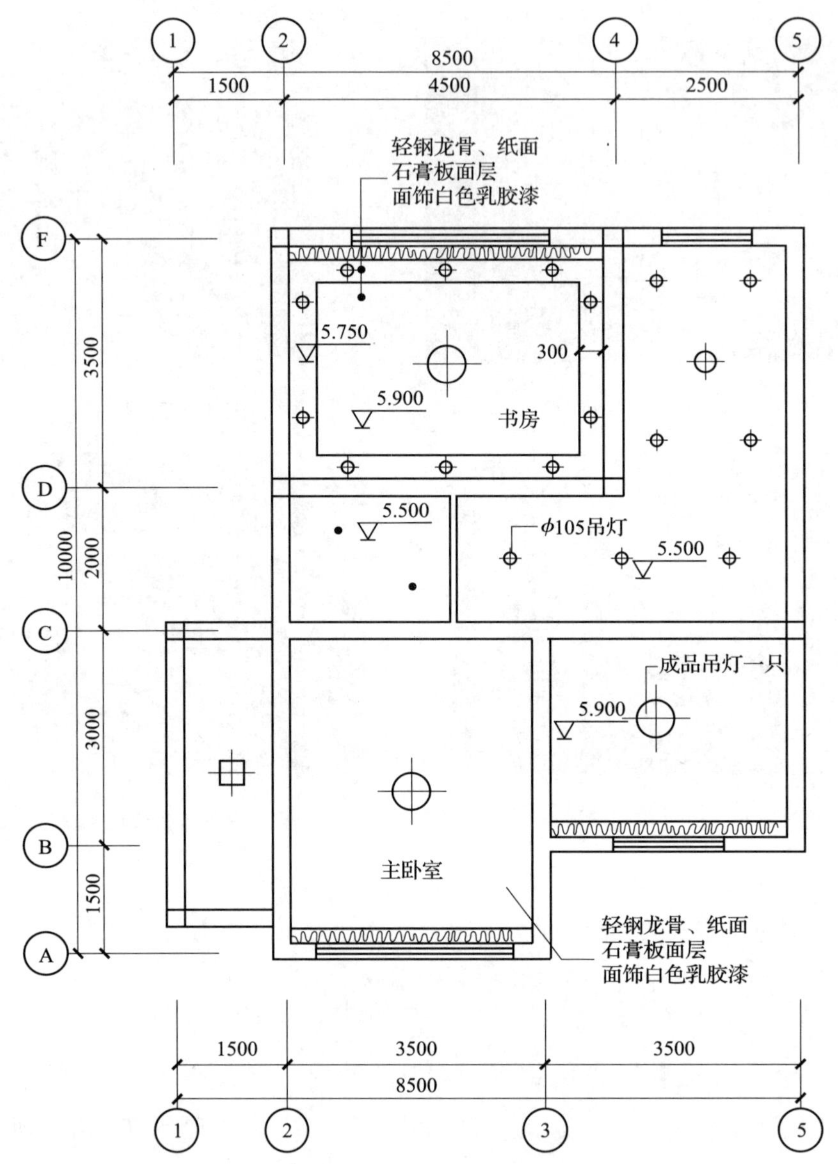

图 4—28　天棚装修示意图

纸面石膏板面层定额工程量=（4.5—0.24）×（3.5—0.24—0.2）+［（4.5—0.24—0.3×2）+（3.5—0.24—0.2—0.3×2）］×2×（5.9—5.75）≈14.88 m²

纸面石膏板面层清单工程量=（4.5—0.24）×（3.5—0.24—0.2）≈13.04 m²

（3）吊顶天棚（011302001001）

1）清单工程量：13.04 m²。

2）计价工程量：根据清单项目特征所描述的内容进行计价。

（4）综合单价分析

分部分项工程和单价措施项目清单与计价表 4—5。

表 4—5　　　　分部分项工程和单价措施项目清单与计价表

工程名称：例题 4—3 天棚装饰　　　　第 1 页　共 1 页

序号	项目编码	项目名称	项目特征	计量单位	工程数量	金额（元）	
						综合单价	合价
1	011302001001	吊顶天棚	1. 吊顶形式、吊杆规格、高度：跌级吊顶天棚、ϕ6.5 吊杆，高度综合考虑 2. 龙骨材料种类、规格、中距：装配式 U 形轻钢天棚龙骨（不上人），规格、中距综合考虑 3. 面层材料品种、规格：纸面石膏板 300 mm×300 mm×12 mm	m^2	13.04	83.43	1 087.93
		分部小计					1 087.93

2. 综合单价分析表的填写

请按清单计价规范的要求，对照分部分项工程和单价措施项目清单与计价表中的特征描述进行投标报价。

【例题 4—4】 完成例题 4—3 的投标报价，并填写综合单价分析表，见表 4—6。

表 4—6　　　　综合单价分析表

工程名称：例题 4—3 天棚装饰　　　　第 1 页　共 1 页

<table>
<tr><td>项目编码</td><td>011302001001</td><td>项目名称</td><td colspan="6">吊顶天棚</td><td colspan="2">计量单位</td><td>m²</td><td colspan="2">清单工程量</td><td>13.04</td></tr>
<tr><td colspan="15">综合单价分析</td></tr>
<tr><td rowspan="2">定额编号</td><td rowspan="2">定额名称</td><td rowspan="2">定额单位</td><td rowspan="2">工程数量</td><td colspan="5">单价（元）</td><td colspan="5">合价（元）</td></tr>
<tr><td>人工费</td><td>材料费</td><td>机械费</td><td>管理费</td><td>利润</td><td>人工费</td><td>材料费</td><td>机械费</td><td>管理费</td><td>利润</td></tr>
<tr><td>A11－33</td><td>装配式 U 形轻钢天棚龙骨（不上人型）面层规格 300 mm×300 mm 跌级</td><td>100 m²</td><td>0.01</td><td>991.44</td><td>3 780.9</td><td>8.26</td><td>150.65</td><td>178.5</td><td>9.91</td><td>37.81</td><td>0.08</td><td>1.51</td><td>1.78</td></tr>
</table>

续表

定额编号	定额名称	定额单位	工程数量	单价（元）					合价（元）				
				人工费	材料费	机械费	管理费	利润	人工费	材料费	机械费	管理费	利润
A11—108	石膏板面层安在U形轻钢龙骨上	100 m²	0.011 411	495.72	2 174.15		74.71	89.23	5.66	24.81		0.85	1.02
人工单价		小计							15.57	62.62	0.08	2.36	2.8
综合工日 51 元/工日		未计价材料费											
综合单价									83.43				

材料费明细	主要材料名称、规格、型号	单位	数量	单价（元）	合价（元）	暂估单价（元）	暂估合价（元）
	轻钢大龙骨 45	m	1.863 7	5.2	9.69		
	轻钢小龙骨 h19	m	2.004 1	2.8	5.61		
	铁件（综合）	kg	0.011 4	5.81	0.07		
	方钢管 25 mm×25 mm×2.5 mm	kg	0.120 1	4.45	0.53		
	杉木枋	m³	0.000 7	1 675.3	1.17		
	轻钢中龙骨横撑 h=19 mm	m	1.973 3	4.5	8.88		
	扁钢（综合）	t		4 018.8			
	轻钢中龙骨	m	1.748 5	4.5	7.87		
	3 号专用螺母垫圈 Q235	块	0.392	1.76	0.69		
	螺母（综合）	10 个	0.783	0.21	0.16		
	高强度螺栓	kg	0.009 9	6.64	0.07		
	射钉	10 个	0.155	0.05	0.01		
	低碳钢焊条（综合）	kg	0.012 8	4.9	0.06		
	等边角钢（综合）	t	0.000 4	4 069.8	1.63		
	圆钢 ϕ10 以内	t	0.000 3	3 757.5	1.13		
	热轧厚钢板 6～7 mm	t		4 590			
	松木板	m³	0.000 2	1 199.7	0.24		
	石膏板	m²	1.198 2	19.81	23.74		
	自攻螺钉 M4×15	10 个	3.936 8	0.13	0.51		
	其他材料费	元	0.56	1	0.56		
	材料费小计			—	62.62	—	

现在将人工费 51 元/工日改为 92 元/工日，纸面石膏板面层单价为 15 元/m²，填写综合单价分析表，见表 4—7。

表 4—7　　　　综合单价分析表

工程名称：例题 4—3 天棚装饰　　　　第 1 页　共 1 页

项目编码	011302001001	项目名称	吊顶天棚							计量单位	m²	清单工程量	13.04
综合单价分析													
定额编号	定额名称	定额单位	工程数量	单价（元）					合价（元）				
				人工费	材料费	机械费	管理费	利润	人工费	材料费	机械费	管理费	利润
A11—33	装配式 U 形轻钢天棚龙骨（不上人型）面层规格 300 mm×300 mm 跌级	100 m²	0.01	1 788.48	3 780.9	8.26	150.65	322	17.88	37.81	0.08	1.51	3.22
A11—108	石膏板面层安在 U 形轻钢龙骨上	100 m²	0.011 411	894.24	1 669.1		74.71	161	10.2	19.05		0.85	1.84
人工单价		小计							28.09	56.86	0.08	2.36	5.06
综合工日 92 元/工日		未计价材料费											
综合单价									92.45				

材料费明细

主要材料名称、规格、型号	单位	数量	单价（元）	合价（元）	暂估单价（元）	暂估合价（元）
轻钢大龙骨 45	m	1.863 7	5.2	9.69		
轻钢小龙骨 h19	m	2.004 1	2.8	5.61		
铁件（综合）	kg	0.011 4	5.81	0.07		
方钢管 25 mm×25 mm×2.5 mm	kg	0.120 1	4.45	0.53		
杉木枋	m³	0.000 7	1675.3	1.17		
轻钢中龙骨横撑 h=19 mm	m	1.973 3	4.5	8.88		
扁钢（综合）	t		4 018.8			
轻钢中龙骨	m	1.748 5	4.5	7.87		
3 号专用螺母垫圈 Q235	块	0.392	1.76	0.69		
螺母（综合）	10 个	0.783	0.21	0.16		
高强度螺栓	kg	0.009 9	6.64	0.07		
射钉	10 个	0.155	0.05	0.01		
低碳钢焊条（综合）	kg	0.012 8	4.9	0.06		
等边角钢（综合）	t	0.000 4	4 069.8	1.63		

续表

材料费明细	圆钢 ϕ10 以内	t	0.000 3	3 757.5	1.13		
	热轧厚钢板 6～7	t		4 590			
	松木板	m^3	0.000 2	1 199.7	0.24		
	石膏板	m^2	1.198 2	15	17.97		
	自攻螺钉 M4×15	10 个	3.936 8	0.13	0.51		
	其他材料费	元	0.56	1	0.56		
	材料费小计			—	56.86	—	

其中：A11－108［石膏板面层　安在 U 形轻钢龙骨上］，原石膏板定额单价为 19.81 元/m^2，现改成 15 元/ m^2。

则 A11－108 的材料费单价＝15×105＋1 199.71×0.016＋0.13×345＋1×30.06

≈1 669.11 元

思考与练习

某学校会议室旧房改造精装修工程中，小房间天棚图如图 4—29 所示，立面展开图如图 4—30 所示。问：（1）用清单计价法列项求墙柱面清单工程量并编制分部分项工程量清单；（2）参阅本地建筑与装饰工程综合定额，填写综合单价分析表。

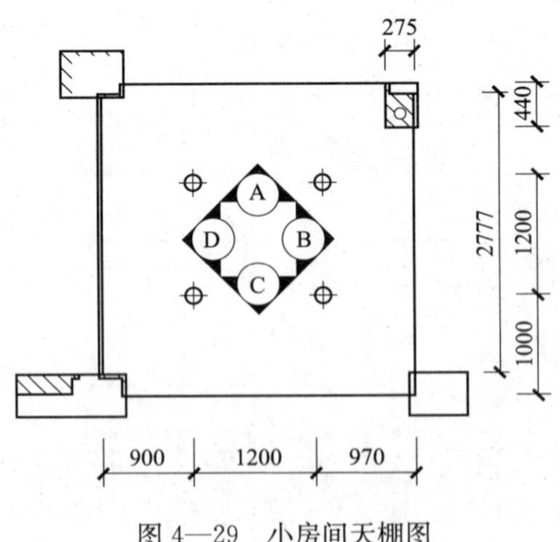

图 4—29　小房间天棚图

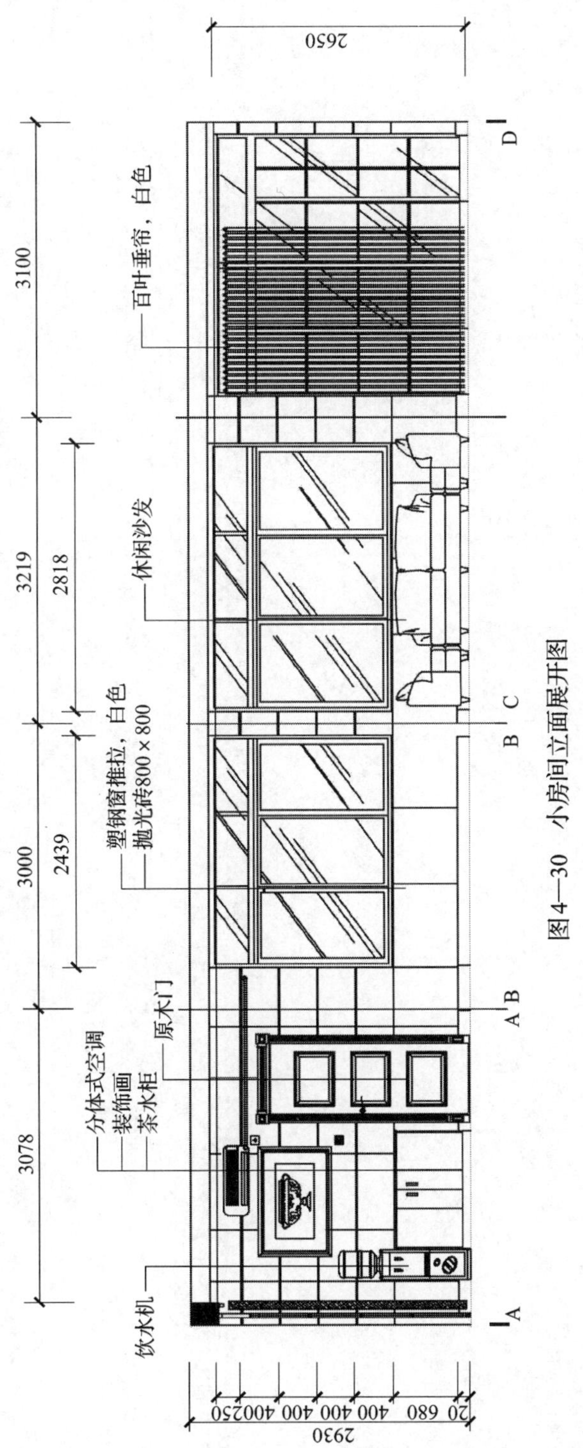

图4—30　小房间立面展开图

第五章　门窗工程

学习目标

◆了解门和窗的组成和分类

◆了解本章清单项目的划分，会查找 GB 50854—2013 附录 H 中的相应项目

◆掌握木门、金属门、窗帘盒、窗台板项目的工程量计算规则和应用

◆重点掌握工程量清单的编制和分部分项工程报价表的填写

第一节　门窗工程概述

一、门

1. 门的组成

门通常由门框、门扇、亮子、门套和五金等组成，如图 5—1 所示。其中，门框又称门樘，用以安装门扇和亮子。门扇是开与闭的部件，材质多样，有木质的、木质镶玻璃、金属的、全玻璃或者复合材料等。亮子指门上部类似窗的部件，起到通风采光的作用，一般镶嵌和门扇种类一致的玻璃。门套是门框的延续装饰部件，设置在门洞的左右两侧及顶部位置。五金指铰链、拉手、锁等。

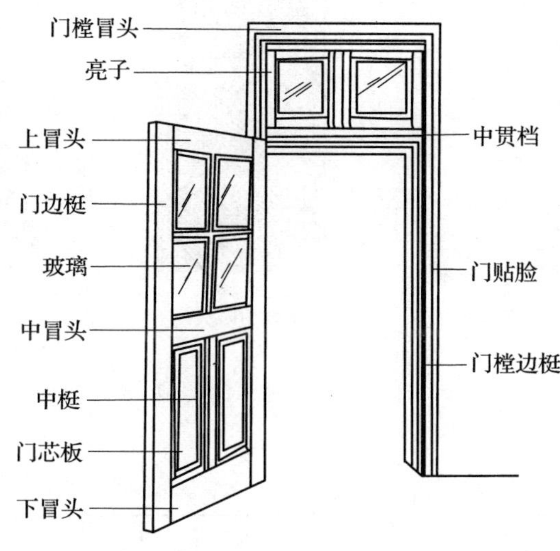

图 5—1　门的构造组成示意图

2. 门的类型

(1) 门按所采用的材料不同分为木门、金属门、金属卷帘门、厂库房大门、特种门、其他门。其中木门和金属门较为常用，木质门又可分为镶板木门、企口板门、实木装饰门、胶合板门、夹板装饰门、木纱门等。图 5—2 是几种门的图片，要判断门的材料不能只看表面的颜色和款式，具体采用的材料以实物为准。

镶板木门是指门扇先成型门框，然后镶入几块木板；企口木门是木板凹凸相接，大多是条板结成板块后再套框成门扇。图 5—3 为镶板木门，图 5—4 为企口木板门。

金属卷帘（闸）门常见的有金属卷帘（闸）门、防火卷帘（闸）门，如图 5—5 所示。

a）实木装饰门

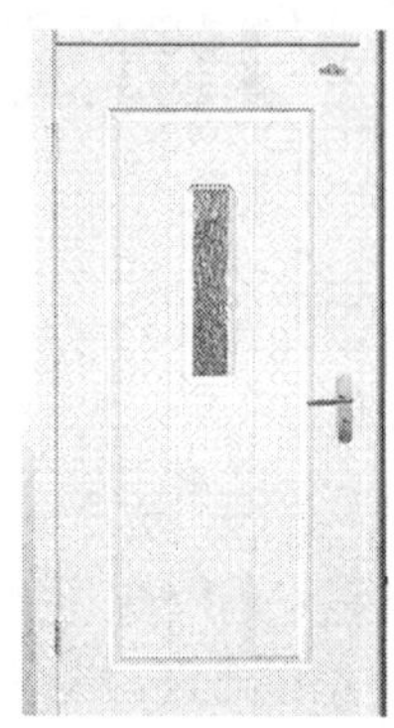
b）夹板装饰门

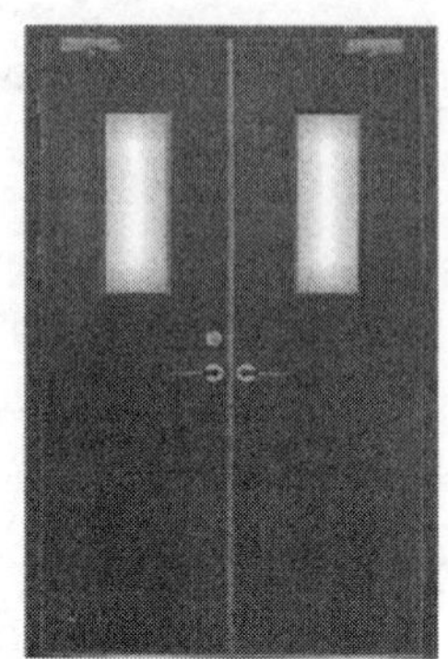
c）胶合板门

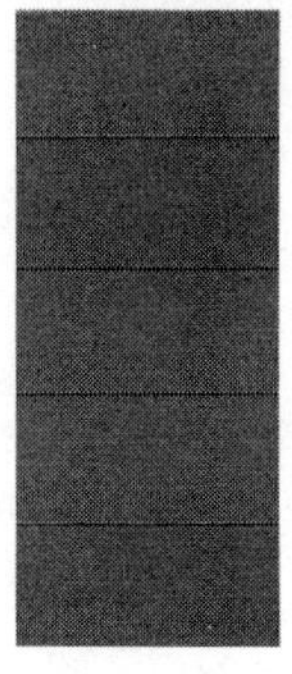
d）企口板门

e）镶板木门

f）木质防火门

g）不锈钢连窗门

图 5—2　几种门的类型

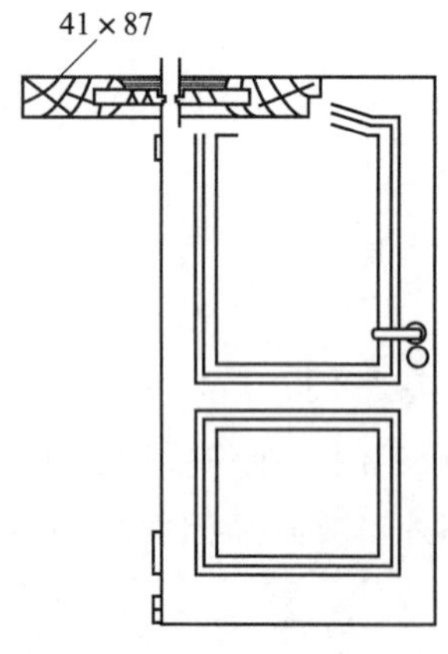

图 5—3　镶板木门

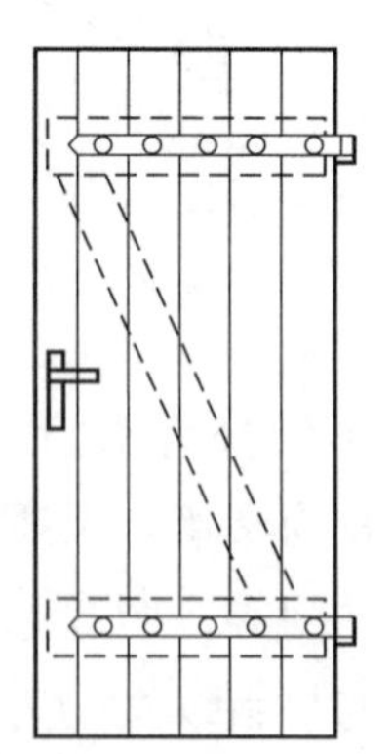
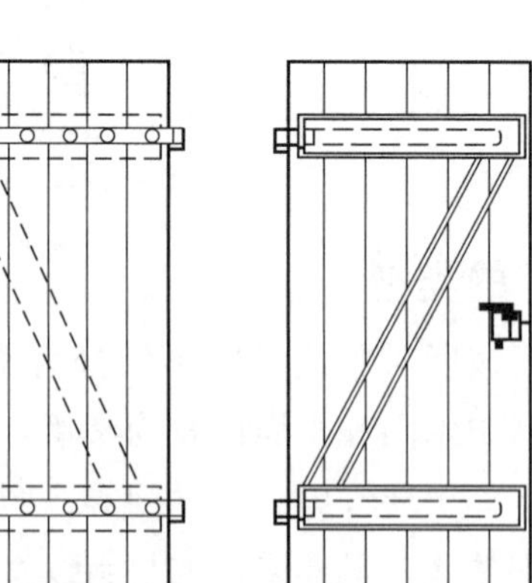

图 5—4　企口木板门

a）金属卷帘门

b）防火卷帘门

图 5—5　两种卷帘门

知识链接　　金属卷帘门与防火卷帘门的区别

金属卷帘门是属于普通卷帘门，从外观来说普通卷帘门和防火卷帘门区别不大。普通卷帘门有手动的和电机控制两种，防火卷帘门主要是电机控制，区别在于一个是普通的电机，一个是可防火的电机。

普通卷帘帘片是空心压弯的，防火卷帘门的帘片内部填充了阻燃隔热的防火材料，普通卷帘是单独的物理或电机开关，而防火卷帘门是可连接在整个建筑物的消防控制中心的。

图 5—6　金属格栅门

金属格栅门属于厂库房大门，如图 5—6 所示。

（2）门按开启方式不同可分为平开门、弹簧门、推拉门、折叠门、转门（见图 5—7）、卷帘门等。

a）

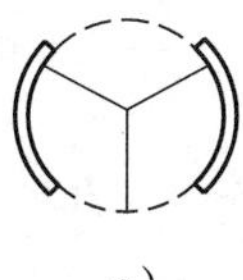

b）

c）

d）

图 5—7　转门

二、窗

1. 窗的组成

窗由窗框、窗扇、窗套组成，如图 5—8 所示。其中，窗框指窗扇和墙体之间的连接构件，由上冒头、下冒头、中冒头（棂子）、中贯樘、边梃、中梃等杆件构成。窗扇由上、下冒头和边梃榫接而成，常在其上安装玻璃，安装纱时为纱窗。窗套指窗口两侧与上下的装饰构件。

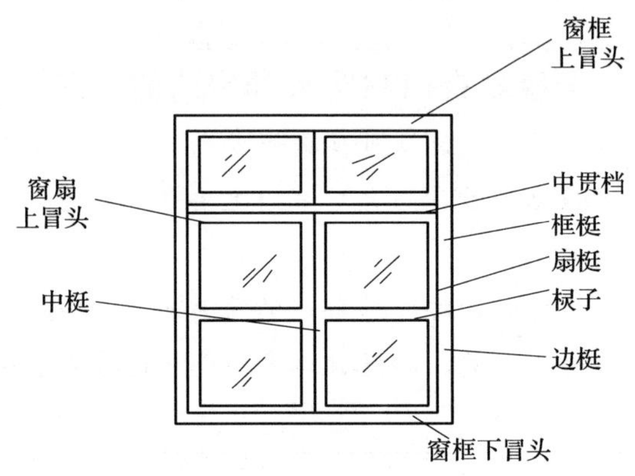

图 5—8　窗的组成示意图

2. 窗的类型

（1）窗按所采用的材料不同分为木窗、金属窗。

（2）窗按开启方式不同可分为平开窗、翻窗、摇窗、推拉窗、固定窗，如图 5—9 所示。

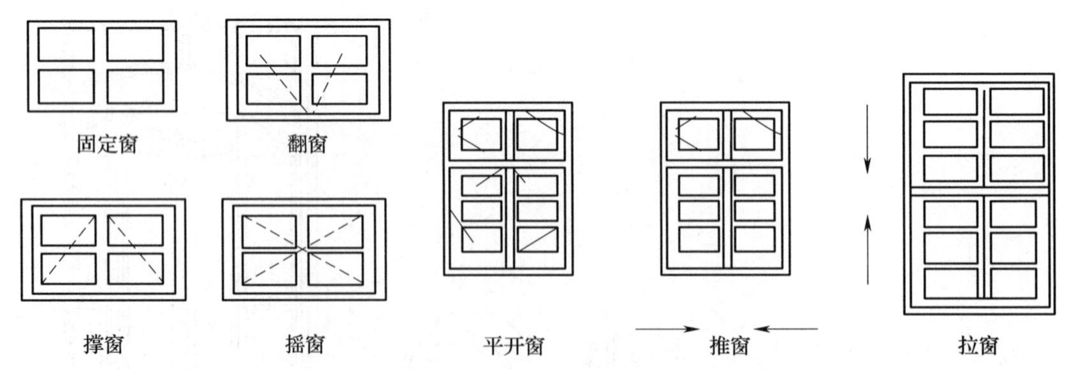

图 5—9　几种开启方式不同的窗

金属窗可以分为：金属推拉窗、金属平开窗、金属固定窗、金属格栅窗等，如图 5—10 所示。

a）铝合金推拉窗

b）铝合金平开窗

c）铝合金百叶窗

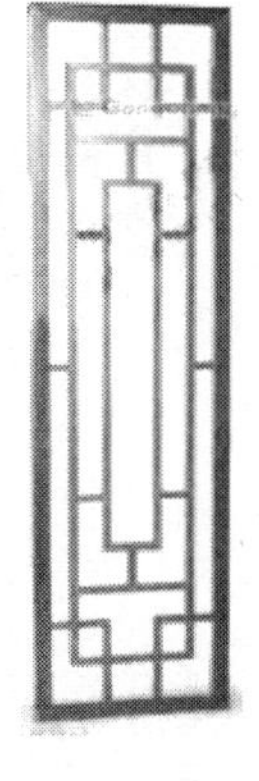
d) 仿木金属格栅

e) 正方形金属格栅

图 5—10　几种金属窗

三、门窗套

门窗套是用于保护和装饰门框及窗框，包括筒子板和贴脸，与墙连接在一起。如图5—11a 所示，门窗套包括 A 面和 B 面；筒子板指 A 面，贴脸指 B 面，即门窗套由门窗贴脸和门窗筒子板组成。

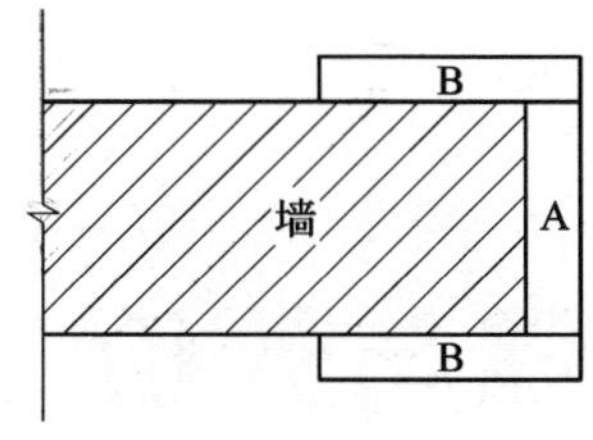

a）门窗套平剖图

b）门窗套三维图

c）钢质窗框

图 5—11　门窗套、窗框

门框：指的是门窗本身附带的门扇安装所在的框子，用于固定门窗的玻璃或者是门板等物件，属于门窗的一部分。门框一般与门同色，也可不同（比如套装门）。

筒子板：门套中位于中间门洞侧面的装饰板叫筒子板。

贴脸：平行门窗墙面，盖住筒子板和墙面缝隙的，叫贴脸。

四、窗台板

窗台板按材质不同可以分为木窗台板、铝塑窗台板、金属窗台板、石材窗台板等。如图 5—12 所示。

a）木窗台板

b）石材窗台板

c）PVC 窗台板

图 5—12 窗台板

五、窗帘盒

窗帘盒是家庭装修中的重要部位，是隐蔽窗帘轨的重要设施，一般安装在窗户的上部，如图 5—13 所示。窗帘轨指的是安装于窗子上方，用于悬挂窗帘的横杆。

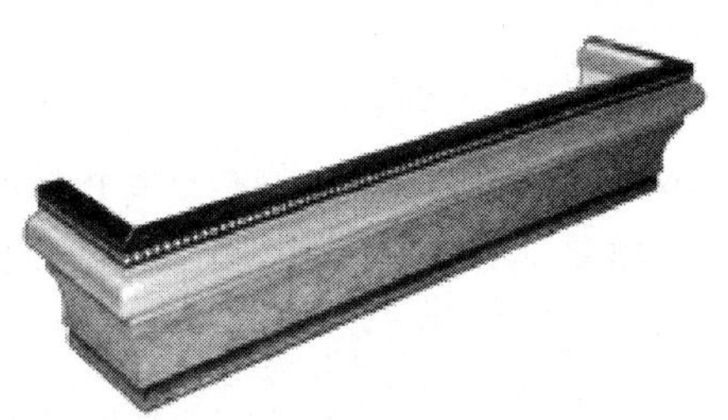

图 5—13 窗帘盒示意图

第二节 门窗工程清单计量与计价

一、清单项目的划分与说明

1. 清单项目的划分

根据 GB 50854—2013《房屋建筑与装饰工程工程量计算规范》门窗工程分为 10 个分部工程，共计 55 个分项工程项目。其分部工程分别为木门，金属门，金属卷帘

（闸）门，厂库房大门、特种门，其他门，木窗，金属窗，门窗套，窗台板，窗帘、窗帘盒、轨。

2. 清单项目的说明

（1）适用于工业民用建筑中不同类型的门和窗。

（2）清单项目设置详见表 5—1～表 5—10。

表 5—1　　木门清单项目设置

项目编码	项目名称	项目特征	计量单位	工程量计算规则	工程内容
010801001	木质门	1. 门代号及洞口尺寸 2. 镶嵌玻璃品种、厚度	1. 樘 2. m^2	1. 以樘计量，按设计图示数量计算 2. 以平方米计量，按设计图示洞口尺寸以面积计算	1. 门安装 2. 玻璃安装 3. 五金安装
010801002	木质门带套				
010801003	木质连窗门				
010801004	木质防火门				
010801005	木门框	1. 门代号及洞口尺寸 2. 框截面尺寸 3. 防护材料种类	1. 樘 2. m	1. 以樘计量，按设计图示数量计算 2. 以米计量，按设计图示框的中心线以延长米计算	1. 木门框制作、安装 2. 运输 3. 刷防护材料
010801006	门锁安装	1. 锁品种 2. 锁规格	个（套）	按设计图示数量计算	安装

注：1. 木质门应区分镶板木门、企口木板门、实木装饰门、胶合板门、夹板装饰门、木纱门、全玻门（带木质扇框）、木质半玻门（带木质扇框）等项目，分别编码列项。

2. 木门五金应包括折页、插销、门碰珠、弓背拉手、搭机、木螺丝、弹簧折页（自动门）、管子拉手（自由门、地弹门）、地弹簧（地弹门）、角铁、门轧头（地弹门、自由门）等。

3. 木质门带套计量按洞口尺寸以面积计算，不包括门套的面积，但门套应计算在综合单价中。

4. 以樘计量，项目特征必须描述洞口尺寸；以平方米计量，项目特征可不描述洞口尺寸。

5. 单独制作安装木门框按木门框项目编码列项。

表 5—2　　金属门清单项目设置

<table>
<tr><th>项目编码</th><th>项目名称</th><th>项目特征</th><th>计量单位</th><th>工程量计算规则</th><th>工程内容</th></tr>
<tr><td>010802001</td><td>金属（塑钢）门</td><td>1. 门代号及洞口尺寸
2. 门框或扇外围尺寸
3. 门框、扇材质
4. 玻璃品种、厚度</td><td rowspan="4">1. 樘
2. m^2</td><td rowspan="4">1. 以樘计量，按设计图示数量计算
2. 以平方米计量，按设计图示洞口尺寸以面积计算</td><td rowspan="3">1. 门安装
2. 五金安装
3. 玻璃安装</td></tr>
<tr><td>010802002</td><td>彩板门</td><td>1. 门代号及洞口尺寸
2. 门框或扇外围尺寸</td></tr>
<tr><td>010802003</td><td>钢质防火门</td><td rowspan="2">1. 门代号及洞口尺寸
2. 门框或扇外围尺寸
3. 门框、扇材质</td></tr>
<tr><td>010802004</td><td>防盗门</td><td>1. 门安装
2. 五金安装</td></tr>
</table>

注：1. 金属门应区分金属平开门、金属推拉门、金属地弹门、全玻门（带金属扇框）、金属半玻门（带扇框）等项目，分别编码列项。

2. 铝合金门五金包括地弹簧、门锁、拉手、门插、门铰、螺丝等。

3. 金属门五金包括 L 型执手插锁（双舌）、执手锁（单舌）、门轨头、地锁、防盗门机、门眼（猫眼）、门碰珠、电子锁（磁卡锁）、闭门器、装饰拉手等。

4. 以樘计量，项目特征必须描述洞口尺寸，没有洞口尺寸必须描述门框或扇外围尺寸，以平方米计量，项目特征可不描述洞口尺寸及框、扇的外围尺寸。

5. 以平方米计量，无设计图示洞口尺寸，按门框、扇外围以面积计算。

表 5—3　　金属卷帘（闸）门清单项目设置

<table>
<tr><th>项目编码</th><th>项目名称</th><th>项目特征</th><th>计量单位</th><th>工程量计算规则</th><th>工程内容</th></tr>
<tr><td>010803001</td><td>金属卷帘（闸）门</td><td rowspan="2">1. 门代号及洞口尺寸
2. 门材质
3. 启动装置品种、规格</td><td rowspan="2">1. 樘
2. m^2</td><td rowspan="2">1. 以樘计量，按设计图示数量计算
2. 以平方米计量，按设计图示洞口尺寸以面积计算</td><td rowspan="2">1. 门运输、安装
2. 启动装置、活动小门、五金安装</td></tr>
<tr><td>010803002</td><td>防火卷帘（闸）门</td></tr>
</table>

注：以樘计量，项目特征必须描述洞口尺寸；以平方米计量，项目特征可不描述洞口尺寸。

表 5—4　　　　厂库房大门、特种门清单项目设置

<table>
<tr><th>项目编码</th><th>项目名称</th><th>项目特征</th><th>计量单位</th><th>工程量计算规则</th><th>工程内容</th></tr>
<tr><td>010804001</td><td>木板大门</td><td rowspan="4">1. 门代号及洞口尺寸
2. 门框或扇外围尺寸
3. 门框、扇材质
4. 五金种类、规格
5. 防护材料种类</td><td rowspan="7">1. 樘
2. m^2</td><td rowspan="2">1. 以樘计量，按设计图示数量计算
2. 以平方米计量，按设计图示洞口尺寸以面积计算</td><td rowspan="4">1. 门（骨架）制作、运输
2. 门、五金配件安装
3. 刷防护材料</td></tr>
<tr><td>010804002</td><td>钢木大门</td></tr>
<tr><td>010804003</td><td>全钢板大门</td><td rowspan="2">1. 以樘计量，按设计图示数量计算
2. 以平方米计量，按设计图示门框或扇以面积计算</td></tr>
<tr><td>010804004</td><td>防护铁丝门</td></tr>
<tr><td>010804005</td><td>金属格栅门</td><td>1. 门代号及洞口尺寸
2. 门框或扇外围尺寸
3. 门框、扇材质
4. 启动装置的品种、规格</td><td>1. 以樘计量，按设计图示数量计算
2. 以平方米计量，按设计图示洞口尺寸以面积计算</td><td>1. 门安装
2. 启动装置、五金配件安装</td></tr>
<tr><td>010804006</td><td>钢质花饰大门</td><td rowspan="2">1. 门代号及洞口尺寸
2. 门框或扇外围尺寸
3. 门框、扇材质</td><td>1. 以樘计量，按设计图示数量计算
2. 以平方米计量，按设计图示门框或扇以面积计算</td><td rowspan="2">1. 门安装
2. 五金配件安装</td></tr>
<tr><td>010804007</td><td>特种门</td><td>1. 以樘计量，按设计图示数量计算
2. 以平方米计量，按设计图示洞口尺寸以面积计算</td></tr>
</table>

注：1. 特种门应区分冷藏门、冷冻间门、保温门、变电室门、隔音门、防射线门、人防门、金库门等项目，分别编码列项。

2. 以樘计量，项目特征必须描述洞口尺寸，没有洞口尺寸必须描述门框或扇外围尺寸；以平方米计量，项目特征可不描述洞口尺寸及框、扇的外围尺寸。

3. 以平方米计量，无设计图示洞口尺寸，按门框、扇外围以面积计算。

表 5—5　　**其他门清单项目设置**

<table>
<tr><th>项目编码</th><th>项目名称</th><th>项目特征</th><th>计量单位</th><th>工程量计算规则</th><th>工程内容</th></tr>
<tr><td>010805001</td><td>电子感应门</td><td rowspan="2">1. 门代号及洞口尺寸
2. 门框或扇外围尺寸
3. 门框、扇材质
4. 玻璃品种、厚度
5. 启动装置的品种、规格
6. 电子配件品种、规格</td><td rowspan="7">1. 樘
2. m^2</td><td rowspan="7">1. 以樘计量，按设计图示数量计算
2. 以平方米计量，按设计图示洞口尺寸以面积计算</td><td rowspan="4">1. 门安装
2. 启动装置、五金、电子配件安装</td></tr>
<tr><td>010805002</td><td>旋转门</td></tr>
<tr><td>010805003</td><td>电子对讲门</td><td rowspan="2">1. 门代号及洞口尺寸
2. 门框或扇外围尺寸
3. 门材质
4. 玻璃品种、厚度
5. 启动装置的品种、规格
6. 电子配件品种、规格</td></tr>
<tr><td>010805004</td><td>电动伸缩门</td></tr>
<tr><td>010805005</td><td>全玻自由门</td><td>1. 门代号及洞口尺寸
2. 门框或扇外围尺寸
3. 框材质
4. 玻璃品种、厚度</td><td rowspan="3">1. 门安装
2. 五金安装</td></tr>
<tr><td>010805006</td><td>镜面不锈钢饰面门</td><td rowspan="2">1. 门代号及洞口尺寸
2. 门框或扇外围尺寸
3. 框、扇材质
4. 玻璃品种、厚度</td></tr>
<tr><td>010805007</td><td>复合材料门</td></tr>
</table>

注：1. 以樘计量，项目特征必须描述洞口尺寸，没有洞口尺寸必须描述门框或扇外围尺寸，以平方米计量，项目特征可不描述洞口尺寸及框、扇的外围尺寸。

2. 以平方米计量，无设计图示洞口尺寸，按门框、扇外围以面积计算。

表 5—6　　　　　　　　　　**木窗清单项目设置**

<table>
<tr><th>项目编码</th><th>项目名称</th><th>项目特征</th><th>计量单位</th><th>工程量计算规则</th><th>工程内容</th></tr>
<tr><td>010806001</td><td>木质窗</td><td rowspan="2">1. 窗代号及洞口尺寸
2. 玻璃品种、厚度</td><td rowspan="4">1. 樘
2. m^2</td><td>1. 以樘计量，按设计图示数量计算
2. 以平方米计量，按设计图示洞口尺寸以面积计算</td><td rowspan="2">1. 窗安装
2. 五金、玻璃安装</td></tr>
<tr><td>010806002</td><td>木飘（凸）窗</td><td rowspan="2">1. 以樘计量，按设计图示数量计算
2. 以平方米计量，按设计图示尺寸以框外围展开面积计算</td></tr>
<tr><td>010806003</td><td>木橱窗</td><td>1. 窗代号
2. 框截面及外围展开面积
3. 玻璃品种、厚度
4. 防护材料种类</td><td>1. 窗制作、运输、安装
2. 五金、玻璃安装
3. 刷防护材料</td></tr>
<tr><td>010806004</td><td>木纱窗</td><td>1. 窗代号及框的外围尺寸
2. 窗纱材料品种、规格</td><td>1. 以樘计量，按设计图示数量计算
2. 以平方米计量，按设计图示洞口尺寸以面积计算</td><td>1. 窗安装
2. 五金、玻璃安装</td></tr>
</table>

注：1. 木质窗应区分木百叶窗、木组合窗、木天窗、木固定窗、木装饰空花窗等项目，分别编码列项。

2. 以樘计量，项目特征必须描述洞口尺寸，没有洞口尺寸必须描述窗框外围尺寸；以平方米计量，项目特征可不描述洞口尺寸及框的外围尺寸。

3. 以平方米计量，无设计图示洞口尺寸，按窗框外围以面积计算。

4. 木橱窗、木飘（凸）窗以樘计量，项目特征必须描述框截面及外围展开面积。

5. 木窗五金包括折页、插销、风钩、木螺丝等。

表 5—7　　　　　　　　　　**金属窗清单项目设置**

<table>
<tr><th>项目编码</th><th>项目名称</th><th>项目特征</th><th>计量单位</th><th>工程量计算规则</th><th>工程内容</th></tr>
<tr><td>010807001</td><td>金属（塑钢、断桥）窗</td><td rowspan="2">1. 窗代号及洞口尺寸
2. 框、扇材质
3. 玻璃品种、厚度</td><td rowspan="3">1. 樘
2. m^2</td><td rowspan="2">1. 以樘计量，按设计图示数量计算
2. 以平方米计量，按设计图示洞口尺寸以面积计算</td><td rowspan="2">1. 窗安装
2. 五金、玻璃安装</td></tr>
<tr><td>010807002</td><td>金属防火窗</td></tr>
<tr><td>010807003</td><td>金属百叶窗</td><td>1. 窗代号及洞口尺寸
2. 框、扇材质
3. 玻璃品种、厚度</td><td>1. 以樘计量，按设计图示数量计算
2. 以平方米计量，按设计图示洞口尺寸以面积计算</td><td>1. 窗安装
2. 五金安装</td></tr>
</table>

续表

<table>
<tr><th>项目编码</th><th>项目名称</th><th>项目特征</th><th>计量单位</th><th>工程量计算规则</th><th>工程内容</th></tr>
<tr><td>010807004</td><td>金属纱窗</td><td>1. 窗代号及框的外围尺寸
2. 框材质
3. 窗纱材料品种、规格</td><td rowspan="6">1. 樘
2. m^2</td><td>1. 以樘计量，按设计图示数量计算
2. 以平方米计量，按框外围尺寸以面积计算</td><td rowspan="2">1. 窗安装
2. 五金安装</td></tr>
<tr><td>010807005</td><td>金属格栅窗</td><td>1. 窗代号及洞口尺寸
2. 框外围尺寸
3. 框、扇材质</td><td>1. 以樘计量，按设计图示数量计算
2. 以平方米计量，按设计图示洞口尺寸以面积计算</td></tr>
<tr><td>010807006</td><td>金属（塑钢、断桥）橱窗</td><td>1. 窗代号
2. 框外围展开面积
3. 框、扇材质
4. 玻璃品种、厚度
5. 防护材料种类</td><td rowspan="2">1. 以樘计量，按设计图示数量计算
2. 以平方米计量，按设计图示尺寸以框外围展开面积计算</td><td>1. 窗制作、运输、安装
2. 五金、玻璃安装
3. 刷防护材料</td></tr>
<tr><td>010807007</td><td>金属（塑钢、断桥）飘（凸）窗</td><td>1. 窗代号
2. 框外围展开面积
3. 框、扇材质
4. 玻璃品种、厚度</td><td rowspan="3">1. 窗安装
2. 五金、玻璃安装</td></tr>
<tr><td>010807008</td><td>彩板窗</td><td rowspan="2">1. 窗代号及洞口尺寸
2. 框外围尺寸
3. 框、扇材质
4. 玻璃品种、厚度</td><td rowspan="2">1. 以樘计量，按设计图示数量计算
2. 以平方米计量，按设计图示洞口尺寸或框外围以面积计算</td></tr>
<tr><td>010807009</td><td>复合材料窗</td></tr>
</table>

注：1. 金属窗应区分金属组合窗、防盗窗等项目，分别编码列项。

2. 以樘计量，项目特征必须描述洞口尺寸，没有洞口尺寸必须描述窗框外围尺寸；以平方米计量，项目特征可不描述洞口尺寸及框的外围尺寸。

3. 以平方米计量，无设计图示洞口尺寸，按窗框外围以面积计算。

4. 金属橱窗、飘（凸）窗以樘计量，项目特征必须描述框外围展开面积。

5. 金属窗五金应包括折页、螺丝、执手、卡锁、风撑、滑轮、滑轨、拉把、拉手等。

表 5—8 门窗套清单项目设置

项目编码	项目名称	项目特征	计量单位	工程量计算规则	工程内容
010808001	木门窗套	1. 窗代号及洞口尺寸 2. 门窗套展开宽度 3. 基层材料种类 4. 面层材料品种、规格 5. 线条品种、规格 6. 防护材料种类	1. 樘 2. m^2 3. m	1. 以樘计量，按设计图示数量计算 2. 以平方米计量，按设计图示尺寸以展开面积计算 3. 以米计量，按设计图示中心以延长米计算	1. 清理基层 2. 立筋制作、安装 3. 基层板安装 4. 面层铺贴 5. 线条安装 6. 刷防护材料
010808002	木筒子板	1. 筒子板宽度 2. 基层材料种类 3. 面层材料品种、规格 4. 线条品种、规格 5. 防护材料种类			
010808003	饰面夹板筒子板				
010808004	金属门窗套	1. 窗代号及洞口尺寸 2. 门窗套展开宽度 3. 基层材料种类 4. 面层材料品种、规格 5. 防护材料种类			1. 清理基层 2. 立筋制作、安装 3. 基层板安装 4. 面层铺贴 5. 刷防护材料
010808005	石材门窗套	1. 窗代号及洞口尺寸 2. 门窗套展开宽度 3. 黏结层厚度、砂浆配合比 4. 面层材料品种、规格 5. 线条品种、规格			1. 清理基层 2. 立筋制作、安装 3. 基层抹灰 4. 面层铺贴 5. 线条安装
010808006	门窗木贴脸	1. 门窗代号及洞口尺寸 2. 贴脸板宽度 3. 防护材料种类	1. 樘 2. m	1. 以樘计量，按设计图示数量计算 2. 以米计量，按设计图示尺寸以延长米计算。	安装

续表

项目编码	项目名称	项目特征	计量单位	工程量计算规则	工程内容
010808007	成品木门窗套	1. 门窗代号及洞口尺寸 2. 门窗套展开宽度 3. 门窗套材料品种、规格	1. 樘 2. m^2 3. m	1. 以樘计量，按设计图示数量计算 2. 以平方米计量，按设计图示尺寸以展开面积计算 3. 以米计量，按设计图示中心以延长米计算	1. 清理基层 2. 立筋制作、安装 3. 板安装

注：1. 以樘计量，项目特征必须描述洞口尺寸、门窗套展开宽度。

2. 以平方米计量，项目特征可不描述洞口尺寸、门窗套展开宽度。

3. 以米计量，项目特征必须描述门窗套展开宽度、筒子板及贴脸宽度。

4. 木门窗套适用于单独门窗套的制作、安装。

表 5—9　　窗台板清单项目设置

项目编码	项目名称	项目特征	计量单位	工程量计算规则	工程内容
010809001	木窗台板	1. 基层材料种类 2. 窗台面板材质、规格、颜色 3. 防护材料种类	m^2	按设计图示尺寸以展开面积计算	1. 基层清理 2. 基层制作、安装 3. 窗台板制作、安装 4. 刷防护材料
010809002	铝塑窗台板				
010809003	金属窗台板				
010809004	石材窗台板	1. 黏结层厚度、砂浆配合比 2. 窗台板材质、规格、颜色			1. 基层清理 2. 抹找平层 3. 窗台板制作、安装

表 5—10　　窗帘、窗帘盒、轨清单项目设置

项目编码	项目名称	项目特征	计量单位	工程量计算规则	工程内容
010810001	窗帘	1. 窗帘材质 2. 窗帘高度、宽度 3. 窗帘层数 4. 带幔要求	1. m 2. m^2	1. 以米计量，按设计图示尺寸以成活后长度计算 2. 以平方米计量，按图示尺寸以成活后展开面积计算	1. 制作、运输 2. 安装

续表

项目编码	项目名称	项目特征	计量单位	工程量计算规则	工程内容
010810002	木窗帘盒	1. 窗帘盒材质、规格 2. 防护材料种类	m	按设计图示尺寸以长度计算	1. 制作、运输、安装 2. 刷防护材料
010810003	饰面夹板、塑料窗帘盒				
010810004	铝合金窗帘盒				
010810005	窗帘轨	1. 窗帘轨材质、规格 2. 轨的数量 3. 防护材料种类			

注：1. 窗帘若是双层，项目特征必须描述每层材质。

2. 窗帘以米计量，项目特征必须描述窗帘高度和宽。

二、清单的计算规则与说明

1. 清单计算规则

详见工程量清单列表（见表5—1～表5—10）的工程量计算规则。

2. 注意问题及清单项目设置

（1）门窗工程项目特征根据施工图“门窗表”表现形式和内容，填写门代号及洞口尺寸。

（2）门窗（除个别门窗外）工程均成品编制项目，若成品中已包含油漆，不再单独计算油漆。若不含油漆的，应按2013清单规范中“油漆、涂料、裱糊工程”相应项目编码列项。

（3）2013清单规范对门窗工程进行了大量的综合和归并，在编制清单列项时，应区分门窗的类别，分别编码列项。

例如：木质门应区分镶板木门、企口板门、实木装饰门、胶合板门、夹板装饰门、木纱门、全玻门（带木质扇框）、木质半玻门（带木质扇框）等项目，分别编码列项。

又如：例题5—1，推拉铝合金窗、平开铝合金窗都属于金属窗，在编制清单列项时，应分别编码列项。

（4）玻璃、百叶面积占其门扇面积一半以内者应为半玻门或半百叶门，超过一半时应为全玻门或全百叶门。

（5）防护材料指的是防虫、防潮、耐老化等材料，门框与门洞之间缝隙的填塞，应包括在报价内。

（6）另详见工程量清单列表（见表5—1～表5—10）的注意说明。

【例题5—1】 某工程的门窗表见表5—11，所用的推拉铝合金窗是90系列的成品铝合金推拉窗，市场价是450元/m^2（含Low—E中空玻璃6＋9＋6，材料价）。平开铝合金窗是70系列的成品铝合金平开窗，市场价是530元/m^2（含Low—E中空玻璃6＋9＋6，材料价）。其他人工、机械、材料单价按《综合定额》取定。求该工程推拉铝合金窗、平开铝合金窗的清单工程量并进行报价。

表5—11　某工程的门窗表

门窗名称	洞口尺寸	门窗数量	备注
LC1	2 500×2 000	3	推拉铝合金窗
LC2	1 500×1 700	10	推拉铝合金窗
LC3	1 200×1 700	2	推拉铝合金窗
LC4	600×1 200	7	平开铝合金窗
LMC1	1 300×2 800	6	铝合金窗门连窗
JM1	2 500×3 200	6	卷帘门
M2	900×2 100	4	夹板门
M3	800×2 100	6	夹板门
M3	700×2 100	7	铝合金门
M5	1 100×2 100	2	铝合金门

【解析】

1. 计算工程量

推拉铝合金窗工程量＝2.5×2×3＋1.5×1.7×10＋1.2×1.7×2＝44.58 m^2

平开铝合金窗工程量＝0.6×1.2×7＝5.04 m^2

2. 编制工程量清单并报价。

（1）根据《房屋建筑与装饰工程工程量计算规范》（GB 50854—2013），结合本例条件，编制工程量清单，见表5—12。

表 5—12　　分部分项工程和单价措施项目清单与计价表

工程名称：例题 5—1 铝合金窗　　标段：　　第 1 页　共 1 页

序号	项目编码	项目名称	项目特征描述	计量单位	工程量	金额（元）		
						综合单价	合价	其中 暂估价
		0108	门窗工程				26 620.89	
1	010807001001	成品推拉铝合金窗	1. 窗代号及洞口尺寸：LC1（2 500 mm×2 000 mm）LC2（1 500 mm×1 700 mm）LC3（1 200 mm×1 700 mm） 2. 框、扇材质：铝合金推拉窗 90 系列 3. 玻璃品种、厚度：Low—E 中空玻璃 6+9+6	m^2	44.58	527.25	23 504.81	
2	010807001002	成品平开铝合金窗	1. 窗代号及洞口尺寸：LC4（600 mm×1 200 mm） 2. 框、扇材质：铝合金平开窗 70 系列 3. 玻璃品种、厚度：Low—E 中空玻璃 6+9+6	m^2	5.04	618.27	3 116.08	
本页小计							26 620.89	
合　计							26 620.89	

注：若洞口尺寸太多，项目特征可描述为“详门窗表”。

（2）报价。根据《计价规范》要求，结合本例条件，参照《广东省建筑与装饰工程综合定额 2010》，对照清单中的项目特征描述进行报价。综合单价分析表见表 5—13～表 5—14。

表 5—13 **综合单价分析表**

工程名称：例题 5—1 铝合金窗 第 1 页 共 2 页

<table>
<tr><td colspan="2">项目编码</td><td colspan="2">010807001001</td><td colspan="2">项目名称</td><td colspan="2">成品推拉铝合金窗</td><td>计量单位</td><td>m²</td><td>工程量</td><td>44.58</td></tr>
<tr><td colspan="12">清单综合单价组成明细</td></tr>
<tr><td rowspan="2">定额编号</td><td rowspan="2">定额项目名称</td><td rowspan="2">定额单位</td><td rowspan="2">数量</td><td colspan="4">单价（元）</td><td colspan="4">合价（元）</td></tr>
<tr><td>人工费</td><td>材料费</td><td>机械费</td><td>管理费和利润</td><td>人工费</td><td>材料费</td><td>机械费</td><td>管理费和利润</td></tr>
<tr><td>A12—259</td><td>推拉窗安装不带亮</td><td>100 m²</td><td>0.01</td><td>1 084.62</td><td>6 285.78</td><td>0</td><td>354.24</td><td>10.85</td><td>62.86</td><td>0</td><td>3.54</td></tr>
<tr><td>12001092</td><td>铝合金推拉窗 90 系列</td><td>m²</td><td>1</td><td>0</td><td>450.00</td><td>0</td><td>0</td><td>0</td><td>450.00</td><td>0</td><td>0</td></tr>
<tr><td colspan="2">人工单价</td><td colspan="6">小计</td><td>10.85</td><td>512.86</td><td>0</td><td>3.54</td></tr>
<tr><td colspan="2">综合工日 51 元/工日</td><td colspan="6">未计价材料费</td><td colspan="4">0</td></tr>
<tr><td colspan="8">清单项目综合单价</td><td colspan="4">527.25</td></tr>
<tr><td rowspan="13">材料费明细</td><td colspan="4">主要材料名称、规格、型号</td><td>单位</td><td>数量</td><td>单价（元）</td><td>合价（元）</td><td>暂估单价（元）</td><td>暂估合价（元）</td></tr>
<tr><td colspan="4">其他材料费</td><td>元</td><td>0.025 4</td><td>1</td><td>0.03</td><td></td><td></td></tr>
<tr><td colspan="4">玻璃胶 335 g/支</td><td>支</td><td>0.483 4</td><td>28</td><td>13.54</td><td></td><td></td></tr>
<tr><td colspan="4">墙边胶</td><td>L</td><td>0.153</td><td>54.5</td><td>8.34</td><td></td><td></td></tr>
<tr><td colspan="4">镀锌铁码</td><td>支</td><td>8.75</td><td>0.4</td><td>3.50</td><td></td><td></td></tr>
<tr><td colspan="4">密封毛条</td><td>m</td><td>6.058 3</td><td>0.11</td><td>0.67</td><td></td><td></td></tr>
<tr><td colspan="4">平板玻璃 5 mm</td><td>m²</td><td>1</td><td>32.3</td><td>32.30</td><td></td><td></td></tr>
<tr><td colspan="4">软填料</td><td>kg</td><td>0.525 3</td><td>2.97</td><td>1.56</td><td></td><td></td></tr>
<tr><td colspan="4">木螺钉 M5×50</td><td>10 个</td><td>1.832 6</td><td>0.3</td><td>0.55</td><td></td><td></td></tr>
<tr><td colspan="4">不锈钢螺钉 M5×12</td><td>10 个</td><td>0.916 3</td><td>2.6</td><td>2.38</td><td></td><td></td></tr>
<tr><td colspan="4">铝合金推拉窗 90 系列无上亮</td><td>m²</td><td>1</td><td>450</td><td>450.00</td><td></td><td></td></tr>
<tr><td colspan="6">材料费小计</td><td>—</td><td>512.86</td><td>—</td><td>0</td></tr>
<tr><td colspan="4"></td><td></td><td></td><td></td><td></td><td></td><td></td></tr>
</table>

注：1. 如不使用省级或行业建设主管部门发布的计价依据，可不填定额编码、名称等。

2. 招标文件提供了暂估单价的材料，按暂估的单价填入表内“暂估单价”栏及“暂估合价”栏。

表 5—14 **综合单价分析表**

工程名称：例题 5—1 铝合金窗 第 2 页 共 2 页

项目编码		010807001002		项目名称		成品平开铝合金窗		计量单位	m^2	工程量	5.04
清单综合单价组成明细											
定额编号	定额项目名称	定额单位	数量	单价（元）				合价（元）			
				人工费	材料费	机械费	管理费和利润	人工费	材料费	机械费	管理费和利润
A12－265	平开窗安装	100 m^2	0.01	1 084.62	7 387.73	0	354.24	10.85	73.88	0	3.54
12001105@1	铝合金单扇平开窗 70 系列	m^2	1	0	530	0	0	0	530	0	0
人工单价		小计						10.85	603.88	0	3.54
综合工日 51 元/工日		未计价材料费						0			
清单项目综合单价								618.27			
材料费明细	主要材料名称、规格、型号					单位	数量	单价（元）	合价（元）	暂估单价（元）	暂估合价（元）
	其他材料费					元	0.023 6	1	0.02		
	玻璃胶 335 g/支					支	0.709 9	28	19.88		
	墙边胶					L	0.164	54.5	8.94		
	镀锌铁码					支	9.333	0.4	3.73		
	平板玻璃 5 mm					m^2	1	32.3	32.3		
	软填料					kg	0.321 9	2.97	0.96		
	木螺钉 M5×50					10 个	1.955 6	0.3	0.59		
	门窗密封橡胶条					m	8.991	0.83	7.46		
	铝合金单扇平开窗 70 系列无上亮					m^2	1	530	530		
	材料费小计							—	603.88	—	0

注：1. 如不使用省级或行业建设主管部门发布的计价依据，可不填定额编码、名称等。

2. 招标文件提供了暂估单价的材料，按暂估的单价填入表内“暂估单价”栏及“暂估合价”栏。

【题目小结】 例题 5—1，在填写分部分项工程和单价措施项目清单与计价表时，若洞口尺寸太多，可按表 5—15 序号 1 里的项目特征描述为“详门窗表”。

表 5—15 **分部分项工程和单价措施项目清单与计价表**

工程名称：例题 5—1 铝合金窗　　标段：　　第 1 页　共 1 页

序号	项目编码	项目名称	项目特征描述	计量单位	工程量	金额（元）		
						综合单价	合价	其中 暂估价
		0108	门窗工程				26 620.89	
1	010807001001	成品推拉铝合金窗	1. 窗代号及洞口尺寸：LC1、LC2、LC3等，详门窗表 2. 框、扇材质：铝合金推拉窗 90 系列 3. 玻璃品种、厚度：Low－E 中空玻璃 6＋9＋6	m^2	44.58	527.25	23 504.81	
2	010807001002	成品平开铝合金窗	1. 窗代号及洞口尺寸：LC4（600 mm×1 200 mm） 2. 框、扇材质：铝合金平开窗 70 系列 3. 玻璃品种、厚度：Low－E 中空玻璃 6＋9＋6	m^2	5.04	618.27	3116.08	
本页小计							26 620.89	
合计							26 620.89	

【例题 5—2】 某房间一侧立面如图 5—14 所示，C1 窗做实木贴脸板、复合木筒子板和实木窗台板，墙角做木压条，其窗台板水平方向宽 150 mm，筒子板宽 120 mm。请列出木贴脸板、木筒子板和木窗台板的工程量清单。

【解析】 规范清单项目列表中有两个或两个以上计量单位的，应结合拟建工程项目的实际情况，确定其中一个为计量单位。同一工程项目的计量单位应一致。本题参考《广东省建筑与装饰工程综合定额 2010》相应子目的计量单位而定。

木贴脸工程量，本题以米计量，按设计图示尺寸以延长米计算。

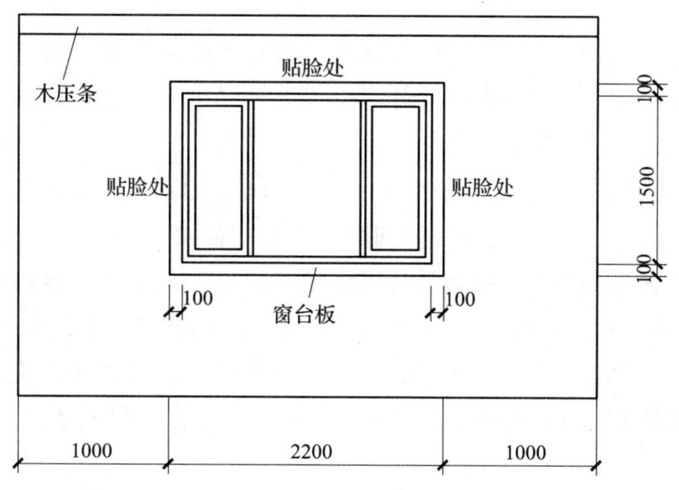

图 5—14 房间侧立面图

木筒子板工程量，本题以平方米计量，按设计图示尺寸以展开面积计算。

木窗台板工程量，清单项目列表中计量单位只有 m^2，按设计图示尺寸以展开面积计算。

1. 计算工程量

木筒子板工程量＝［（2.2－0.1×2）＋1.5×2］×0.12＝0.60 m^2

木贴脸工程量＝1.5×2＋2.2＝5.2 m

木窗台板工程量＝2.2×（0.15＋0.1）＝0.55 m^2

2. 编制分部分项工程量清单（见表 5—16）

表 5—16　　分部分项工程和单价措施项目清单与计价表

工程名称：例题 5—2 窗套、窗台板　　标段：　　第 1 页　共 1 页

序号	项目编码	项目名称	项目特征描述	计量单位	工程量	金额（元）		
						综合单价	合价	其中：暂估价
		0108	门窗工程					
1	010808002001	木筒子板	复合木筒子板宽度 120 mm，不带龙骨	m^2	0.6			
2	010808006001	窗木贴脸	C1 窗，实木贴脸板宽度 100 mm	m	5.2			
3	010809001001	木窗台板	实木窗台板。详大样图	m^2	0.55			
		分部小计						

【题目小结】

1. 例题 5—2，题目要求：列出木贴脸板、木筒子板和木窗台板的工程量清单，不要求报价。所以在填写分部分项工程和单价措施项目清单与计价表时，只需填写序号、项目编码、项目名称、项目特征描述、计量单位、工程量。

例题 5—2，这种情况出现在招标阶段，表 5—16 是招标工程量清单的其中一个表格。

2. 特征描述的方式大致可划分为“问答式”与“简化式”。

(1) 问答式是直接采用工程计价软件上提供的规范，在要求描述的项目特征上采用答题的方式进行描述。(如：例题 5—1 的表 5—12 用了“问答式”描述特征)

(2) 简化式，对需要描述的项目特征内容根据当地的用语习惯，采用口语化的方式直接表述，省略了规范上的描述要求，简洁明了。(如：例题 5—2 的表 5—16 用了“简化式”描述特征)

知识链接

门窗套=门窗贴脸+门窗筒子板，什么时候套“门窗套”，什么时候套“贴脸”和“筒子板”?

当采用成品门窗套时，贴脸和筒子板成为一体，套清单“010808007 成品门窗套”。

清单“010808001 木门窗套”适用于单独的门窗套的制作、安装。

当贴脸和筒子板为不同材料时，可分别套以下清单：010808002 木筒子板；010808003 饰面夹板筒子板；010808006 门窗木贴脸。

【例题 5—3】 如图 5—15 所示，设计要求某工程做铝合金单轨，木窗帘盒，已知共 2 扇窗户，窗洞的尺寸为 1 200 mm×2 200 mm，窗帘盒宽度方向为 150 mm，试求木窗帘盒、铝合金窗帘轨的工程量清单。

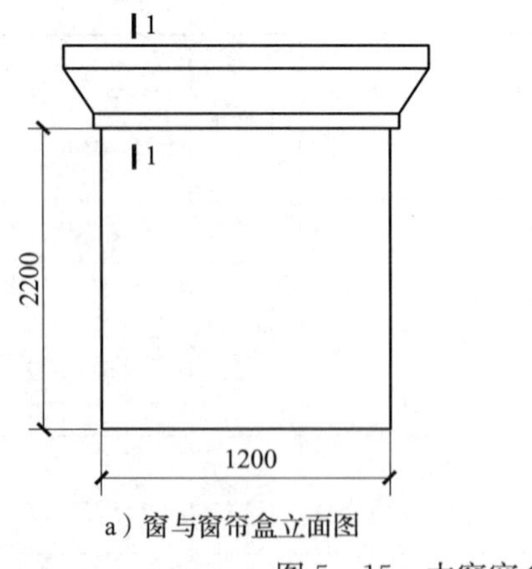

a）窗与窗帘盒立面图

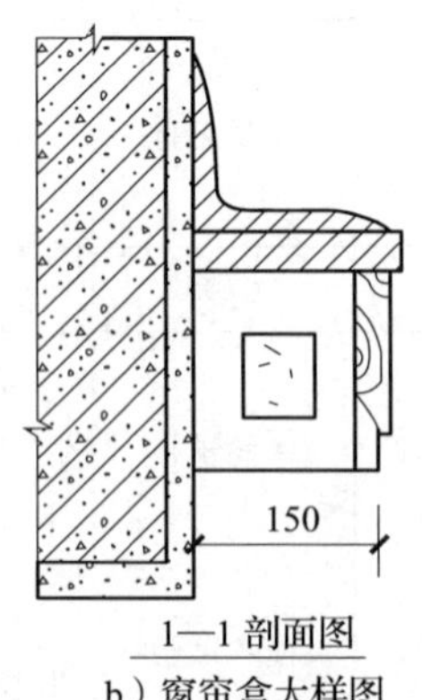

b）窗帘盒大样图

图 5—15 木窗帘盒示意图

【解析】 1. 计算工程量

窗帘盒工程量=（窗洞口宽度+0.15×2）×窗帘盒数量=（1.2+0.3）×2=3.00 m

窗帘轨工程量＝1.2×2＝2.40 m

2. 编制分部分项工程量清单（见表5—17）

表5—17　　分部分项工程和单价措施项目清单与计价表

工程名称：例题5—3窗帘盒、轨　　第1页　共1页

序号	项目编码	项目名称	项目特征	计量单位	工程数量	金额（元）	
						综合单价	合价
		0108门窗工程					
1	010810002001	木窗帘盒	木窗帘盒，详大样图	m	3.00		
2	010810005001	窗帘轨	铝合金窗帘轨，单轨	m	2.40		
		分部小计					

思考与练习

某建筑物有5樘杉木夹板装饰门M1，其洞口尺寸为1 200 mm×2 100 mm，安装门锁，木门聚酯清漆三遍；90系列铝合金推拉窗：10樘C2016、2樘C1215，Low—E钢化中空玻璃。试计算门窗清单工程数量并进行报价。

第六章　油漆、涂料、裱糊工程

学习目标

- ◆了解油漆、涂料、裱糊工程的区别和施工工艺掌握工程造价的含义和特点
- ◆了解本章清单项目的划分，会查找 GB 50854—2013 附录 P 中的相应项目
- ◆掌握门窗油漆、木扶手及其他板条线条油漆、木材面油漆、金属面油漆、抹灰漆、喷刷、涂料、花饰、线条刷涂料、裱糊项目的工程量计算规则和应用
- ◆重点掌握工程量清单的编制和分部分项工程报价表的填写

第一节　油漆、涂料、裱糊工程概述

一、油漆和涂料

涂料是涂于物体表面能形成具有保护、装饰或特殊性能（如绝缘、防腐、标志等）的固态涂膜的一类液体或固体材料之总称。早期大多以植物油为主要原料，故有“油漆”之称。现在合成树脂已大部分或全部取代了植物油，故称为“涂料”。使用油漆和涂料可以在材料表面形成一个保护膜，有防水、防潮、防腐的作用；同时，具有透明质感的清漆能让材质表面的天然纹理显示出来，有良好的装饰效果，如图 6—1 和图 6—2 所示。

图 6—1　油漆施工

图 6—2　油漆

1. 涂料组成

涂料一般由四种基本成分组成：成膜物质（树脂）、颜料（包括体质颜料）、溶剂和添加剂。

成膜物质是涂膜的主要成分，包括油脂、油脂加工产品、纤维素衍生物、天然树脂和合成树脂。成膜物质还包括部分不挥发的活性稀释剂，它是使涂料牢固附着于被涂物面上形成连续薄膜的主要物质，是构成涂料的基础，决定着涂料的基本特性。

助剂如消泡剂、流平剂等，还有一些特殊的功能助剂，如底材润湿剂等。这些助剂一般不能成膜，但对基料形成涂膜的过程和耐久性起着相当重要的作用。

颜料一般分两种，一种为着色颜料，常见的钛白粉、铬黄等；另一种为体质颜料，也就是常说的填料，如碳酸钙、滑石粉。

溶剂包括烃类溶剂（矿物油精、煤油、汽油、苯、甲苯、二甲苯等）、醇类、醚类、酮类和酯类物质。溶剂和水的主要作用在于使成膜基料分散而形成黏稠液体，有助于施工和改善涂膜的某些性能。

2. 涂料构造

以涂料墙面构造做法，可分为底层、中间层、面层三个部分。

（1）底层

底层俗称“底漆”，其主要作用是增加涂层与基层之间的黏附力，进一步清理基层表面灰尘，使一部分悬浮的灰尘颗粒固定于基层。此外，还具有基层封闭剂的作用，可以防止灰尘、水泥砂浆抹灰层中的可溶性盐等物质渗出表面，造成对涂饰饰面的破坏。

(2) 中间层

中间层是整个涂层构造中的成型层。其作用是形成具有一定厚度的、匀实饱满的涂层，达到保护基层和形成所需的装饰效果的目的。中间层的质量好坏可影响到涂层的耐久性、耐水性和强度。

(3) 面层

面层的作用是体现涂层的色彩和光感，提高饰面层的耐久性和耐污能力。为了保证色彩均匀，并满足耐久性、耐磨性等方面的要求，面层最低限度应涂刷两遍。

二、裱糊

裱糊是在建筑物内墙和顶棚表面粘贴纸张、塑料壁纸、玻璃纤维壁布、锦缎等制品，是美化居住环境、满足使用要求，并对墙体、顶棚起一定的保护作用。

1. 壁纸饰面材料

壁纸饰面的种类按外观可分为印花壁纸、压花壁纸、浮雕壁纸等。常用的壁纸有：

(1) 树脂类壁纸，其面层用胶来构成，也叫“高分子材料”。世界上 80%以上的产品都属于这一类，是壁纸的一大分类。这类壁纸防水性能非常好，水分不会渗透到墙体里面去，属于隔离型防水。

(2) 纯纸类壁纸：以纸为基材，经印花后压花而成，自然、舒适、无异味、环保性好，透气性能强。因为是纸质，所以有非常好的上色效果，适合染各种鲜艳颜色甚至工笔画。纸质不好的产品时间久了可能会略泛黄。

(3) 无纺布壁纸：以纯无纺布为基材，表面采用水性油墨印刷后涂上特殊材料，经特殊加工而成，具有吸声、不变形等优点，并且有强大的呼吸性能。因为其非常薄，施工起来很容易，十分适合喜欢 DIY 的年轻人。

2. 织锦缎饰面材料

织锦缎饰面材料以丝绸、麻、棉等编织物为原材料，其物理性状非常稳定，湿水后颜色变化也不大。所以这类产品在市场上也非常受欢迎，但相比无纺布类，价格较高，如图 6—3和图 6—4 所示。

三、油漆、涂料、裱糊工程施工工艺

1. 涂刷乳胶漆施工工艺

清扫基层→填补腻子，局部刮腻子，磨平→第一遍满刮腻子，磨平→第二遍满刮腻子，磨平→涂刷封固底漆→涂刷第一遍涂料→复补腻子，磨平→涂刷第二遍涂料→磨光交活。

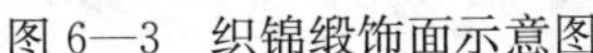

图 6—3 织锦缎饰面示意图

图 6—4 织锦缎示意图

基层处理是保证施工质量的关键环节，其中保证墙体完全干透是最基本条件，一般应放置 10 天以上。墙面必须平整，最少应满刮两遍腻子，至满足标准要求。乳胶漆涂刷的施工方法可以采用手刷、滚涂和喷涂。涂刷时应连续迅速操作，一次刷完。涂刷乳胶漆时应均匀，不能有漏刷、流附等现象。涂刷一遍，打磨一遍。一般应在两遍以上。

2. 木材油漆施工工艺

（1）清漆施工工艺

清理木器表面→磨砂纸打光→上润泊粉→打磨砂纸→满刮第一遍腻子，砂纸磨光→满刮第二遍腻子，细砂纸磨光→涂刷油色→刷第一遍清漆→拼找颜色，复补腻子，细砂纸磨光→刷第二遍清漆，细砂纸磨光→刷第三遍清漆，磨光→水砂纸打磨退光，打蜡，擦亮。

（2）混色油漆施工工艺

首先清扫基层表面的灰尘，修补基层→用磨砂纸打平→节疤处打漆片→打底刮腻子→涂干性油→第一遍满刮腻子→磨光→涂刷底层涂料→底层涂料干硬→涂刷第一遍面层→复补腻子进行修补→磨光、擦净后涂刷第二遍面漆→磨光→涂刷第三遍面漆→抛光打蜡。

第二节 油漆、涂料、裱糊工程清单计量与计价

一、清单项目的划分与说明

1. 清单项目的划分

根据《房屋建筑与装饰工程工程量计算规范》（GB 50854—2013）附录 P 油漆、涂料、裱糊工程分为 8 个分部工程，共计 36 个分项工程项目。其中，这 8 个分部工程分别为门油漆，窗油漆，木扶手及其他板条、线条油漆，木材面油漆，金属面油漆，抹灰面油漆，喷刷涂料，裱糊。

2. 清单项目的说明

（1）门油漆应区分单层木门、双层（一玻一纱）木门、双层（单裁口）木门、全玻自由门、半玻自由门、装饰门及有框门或无框门等，分别编码列项。

（2）窗油漆应区分单层玻璃窗、双层（一玻一纱）木窗、双层框扇（单裁口）木窗、双层框三层（二玻一纱）木窗、单层组合窗、双层组合窗、木百叶窗、木推拉窗等，分别编码列项。

（3）木扶手应区分带托板和不带托板，分别编码列项。

二、清单的计算规则与应用

1. 门油漆和窗油漆

（1）清单项目设置

1）门油漆清单项目设置见表6—1。

表6—1 门油漆清单项目设置

项目编码	项目名称	项目特征	计量单位	工程量计算规则	工程内容
011401001	木门油漆	1. 门类型 2. 门代号及洞口尺寸 3. 腻子种类 4. 刮腻子遍数 5. 防护材料种类 6. 油漆品种、刷漆遍数	1. 樘 2. m^2	1. 以樘计量，按设计图示数量计量 2. 以平方米计量，按设计图示洞口尺寸以面积计算	1. 基层清理 2. 刮腻子 3. 刷防护材料、油漆
011401002	金属门油漆				1. 除锈、基层清理 2. 刮腻子 3. 刷防护材料、油漆

2）窗油漆清单项目设置见表6—2。

表6—2 窗油漆清单项目设置

项目编码	项目名称	项目特征	计量单位	工程量计算规则	工程内容
011402001	木窗油漆	1. 窗类型 2. 窗代号及洞口尺寸 3. 腻子种类 4. 刮腻子遍数 5. 防护材料种类 6. 油漆品种、刷漆遍数	1. 樘 2. m^2	1. 以樘计量，按设计图示数量计量 2. 以平方米计量，按设计图示洞口尺寸以面积计算	1. 基层清理 2. 刮腻子 3. 刷防护材料、油漆
011402002	金属窗油漆				1. 除锈、基层清理 2. 刮腻子 3. 刷防护材料、油漆

（2）适用范围

按照油漆的主体构件部位不同，区别适用。

（3）清单计算规则

木门油漆、金属门油漆、木窗油漆、金属窗油漆，可按设计图示数量（单位：樘）计量，或按设计图示洞口尺寸以面积（单位：m^2）计算。

（4）注意问题

1）木门油漆应区分木大门、单层木门、双层（一玻一纱）木门、双层（单裁口）木门、全玻自由门、半玻自由门、装饰门及有框门或无框门等项目，分别编码列项。金属门油漆应区分平开门、推拉门、钢制防火门等项目，分别编码列项。以平方米计量，项目特征可不必描述洞口尺寸。

2）木窗油漆应区分单层木窗、双层（一玻一纱）木窗、双层框扇（单裁口）木窗、双层框三层（二玻一纱）木窗、单层组合窗、双层组合窗、木百叶窗、木推拉窗等项目，分别编码列项。金属窗油漆应区分平开窗、推拉窗、固定窗、组合窗、金属隔栅窗等项目，分别编码列项。以平方米计量，项目特征可不必描述洞口尺寸。

3）腻子种类分石膏油腻子（熟桐油、石膏粉、适量水）、胶腻子（大白、色粉、羧甲基纤维素）、漆片腻子（漆片、酒精、石膏粉、适量色粉）、油腻子（矾石粉、桐油、脂肪酸、松香）等。

4）有关项目中已刷油漆、涂料的不再单独按本章列项。

5）连窗门可按门油漆项目编码列项。

（5）定额计价方式下天棚抹灰工程量计算

1）门窗油漆工程量计算规则：均按设计图示尺寸以框外围面积计算，并按表6—3和表6—4门、窗油漆工程量系数表计算。

知识链接　　框外围面积和洞口面积的区别

框外围面积指门框或窗框的围合面积，而洞口面积指门框、窗框放到相应洞口的洞口面积，可想而知，洞口面积必定比框外围面积要大，否则框就放不进去。根据定额规定，如设计只标洞口面积，按洞口尺寸每边减去15 mm计算。

表6—3　　门油漆工程量系数表

项目名称	系数	工程量计算规则
单层木门	1.00	按设计图示尺寸以框外围面积计算
双层（一玻一纱）木门	1.36	
双层（单裁口）木门	2.00	
单层全玻门	0.83	
木百叶门	1.25	
厂库木大门	1.10	
单层带玻璃钢门	1.35	

续表

项目名称	系数	工程量计算规则
双层（一玻一纱）钢门	2.00	按设计图示尺寸以框外围面积计算
满钢板或包铁皮门	2.20	
钢管镀锌钢丝网大门	1.10	
厂库房平开、推拉门	2.30	
厂库房钢大门	50.00	按设计图示尺寸以质量（t）计算
普通铁门	73.00	
折叠钢门	87.00	
百叶钢门	108.00	

表 6—4　窗油漆工程量系数表

项目名称	系数	工程量计算规则
单层玻璃窗	1.00	按设计图示尺寸以框外围面积计算
双层（一玻一纱）木窗	1.36	
双层（单裁口）木窗	2.00	
三层（二玻一纱）窗	2.60	
单层组合木窗	0.83	
双层组合木窗	1.13	
木百叶窗	1.50	
单层带玻璃钢窗、单双玻璃天窗、组合钢窗	1.35	
双层（一玻一纱）钢窗	2.00	
钢窗波纹窗花	0.38	

2）木门窗油漆工程量已包括贴脸油漆。

【例题 6—1】 如图 6—5 所示，木百叶门的框外围尺寸为 2 m×1 m，列项并求该木百叶门刷防腐油漆的工程量。

【解析】 根据《房屋建筑与装饰工程工程量计算规范》(GB 50854—2013) 可知，该题需使用 011401001 木门油漆这项清单。木门油漆清单工程计量单位可用“樘”或“m^2”，在这里用“m^2”为单位。该门为木百叶门，定额工程量计算时需考虑乘以系数 1.25。具体计算过程如下：

(1) 011401001001 木门油漆清单工程量

木门油漆清单工程量＝（2＋0.015×2）×（1＋0.015×2）≈2.09 m^2

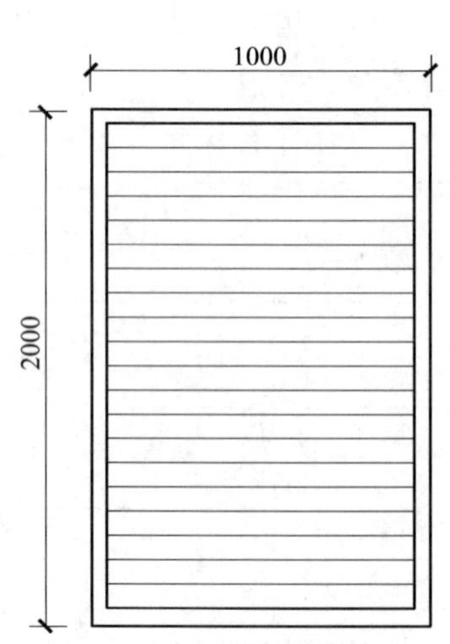

图 6—5　木百叶门示意图

(2) 定额工程量

门油漆定额工程量＝2×1×1.25＝2.50 m^2

【题目小结】 题中要求计算门油漆工程量，在计算清单工程量时需考虑洞口面积，而定额工程量需要以框外围面积乘以系数1.25。

2. 木扶手及其他板条、线条油漆

木扶手及其他板条、线条油漆清单项目包括木扶手油漆，窗帘盒油漆，封檐板、顺水板油漆，挂衣板、黑板框油漆，挂镜线、窗帘棍、单独木线油漆，共五个清单项目，见表6—5。

表6—5　　木扶手及其他板条、线条油漆清单项目设置

项目编码	项目名称	项目特征	计量单位	工程量计算规则	工程内容
011403001	木扶手油漆	1. 断面尺寸 2. 腻子种类 3. 刮腻子遍数 4. 防护材料种类 5. 油漆品种、刷漆遍数	m	按设计图示尺寸以长度计算	1. 基层清理 2. 刮腻子 3. 刷防护材料、油漆
011403002	窗帘盒油漆				
011403003	封檐板、顺水板油漆				
011403004	挂衣板、黑板框油漆				
011403005	挂镜线、窗帘棍、单独木线油漆				

（1）适用范围

按照油漆的主体构件部位不同，区别适用。

（2）清单计算规则

如表6—5所示，木扶手及其他板条、线条油漆按设计图示尺寸以长度（m）计算。

（3）注意问题

1）腻子种类分石膏油腻子（熟桐油、石膏粉、适量水）、胶腻子（大白、色粉、羧甲基纤维素）、漆片腻子（漆片、酒精、石膏粉、适量色粉）、油腻子（矾石粉、桐油、脂肪酸、松香）等。

2）有关项目中已刷油漆、涂料的不再单独按本章列项。

3）木扶手应区分带托板与不带托板，分别编码列项。若是木栏杆带扶手，木扶手不应单独列项，应包含在木栏杆油漆中。

（4）定额计价方式下木扶手及其他板条线条油漆工程工程量计算

木扶手及其他板条、线条油漆工程量计算规则，均按设计图示尺寸以长度计算，见表6—6。

表 6—6　　木扶手及其他板条线条油漆工程量系数表

<table>
<tr><th>项目名称</th><th>系数</th><th>工程量计算规则</th></tr>
<tr><td>木扶手（不带托板）</td><td>1.00</td><td rowspan="6">按设计图示尺寸以长度计算</td></tr>
<tr><td>木扶手（带托板）</td><td>2.60</td></tr>
<tr><td>窗帘盒</td><td>2.04</td></tr>
<tr><td>封檐板、顺水板、博风板</td><td>1.74</td></tr>
<tr><td>挂衣板、黑板框</td><td>0.52</td></tr>
<tr><td>生活园地框、挂镜线、窗帘棍</td><td>0.35</td></tr>
</table>

3. 木材面油漆

木材面油漆清单项目包括木护墙、木墙裙油漆，窗台板、筒子板、盖板、门窗套、踢脚线油漆，清水板条天棚、檐口油漆，木方格吊顶天棚油漆，吸音板墙面、天棚面油漆，暖气罩油漆，其他木材面，木间壁、木隔断油漆，玻璃间壁露明墙筋油漆，木栅栏、木栏杆（带扶手）油漆，衣柜、壁柜油漆，梁柱饰面油漆，零星木装修油漆，木地板油漆，木地板烫硬蜡面，共十五个项目，见表 6—7。

表 6—7　　木材面油漆清单项目设置

<table>
<tr><th>项目编码</th><th>项目名称</th><th>项目特征</th><th>计量单位</th><th>工程量计算规则</th><th>工程内容</th></tr>
<tr><td>011404001</td><td>木护墙、木墙裙油漆</td><td rowspan="14">1. 腻子种类
2. 刮腻子遍数
3. 防护材料种类
4. 油漆品种、刷漆遍数</td><td rowspan="15">m²</td><td rowspan="7">按设计图示尺寸以面积计算</td><td rowspan="14">1. 基层清理
2. 刮腻子
3. 刷防护材料、油漆</td></tr>
<tr><td>011404002</td><td>窗台板、筒子板、盖板、门窗套、踢脚线油漆</td></tr>
<tr><td>011404003</td><td>清水板条天棚、檐口油漆</td></tr>
<tr><td>011404004</td><td>木方格吊顶天棚油漆</td></tr>
<tr><td>011404005</td><td>吸音板墙面、天棚面油漆</td></tr>
<tr><td>011404006</td><td>暖气罩油漆</td></tr>
<tr><td>011404007</td><td>其他木材面</td></tr>
<tr><td>011404008</td><td>木间壁、木隔断油漆</td><td rowspan="3">按设计图示尺寸以单面外围面积计算</td></tr>
<tr><td>011404009</td><td>玻璃间壁露明墙筋油漆</td></tr>
<tr><td>011404010</td><td>木栅栏、木栏杆（带扶手）油漆</td></tr>
<tr><td>011404011</td><td>衣柜、壁柜油漆</td><td rowspan="3">按设计图示尺寸以油漆部分展开面积计算</td></tr>
<tr><td>011404012</td><td>梁柱饰面油漆</td></tr>
<tr><td>011404013</td><td>零星木装修油漆</td></tr>
<tr><td>011404014</td><td>木地板油漆</td><td rowspan="2">按设计图示尺寸以面积计算。空洞、空圈、暖气包槽、壁龛的开口部分并入相应的工程量内</td></tr>
<tr><td>011404015</td><td>木地板烫硬蜡面</td><td>1. 硬蜡品种
2. 面层处理要求</td><td>1. 基层清理
2. 烫蜡</td></tr>
</table>

（1）适用范围

按照油漆的主体构件部位不同，区别适用。

（2）清单计算规则

1）木护墙、木墙裙油漆，窗台板、筒子板、盖板、门窗套、踢脚线油漆，清水板条天棚、檐口油漆，木方格吊顶天棚油漆，吸音板墙面、天棚面油漆，暖气罩油漆，其他木材面，见表 6—7，按设计图示尺寸以面积（m^2）计算。

2）木间壁、木隔断油漆，玻璃间壁露明墙筋油漆，木栅栏、木栏杆（带扶手）油漆，见表 6—7，按设计图示尺寸以单面外围面积（m^2）计算。

3）衣柜、壁柜油漆，梁柱饰面油漆，零星木装修油漆，见表 6—7，按设计图示尺寸以油漆部分展开面积（m^2）计算。

4）木地板油漆，木地板烫硬蜡面，见表 6—7，按设计图示尺寸以面积（m^2）计算。空洞、空圈、暖气包槽、壁龛的开口部分并入相应的工程量内计算。

（3）注意问题

同木扶手及其他板条、线条油漆项目。

（4）定额计价方式下木材面油漆工程工程量计算

1）木板、纤维板、胶合板（单面），木护墙、木墙裙，窗台板、筒子板、盖板、门窗套、踢脚线，清水板条天棚、檐口，木方格吊顶天棚，吸音板墙面、天棚面，鱼鳞板墙，暖气罩，屋面板（带檩条）油漆工程量均按设计图示尺寸以面积计算，并按表 6—8 其他木材面油漆工程量系数表计算。

2）木间壁、木隔断，玻璃间壁露明墙筋，木栅栏、木栏杆（带扶手）工程量均按设计图示尺寸以单面外围面积计算，并按表 6—8 其他木材面油漆工程量系数表计算。

表 6—8　　其他木材面油漆工程量系数表

项目名称	系数	工程量计算规则
木板、纤维板、胶合板（单面）	1.00	按设计图示尺寸以面积计算
木护墙、木墙裙	0.91	
窗台板、筒子板、盖板、门窗套、踢脚线	0.82	
清水板条天棚、檐口	1.07	
木方格吊顶天棚	1.20	
吸音板墙面、天棚面	0.87	
鱼鳞板墙	2.48	
暖气罩	1.28	
屋面板（带檩条）	1.11	
木间壁、木隔断	1.90	按设计图示尺寸以单面外围面积计算
玻璃间壁露明墙筋	1.65	
木栅栏、木栏杆（带扶手）	1.82	

续表

项目名称	系数	工程量计算规则
零星木装修	1.10	按设计图示尺寸以油漆部分展开面积计算
木饰线	1.00	按设计图示尺寸以面积计算
木屋架	1.79	按二分之一设计图示跨度乘以设计图示高度以面积计算

3）壁柜、梁柱饰面、零星木装饰油漆，均按设计图示尺寸以油漆部分展开面积计算，并按表6—8其他木材面油漆工程量系数表计算。

4）木地板油漆工程量按设计图示尺寸以面积计算，空洞、空圈、暖气包槽、壁龛的开口部分并入相应的工程量内，并按表6—9计算。

5）木楼梯油漆，按设计图示尺寸以水平投影面积计算，不扣除宽度小于300 mm的楼梯井，伸入墙内部分不计算，并按表6—9计算。

6）注意事项：木材面防火涂料工程量另行计算。

表6—9　　木地板、木楼梯油漆工程量系数表

项目名称	系数	工程量计算规则
木地板	1.00	按设计图示尺寸以面积计算，空洞、空圈、暖气包槽、壁龛的开口部分并入相应的工程量内
木楼梯面层（带踢板）	2.30	按设计图示尺寸以水平投影面积计算，不扣除宽度小于300 mm的楼梯井，伸入墙内部分不计算
木楼梯底层（带踢板、底封板）	1.30	
木楼梯底层（带踢板、底不封板）	2.30	
木楼梯面层（不带踢板）	1.20	
木楼梯底层（不带踢板）	1.20	

【例题6—2】 如图6—6所示，柜子外表面刷咖啡色着色漆，底面不刷，柜子尺寸为2.4 m×2.5 m×0.5 m，列项并求该柜子外表面刷油漆的工程量。

【解析】 根据（GB 50854—2013）《房屋建筑与装饰工程工程量计算规范》可知，该题需使用“011404011 衣柜、壁柜油漆”这项清单。衣柜、壁柜油漆清单工程按设计图示尺寸以油漆部分展开面积计算。定额工程量计算时，使用系数表中的“木板（单面）”项，系数为1.00。具体计算过程如下：

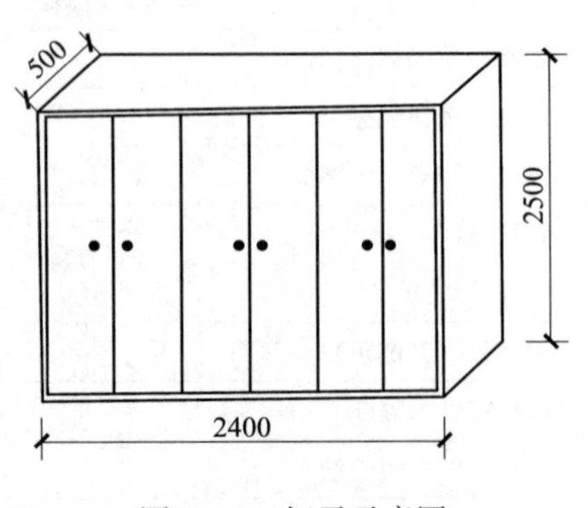

图6—6　柜子示意图

(1) 011404011001 衣柜、壁柜油漆清单工程量

衣柜、壁柜油漆清单工程量=(2.4×2.5+0.5×2.5)×2+0.5×2.4=15.70 m²

(2) 定额工程量

衣柜、壁柜油漆定额工程量同清单工程量,为 15.70 m²。

【题目小结】 题中要求计算衣柜、壁柜油漆工程量,清单工程量计算规则是计算展开面积,即算需要刷油漆的面积就可以了。

【例题 6—3】 如图 6—7 所示,为某居室平面图,假设室内全部铺成木地板,现给木地板刷一层防腐油漆,列项并求客房木地板刷油漆的工程量。

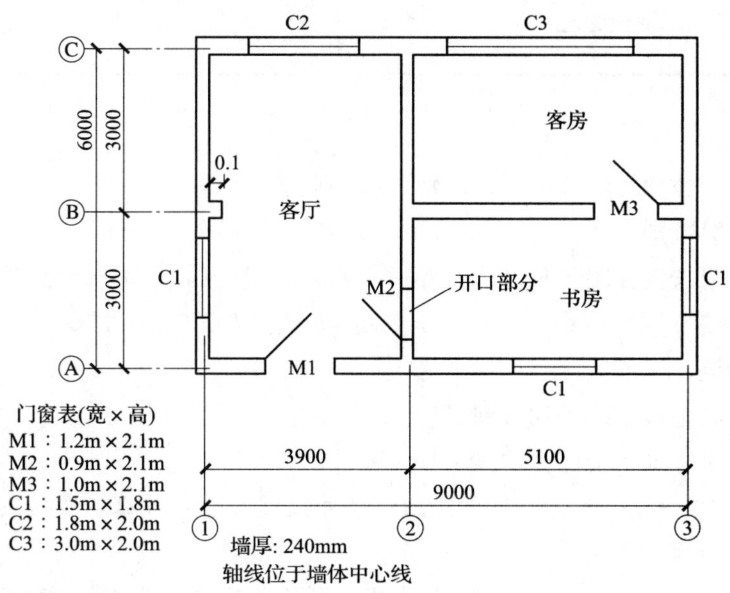

图 6—7 某住宅平面图

【解析】 根据(GB 50854—2013)《房屋建筑与装饰工程工程量计算规范》可知,该题需使用"020504014 木地板油漆"这项清单。木地板油漆清单工程量按设计图示尺寸以面积计算。空洞、空圈、暖气包槽、壁龛的开口部分并入相应的工程量内。定额工程量计算时,使用系数表中的"木地板"项,系数为 1.00。具体计算过程如下:

(1) 011404014001 木地板油漆清单工程量

客房木地板油漆清单工程量=(5.1−0.12×2)×(3−0.12×2)+1×0.24≈13.65 m²

(2) 定额工程量

客房木地板油漆定额工程量同清单工程量为 13.65 m²。

【题目小结】 木地板油漆的清单工程量与定额工程量一致,定额系数为 1.00。

4. 金属面油漆

金属面油漆清单项目设置见表 6—10。

表 6—10　　金属面油漆清单项目设置

项目编码	项目名称	项目特征	计量单位	工程量计算规则	工程内容
011405001	金属面油漆	1. 构件名称 2. 腻子种类 3. 刮腻子要求 4. 防护材料种类 5. 油漆品种、刷漆遍数	1. t 2. m^2	1. 以吨计量，按设计图示尺寸以质量计算 2. 以平方米计量，按设计展开面积计算	1. 基层清理 2. 刮腻子 3. 刷防护材料、油漆

（1）适用范围

按照油漆的主体构件部位不同，区别适用。

（2）清单计算规则

金属面油漆可按设计图示尺寸以质量（单位：t）计算，也可按设计展开面积（单位：m^2）计算。

（3）注意问题

同木扶手及其他板条线条油漆项目。

（4）定额计价方式下金属面油漆工程工程量计算

1）钢结构构件除锈、油漆，按设计图示尺寸以展开面积计算，并按表 6—8 其他木材面油漆工程量系数表计算。

2）金属结构构件除锈、油漆，按设计图示尺寸以质量和附表折算面积计算，并按表 6—11 金属面油漆工程量系数表计算。

表 6—11　　金属面油漆工程量系数表

项目名称	系数	工程量计算规则
混凝土梯底（板式）	1.30	按设计图示尺寸以水平投影面积计算
混凝土梯底（梁式）	1.00	按设计图示尺寸以油漆部分展开面积计算
混凝土花格窗、栏杆花饰	1.82	按设计图示尺寸以单面外围面积计算
亭顶棚	1.00	按设计图示尺寸以斜面积计算
楼地面、天棚、墙、柱梁面	1.00	按设计图示尺寸以油漆部分展开面积计算

5. 抹灰面油漆

抹灰面油漆清单项目设置见表 6—12。

表 6—12　　　　抹灰面油漆清单项目设置

项目编码	项目名称	项目特征	计量单位	工程量计算规则	工程内容
011406001	抹灰面油漆	1. 基层类型 2. 腻子种类 3. 刮腻子遍数 4. 防护材料种类 5. 油漆品种、刷漆遍数 6. 部位	m^2	按设计图示尺寸以面积计算	1. 基层清理 2. 刮腻子 3. 刷防护材料、油漆
011406002	抹灰线条油漆	1. 线条宽度、道数 2. 腻子种类 3. 刮腻子遍数 4. 防护材料种类 5. 油漆品种、刷漆遍数	m	按设计图示尺寸以长度计算	
011406003	满刮腻子	1. 基层类型 2. 腻子种类 3. 刮腻子遍数	m^2	按设计图示尺寸以面积计算	1. 基层清理 2. 刮腻子

（1）适用范围

按照油漆的主体构件部位不同，区别适用。

（2）清单计算规则

1）抹灰面油漆、满刮腻子按设计图示尺寸以面积（m^2）计算。

2）抹灰线条油漆按设计图示尺寸以长度（m）计算。

（3）注意问题

同木扶手及其他板条线条油漆项目。

（4）定额计价方式下抹灰面油漆工程工程量计算

1）天棚面、墙、柱、梁等抹灰面油漆，按设计图示尺寸以面积计算，并按表 6—13 抹灰面油漆工程量系数表计算。

2）空花格、栏杆油漆，按设计图示尺寸以单面外围面积计算，并按表 6—13 抹灰面油漆工程量系数表计算。

表 6—13　　抹灰面油漆工程量系数表

项目名称	系数	工程量计算规则
钢爬梯、钢支架、柜台钢支架	45.0	按设计图示尺寸以质量（t）计算
踏步式钢梯	40.0	
钢栏杆	65.0	
桁架梁、型钢梁（吧头、门头）	40.0	
零星构件、零星小品（构件）	66.0	

6. 喷刷涂料

喷刷涂料清单项目设置，见表 6—14。

表 6—14　　喷刷涂料清单项目设置

项目编码	项目名称	项目特征	计量单位	工程量计算规则	工程内容
011407001	墙面喷刷涂料	1. 基层类型 2. 喷刷涂料部位 3. 腻子种类 4. 刮腻子要求 5. 涂料品种、刷喷遍数	m^2	按设计图示尺寸以面积计算	1. 基层清理 2. 刮腻子 3. 刷、喷涂料
011407002	天棚喷刷涂料				
011407003	空花格、栏杆刷涂料	1. 腻子种类 2. 刮腻子遍数 3. 涂料品种、刷喷遍数		按设计图示尺寸以单面外围面积计算	
011407004	线条刷涂料	1. 基层清理 2. 线条宽度 3. 刮腻子要求 4. 刷防护材料、油漆	m	按设计图示尺寸以长度计算	
011407005	金属构件刷防火涂料	1. 喷刷防火涂料构件名称 2. 防火等级要求 3. 涂料品种、喷刷遍数	1. m^2 2. t	1. 以吨计量，按设计图示尺寸以质量计算 2. 以平方米计量，按设计展开面积计算	1. 基层清理 2. 刷防护涂料、油漆
011407006	木材构件喷刷防火涂料		m^2	以平方米计量，按设计图示尺寸以面积计算	1. 基层清理 2. 刷防火材料

（1）适用范围

按照油漆的主体构件部位不同，区别适用。

（2）清单计算规则

墙面喷刷涂料、天棚喷刷涂料按设计图示尺寸以面积（单位：m^2）计算。

空花格、栏杆刷涂料按设计图示尺寸以单面外围面积（单位：m^2）计算。

线条刷涂料按设计图示尺寸以长度（单位：m）计算。

金属构件刷防火涂料可按设计图示尺寸以质量（单位：t）计算，也可按设计展开面积（单位：m^2）计算。

木材构件喷刷防火涂料按设计图示尺寸以面积（单位：m^2）计算。

（3）注意问题

同木扶手及其他板条线条油漆项目。

（4）定额计价方式下喷刷涂料工程量计算

1）天棚面、墙、柱、梁等喷塑，按设计图示尺寸以面积计算。

2）天棚面、墙、柱、梁等面喷（刷）涂料、地坪防火涂料，按设计图示尺寸以面积计算。

3）空花格、栏杆刷油漆，按设计图示尺寸以单面外围面积计算。

4）线条刷涂料按设计图示尺寸以长度计算。

【例题 6—4】 如图 6—8 所示混凝土空花格窗，框外围面积 1.8 m×1.8 m，列项并求其花格窗刷白水泥浆二遍的工程量。

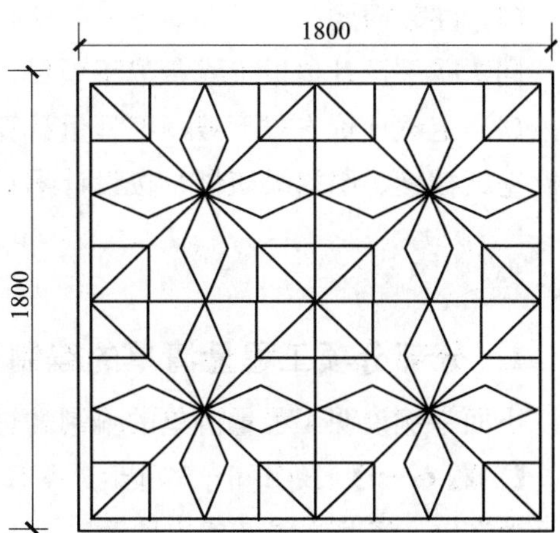

图 6—8 混凝土空花格窗

【解析】 根据（GB 50854—2013）《房屋建筑与装饰工程工程量计算规范》可知，该题需使用“020508001 空花格、栏杆刷涂料”这项清单。空花格、栏杆刷涂料清单工程量按设计图示尺寸以单面外围面积计算。

（1）011407003001 空花格、栏杆刷涂料清单工程量

空花格、栏杆刷涂料清单工程量＝1.8×1.8＝3.24 m^2

（2）定额工程量

混凝土花格窗刷涂料定额工程量＝1.8×1.8×1.82≈5.90 m^2

【题目小结】 混凝土花格窗根据表 6—11，定额系数为 1.82。

7. 裱糊

裱糊清单项目设置，见表 6—15。

表 6—15 裱糊清单项目设置

项目编码	项目名称	项目特征	计量单位	工程量计算规则	工程内容
011408001	壁纸裱糊	1. 基层类型 2. 裱糊部位 3. 腻子种类 4. 刮腻子遍数 5. 黏结材料种类 6. 防护材料种类 7. 面层材料品种、规格、颜色	m^2	按设计图示尺寸以面积计算	1. 基层清理 2. 刮腻子 3. 面层铺粘 4. 刷防护材料
011408002	织锦缎裱糊				

（1）适用范围

按照油漆的主体构件部位不同，区别适用。

（2）清单计算规则

壁纸裱糊、织锦缎裱糊见表 6—15，按设计图示尺寸以面积（m^2）计算。

（3）注意问题

同木扶手及其他板条线条油漆项目。

（4）定额计价方式下裱糊工程量计算

壁纸裱糊、织锦缎裱糊，按设计图示尺寸以面积计算。

三、油漆、涂料、裱糊工程清单计价

1. 分部分项工程量清单的编制

下面举例说明工程量清单的编制的过程，并填写分部分项工程报价表。

【例题 6—5】 如图 6—9 所示，某住宅室内没墙裙、没吊顶、踢脚线高 150 mm，室内净高为 3 m。客厅、书房室内墙面、天棚在抹灰面上刮腻子两道，面扫白色乳胶漆底漆一遍面漆两遍。客房室内墙面、天棚在抹灰面上刮腻子两道，墙面、天棚均对花贴壁纸。列项并求室内所有房间抹灰面油漆、裱糊的清单工程量。本工程所在地在广州，其中人工费 51 元/工日。

【解析】

（1）思路分析：本题有三个房间，分别对其墙面和天棚列项和求清单工程量，由于墙面和天棚的施工难度、消耗量有所不同，所以需分开列项。

（2）客厅、书房墙面抹灰面油漆工程（011406001001）：

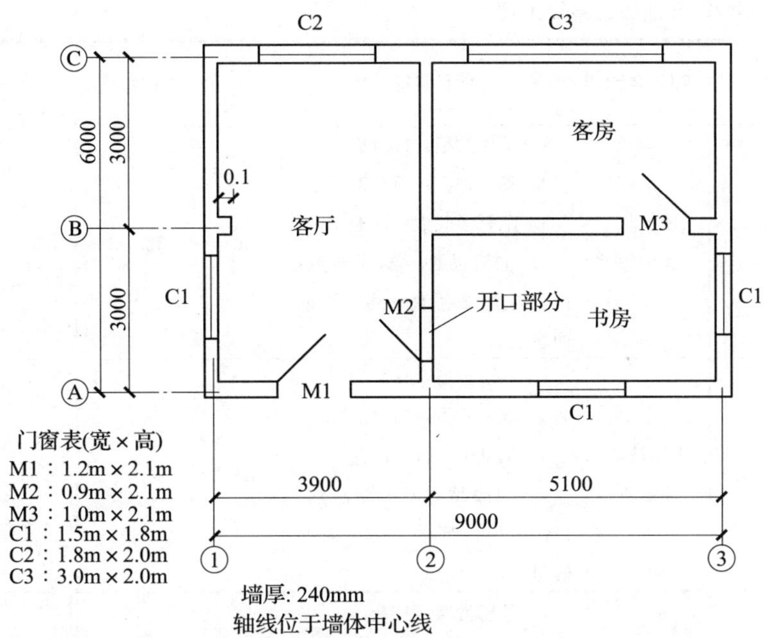

图 6—9　某住宅平面图

客厅面积＝［（3.9－0.12×2＋6－0.12×2）×2＋0.1×2］×3－（1.2×2.1＋1.5×1.8＋1.8×2＋0.9×2.1）＝46.41 m^2

书房面积＝（5.1－0.24＋3－0.24）×2×3－（0.9×2.1＋1×2.1＋1.5×1.8×2）＝36.33 m^2

合计＝46.41＋36.33＝82.74 m^2

（3）客厅、书房天棚抹灰面油漆工程（011406001002）：

客厅面积＝（3.9－0.24）×（6－0.24）≈21.08 m^2

书房面积＝（5.1－0.24）×（3－0.24）≈13.41 m^2

合计＝21.08＋13.41＝34.49 m^2

（4）客房墙面、天棚裱糊工程（011408001001、011408001002）：

客房墙面面积＝（5.1－0.24＋3－0.24）×2×3－（1×2.1＋3×2）＝37.62 m^2

客房天棚面积＝（5.1－0.24）×（3－0.24）≈13.41 m^2

合计＝37.62＋13.41＝51.03 m^2

填写分部分项工程和单价措施项目清单与计价表，见表 6—16～表 6—20。

表 6—16　　分部分项工程和单价措施项目清单与计价表

工程名称：例题 6—5 油漆、裱糊工程　　第 1 页　共 1 页

序号	项目编码	项目名称	项目特征	计量单位	工程数量	金额（元）	
						综合单价	合价
1	011406001001	墙抹灰面油漆	1. 基层类型：抹灰面 2. 腻子种类：石膏油腻子 3. 刮腻子遍数：两遍 4. 油漆品种、刷漆遍数：白色乳胶漆底油一遍，面油两遍	m^2	82.74	18.93	1 566.27
2	011406001002	天棚抹灰面油漆	1. 基层类型：抹灰面 2. 腻子种类：石膏油腻子 3. 刮腻子遍数：两遍 4. 油漆品种、刷漆遍数：白色乳胶漆底油一遍，面油两遍	m^2	34.49	20.27	699.11
3	011408001001	墙面壁纸裱糊	1. 基层类型：抹灰面 2. 裱糊部位：墙面 3. 腻子种类：石膏油腻子 4. 刮腻子遍数：两遍 5. 黏结材料种类：聚醋酸乙烯乳胶 6. 面层材料品种、规格、颜色：壁纸	m^2	37.62	35.32	1 328.74
4	011408001002	顶棚壁纸裱糊	1. 基层类型：抹灰面 2. 裱糊构件部位：顶棚 3. 腻子种类：石膏油腻子 4. 刮腻子遍数：两遍 5. 黏结材料种类：聚醋酸乙烯乳胶 6. 面层材料品种、规格、颜色：壁纸	m^2	13.41	38.73	519.37
		分部小计					4 113.49

2. 综合单价分析表的填写

请按清单计价规范的要求，对照分部分项工程和单价措施项目清单与计价表中的特征描述进行投标报价。

【例题 6—6】 完成例题 6—5 的投标报价，并填写综合单价分析表。

表 6—17 **综合单价分析表（一）**

工程名称：例题 6—6 油漆、裱糊工程 第 1 页 共 4 页

项目编码	011406001001	项目名称	墙抹灰面油漆						计量单位	m²		清单工程量	82.74
综合单价分析													
定额编号	定额名称	定额单位	工程数量	单价（元）					合价（元）				
				人工费	材料费	机械费	管理费	利润	人工费	材料费	机械费	管理费	利润
A16—181＋A16—182	刮腻子一遍 实际遍数（遍）：2	100 m²	0. 01	375.01	59.36		56.51	68	3.75	0.59		0.57	0.68
A16—192	抹灰面乳胶漆底油两遍面油两遍墙柱面	100 m²	0.01	627.86	873.09		94.62	113	6.28	8.73		0.95	1.13
A16—198	乳胶漆底漆每减一遍	100 m²	0.01	154.68	169.3		23.31	28	—1.55	—1.69		—0.23	—0.28
人工单价		小计							8.48	7.63		1.29	1.53
综合工日 51 元/工日		未计价材料费											
综合单价									18.93				
材料费明细	主要材料名称、规格、型号					单位	数量		单价（元）	合价（元）	暂估单价（元）	暂估合价（元）	
	其他材料费					元	0.03		1	0.03			
	白色硅酸盐水泥 32.5					kg	0.177 7		0.59	0.1			
	滑石粉					kg	0.351 9		1	0.35			
	大白粉					kg	0.010 7		0.2				
	腻子胶					kg	0.108 7		1	0.11			
	内墙乳胶漆底漆					kg	0.105		16	1.68			
	内墙乳胶漆面漆					kg	0.238		22.5	5.36			
	材料费小计								—	7.63	—		

表 6—18　　　　综合单价分析表（二）

工程名称：例题 6—6 油漆、裱糊工程　　　　第 2 页　共 4 页

<table>
<tr><td>项目编码</td><td>011406001002</td><td>项目名称</td><td colspan="6">天棚抹灰面油漆</td><td>计量单位</td><td colspan="2">m^2</td><td>清单工程量</td><td>34.49</td></tr>
<tr><td colspan="14">综合单价分析</td></tr>
<tr><td rowspan="2">定额编号</td><td rowspan="2">定额名称</td><td rowspan="2">定额单位</td><td rowspan="2">工程数量</td><td colspan="5">单价（元）</td><td colspan="5">合价（元）</td></tr>
<tr><td>人工费</td><td>材料费</td><td>机械费</td><td>管理费</td><td>利润</td><td>人工费</td><td>材料费</td><td>机械费</td><td>管理费</td><td>利润</td></tr>
<tr><td>A16—181＋A16—182</td><td>刮腻子一遍实际遍数（遍）：2</td><td>100 m^2</td><td>0.01</td><td>375.01</td><td>59.36</td><td></td><td>56.51</td><td>68</td><td>3.75</td><td>0.59</td><td></td><td>0.57</td><td>0.67</td></tr>
<tr><td>A16—193</td><td>抹灰面乳胶漆底油两遍面油两遍天棚面</td><td>100 m^2</td><td>0.01</td><td>715.53</td><td>890.61</td><td></td><td>107.83</td><td>129</td><td>7.16</td><td>8.91</td><td></td><td>1.08</td><td>1.29</td></tr>
<tr><td>A16—198</td><td>乳胶漆底漆每减一遍</td><td>100 m^2</td><td>0.01</td><td>154.68</td><td>169.3</td><td></td><td>23.31</td><td>28</td><td>−1.55</td><td>−1.69</td><td></td><td>−0.23</td><td>−0.28</td></tr>
<tr><td colspan="2">人工单价</td><td colspan="7">小计</td><td>9.36</td><td>7.81</td><td></td><td>1.42</td><td>1.68</td></tr>
<tr><td colspan="2">综合工日 51 元/工日</td><td colspan="7">未计价材料费</td><td colspan="5"></td></tr>
<tr><td colspan="9">综合单价</td><td colspan="5">20.27</td></tr>
<tr><td rowspan="9">材料费明细</td><td colspan="6">主要材料名称、规格、型号</td><td>单位</td><td>数量</td><td>单价（元）</td><td>合价（元）</td><td>暂估单价（元）</td><td colspan="2">暂估合价（元）</td></tr>
<tr><td colspan="6">其他材料费</td><td>元</td><td>0.054 9</td><td>1</td><td>0.05</td><td></td><td colspan="2"></td></tr>
<tr><td colspan="6">白色硅酸盐水泥 32.5</td><td>kg</td><td>0.177 7</td><td>0.59</td><td>0.1</td><td></td><td colspan="2"></td></tr>
<tr><td colspan="6">滑石粉</td><td>kg</td><td>0.351 9</td><td>1</td><td>0.35</td><td></td><td colspan="2"></td></tr>
<tr><td colspan="6">大白粉</td><td>kg</td><td>0.010 7</td><td>0.2</td><td></td><td></td><td colspan="2"></td></tr>
<tr><td colspan="6">腻子胶</td><td>kg</td><td>0.108 7</td><td>1</td><td>0.11</td><td></td><td colspan="2"></td></tr>
<tr><td colspan="6">内墙乳胶漆底漆</td><td>kg</td><td>0.109 2</td><td>16</td><td>1.747 2</td><td></td><td colspan="2"></td></tr>
<tr><td colspan="6">内墙乳胶漆面漆</td><td>kg</td><td>0.242 8</td><td>22.5</td><td>5.46</td><td></td><td colspan="2"></td></tr>
<tr><td colspan="8">材料费小计</td><td>—</td><td>7.81</td><td>—</td><td colspan="2"></td></tr>
</table>

表 6—19　　　　综合单价分析表（三）

工程名称：例题 6—6 油漆、裱糊工程　　　　第 3 页　共 4 页

<table>
<tr><td>项目编码</td><td>011408001001</td><td>项目名称</td><td colspan="6">墙面壁纸裱糊</td><td>计量单位</td><td colspan="2">m²</td><td>清单工程量</td><td>37.62</td></tr>
<tr><td colspan="14">综合单价分析</td></tr>
<tr><td rowspan="2">定额编号</td><td rowspan="2">定额名称</td><td rowspan="2">定额单位</td><td rowspan="2">工程数量</td><td colspan="5">单价（元）</td><td colspan="5">合价（元）</td></tr>
<tr><td>人工费</td><td>材料费</td><td>机械费</td><td>管理费</td><td>利润</td><td>人工费</td><td>材料费</td><td>机械费</td><td>管理费</td><td>利润</td></tr>
<tr><td>A16—263</td><td>墙面贴装饰纸壁纸对花</td><td>100 m²</td><td>0.01</td><td>900.56</td><td>1 774.31</td><td></td><td>135.71</td><td>162</td><td>9.01</td><td>17.74</td><td></td><td>1.36</td><td>1.62</td></tr>
<tr><td>A16—181+A16—182</td><td>刮腻子一遍实际遍数（遍）：2</td><td>100 m²</td><td>0.01</td><td>375.01</td><td>59.36</td><td></td><td>56.51</td><td>68</td><td>3.75</td><td>0.59</td><td></td><td>0.57</td><td>0.67</td></tr>
<tr><td colspan="2">人工单价</td><td colspan="7">小计</td><td>12.76</td><td>18.34</td><td></td><td>1.92</td><td>2.3</td></tr>
<tr><td colspan="2">综合工日 51 元/工日</td><td colspan="7">未计价材料费</td><td colspan="5"></td></tr>
<tr><td colspan="9">综合单价</td><td colspan="5">35.32</td></tr>
<tr><td rowspan="11">材料费明细</td><td colspan="5">主要材料名称、规格、型号</td><td>单位</td><td colspan="2">数量</td><td>单价（元）</td><td>合价（元）</td><td>暂估单价（元）</td><td colspan="2">暂估合价（元）</td></tr>
<tr><td colspan="5">其他材料费</td><td>元</td><td colspan="2">0.123 5</td><td>1</td><td>0.12</td><td></td><td colspan="2"></td></tr>
<tr><td colspan="5">白色硅酸盐水泥 32.5</td><td>kg</td><td colspan="2">0.177 7</td><td>0.59</td><td>0.1</td><td></td><td colspan="2"></td></tr>
<tr><td colspan="5">滑石粉</td><td>kg</td><td colspan="2">0.351 9</td><td>1</td><td>0.35</td><td></td><td colspan="2"></td></tr>
<tr><td colspan="5">大白粉</td><td>kg</td><td colspan="2">0.010 7</td><td>0.2</td><td></td><td></td><td colspan="2"></td></tr>
<tr><td colspan="5">腻子胶</td><td>kg</td><td colspan="2">0.108 7</td><td>1</td><td>0.11</td><td></td><td colspan="2"></td></tr>
<tr><td colspan="5">壁纸</td><td>m²</td><td colspan="2">1.157 9</td><td>13.21</td><td>15.3</td><td></td><td colspan="2"></td></tr>
<tr><td colspan="5">酚醛清漆</td><td>kg</td><td colspan="2">0.07</td><td>9.77</td><td>0.68</td><td></td><td colspan="2"></td></tr>
<tr><td colspan="5">松节油</td><td>kg</td><td colspan="2">0.03</td><td>7</td><td>0.21</td><td></td><td colspan="2"></td></tr>
<tr><td colspan="5">乳液</td><td>kg</td><td colspan="2">0.251</td><td>5.8</td><td>1.46</td><td></td><td colspan="2"></td></tr>
<tr><td colspan="8">材料费小计</td><td>—</td><td>18.34</td><td>—</td><td colspan="2"></td></tr>
</table>

表 6—20　　　　综合单价分析表（四）

工程名称：例题 6—6 油漆、裱糊工程　　　　第 4 页　共 4 页

<table>
<tr><td>项目编码</td><td>011408001002</td><td>项目名称</td><td colspan="6">天棚壁纸裱糊</td><td>计量单位</td><td colspan="2">m^2</td><td>清单工程量</td><td>13.41</td></tr>
<tr><td colspan="14">综合单价分析</td></tr>
<tr><td rowspan="2">定额编号</td><td rowspan="2">定额名称</td><td rowspan="2">定额单位</td><td rowspan="2">工程数量</td><td colspan="5">单价（元）</td><td colspan="5">合价（元）</td></tr>
<tr><td>人工费</td><td>材料费</td><td>机械费</td><td>管理费</td><td>利润</td><td>人工费</td><td>材料费</td><td>机械费</td><td>管理费</td><td>利润</td></tr>
<tr><td>A16—181＋A16—182</td><td>刮腻子一遍 实际遍数（遍）：2</td><td>100 m^2</td><td>0.01</td><td>375.01</td><td>59.36</td><td></td><td>56.51</td><td>68</td><td>3.75</td><td>0.59</td><td></td><td>0.57</td><td>0.67</td></tr>
<tr><td>A16—269</td><td>天棚面贴装饰纸 壁纸对花</td><td>100 m^2</td><td>0.01</td><td>1 156.68</td><td>1 774.31</td><td></td><td>174.31</td><td>208</td><td>11.57</td><td>17.74</td><td></td><td>1.74</td><td>2.08</td></tr>
<tr><td colspan="2">人工单价</td><td colspan="7">小计</td><td>15.32</td><td>18.34</td><td></td><td>2.31</td><td>2.76</td></tr>
<tr><td colspan="2">综合工日 51 元/工日</td><td colspan="7">未计价材料费</td><td colspan="5"></td></tr>
<tr><td colspan="9">综合单价</td><td colspan="5">38.73</td></tr>
<tr><td rowspan="11">材料费明细</td><td colspan="5">主要材料名称、规格、型号</td><td>单位</td><td colspan="2">数量</td><td>单价（元）</td><td>合价（元）</td><td>暂估单价（元）</td><td colspan="2">暂估合价（元）</td></tr>
<tr><td colspan="5">其他材料费</td><td>元</td><td colspan="2">0.123 5</td><td>1</td><td>0.12</td><td></td><td colspan="2"></td></tr>
<tr><td colspan="5">白色硅酸盐水泥 32.5</td><td>kg</td><td colspan="2">0.177 7</td><td>0.59</td><td>0.1</td><td></td><td colspan="2"></td></tr>
<tr><td colspan="5">滑石粉</td><td>kg</td><td colspan="2">0.351 9</td><td>1</td><td>0.35</td><td></td><td colspan="2"></td></tr>
<tr><td colspan="5">大白粉</td><td>kg</td><td colspan="2">0.010 7</td><td>0.2</td><td></td><td></td><td colspan="2"></td></tr>
<tr><td colspan="5">腻子胶</td><td>kg</td><td colspan="2">0.108 7</td><td>1</td><td>0.11</td><td></td><td colspan="2"></td></tr>
<tr><td colspan="5">壁纸</td><td>m2</td><td colspan="2">1.157 9</td><td>13.21</td><td>15.3</td><td></td><td colspan="2"></td></tr>
<tr><td colspan="5">酚醛清漆</td><td>kg</td><td colspan="2">0.07</td><td>9.77</td><td>0.68</td><td></td><td colspan="2"></td></tr>
<tr><td colspan="5">松节油</td><td>kg</td><td colspan="2">0.03</td><td>7</td><td>0.21</td><td></td><td colspan="2"></td></tr>
<tr><td colspan="5">乳液</td><td>kg</td><td colspan="2">0.251</td><td>5.8</td><td>1.46</td><td></td><td colspan="2"></td></tr>
<tr><td colspan="8">材料费小计</td><td>—</td><td>18.34</td><td>—</td><td colspan="2"></td></tr>
</table>

【例题 6—7】 在例题 6—5 的基础上，现在将人工费 51 元/工日改为 92 元/工日，乳胶漆面漆单价为 29 元/kg，乳胶漆底漆单价为 43 元/kg，壁纸 28 元/m^2。请完成例题 6—5 的投标报价（见表 6—21），并填写综合单价分析表（见表 6—22～表 6—25）。

表 6—21　　分部分项工程和单价措施项目清单与计价表

工程名称：例题 6—5 油漆、裱糊工程　　第 1 页　共 1 页

序号	项目编码	项目名称	项目特征	计量单位	工程数量	金额（元）	
						综合单价	合价
1	011406001001	墙面抹灰面油漆	1. 基层类型：抹灰面 2. 腻子种类：石膏油腻子 3. 刮腻子遍数：两遍 4. 油漆品种、刷漆遍数：白色乳胶漆底油一遍，面油两遍	m^2	82.74	31.36	2 594.73
2	011406001002	天棚抹灰面油漆	1. 基层类型：抹灰面 2. 腻子种类：石膏油腻子 3. 刮腻子遍数：两遍 4. 油漆品种、刷漆遍数：白色乳胶漆底油一遍，面油两遍	m^2	34.49	33.67	1 161.28
3	011408001001	墙面壁纸裱糊	1. 基层类型：抹灰面 2. 裱糊构件部位：墙面 3. 腻子种类：石膏油腻子 4. 刮腻子遍数：两遍 5. 黏结材料种类：聚醋酸乙烯乳胶 6. 面层材料品种、规格、颜色：壁纸	m^2	37.62	64.53	2 427.62
4	011408001002	顶棚壁纸裱糊	1. 基层类型：一般抹灰面 2. 裱糊构件部位：顶棚 3. 腻子种类：石膏油腻子 4. 刮腻子遍数：两遍 5. 黏结材料种类：聚醋酸乙烯乳胶 6. 面层材料品种、规格、颜色：壁纸	m^2	13.41	70.37	943.66
		分部小计					7 127.29

表 6—22　　　　综合单价分析表（一）

工程名称：例题 6—6 油漆、裱糊工程　　　　第 1 页　共 4 页

项目编码	01140600 1001	项目名称	墙面抹灰面油漆	计量单位	m²	清单工程量	82.74

综合单价分析													
定额编号	定额名称	定额单位	工程数量	单价（元）					合价（元）				
				人工费	材料费	机械费	管理费	利润	人工费	材料费	机械费	管理费	利润
A16—181＋A16—182	刮腻子一遍实际遍数（遍）：2	100 m²	0. 01	676. 49	59. 36		56. 51	122	6. 76	0. 59		0. 57	1. 22
A16—192	抹灰面乳胶漆底油两遍面油两遍墙柱面	100 m²	0. 01	1 132. 61	1 594. 79		94. 62	204	11. 33	15. 95		0. 95	2. 04
A16—198	乳胶漆底漆每减一遍	100 m²	0. 01	279. 04	452. 8		23. 31	50	−2. 79	−4. 53		−0. 23	−0. 5
人工单价		小计							15. 3	12. 01		1. 29	2. 76
综合工日 92 元/工日		未计价材料费											
综合单价									31. 36				

	主要材料名称、规格、型号	单位	数量	单价（元）	合价（元）	暂估单价（元）	暂估合价（元）
材料费明细	其他材料费	元	0. 03	1	0. 03		
	白色硅酸盐水泥 32. 5	kg	0. 177 7	0. 59	0. 1		
	滑石粉	kg	0. 351 9	1	0. 35		
	大白粉	kg	0. 010 7	0. 2			
	腻子胶	kg	0. 108 7	1	0. 11		
	内墙乳胶漆底漆	kg	0. 105	43	4. 515		
	内墙乳胶漆面漆	kg	0. 238	29	6. 9		
	材料费小计			—	12. 01	—	

表 6—23 **综合单价分析表（二）**

工程名称：例题 6—6 油漆、裱糊工程 第 2 页 共 4 页

项目编码	011406001002	项目名称	天棚抹灰面油漆						计量单位	m²		清单工程量	34.49
综合单价分析													
定额编号	定额名称	定额单位	工程数量	单价（元）					合价（元）				
				人工费	材料费	机械费	管理费	利润	人工费	材料费	机械费	管理费	利润
A16—181＋A16—182	刮腻子一遍实际遍数（遍）：2	100 m²	0.01	676.49	59.36		56.51	122	6.76	0.59		0.57	1.22
A16—193	抹灰面乳胶漆底油两遍面油两遍天棚面	100 m²	0.01	1 290.76	1 626.77		107.83	232	12.91	16.27		1.08	2.32
A16—198	乳胶漆底漆每减一遍	100 m²	0.01	279.04	452.8		23.31	50	−2.79	−4.53		−0.23	−0.5
人工单价		小计							16.88	12.34		1.42	3.04
综合工日 92 元/工日		未计价材料费											
综合单价									33.67				
材料费明细	主要材料名称、规格、型号					单位	数量		单价（元）	合价（元）	暂估单价（元）	暂估合价（元）	
	其他材料费					元	0.054 9		1	0.05			
	白色硅酸盐水泥 32.5					kg	0.177 7		0.59	0.1			
	滑石粉					kg	0.351 9		1	0.35			
	大白粉					kg	0.010 7		0.2				
	腻子胶					kg	0.108 7		1	0.11			
	内墙乳胶漆底漆					kg	0.109 2		43	4.69			
	内墙乳胶漆面漆					kg	0.242 8		29	7.04			
	材料费小计								—	12.34	—		

表 6—24　　综合单价分析表（三）

工程名称：例题 6—6 油漆、裱糊工程　　　　第 3 页　共 4 页

项目编码	011408001001	项目名称	墙面壁纸裱糊						计量单位	m²		清单工程量	37.62
综合单价分析													
定额编号	定额名称	定额单位	工程数量	单价（元）					合价（元）				
				人工费	材料费	机械费	管理费	利润	人工费	材料费	机械费	管理费	利润
A16—263	墙面贴装饰纸壁纸对花	100 m²	0.01	1 624.54	3 486.84		135.71	292	16.25	34.87		1.36	2.92
A16—181＋A16—182	刮腻子一遍实际遍数（遍）：2	100 m²	0.01	676.49	59.36		56.51	122	6.77	0.59		0.57	1.22
人工单价		小计							23.01	35.46		1.92	4.14
综合工日 92 元/工日		未计价材料费											
综合单价									64.53				

材料费明细	主要材料名称、规格、型号	单位	数量	单价（元）	合价（元）	暂估单价（元）	暂估合价（元）
	其他材料费	元	0.123 5	1	0.12		
	白色硅酸盐水泥 32.5	kg	0.177 7	0.59	0.1		
	滑石粉	kg	0.351 9	1	0.35		
	大白粉	kg	0.010 7	0.2			
	腻子胶	kg	0.108 7	1	0.11		
	壁纸	m²	1.157 9	28	32.42		
	酚醛清漆	kg	0.07	9.77	0.68		
	松节油	kg	0.03	7	0.21		
	乳液	kg	0.251	5.8	1.46		
	材料费小计			—	35.46	—	

表 6—25 **综合单价分析表（四）**

工程名称：例题 6—6 油漆、裱糊工程 第 4 页 共 4 页

项目编码	011408001002	项目名称	天棚壁纸裱糊						计量单位	m²		清单工程量	13.41
综合单价分析													
定额编号	定额名称	定额单位	工程数量	单价（元）					合价（元）				
				人工费	材料费	机械费	管理费	利润	人工费	材料费	机械费	管理费	利润
A16—181+A16—182	刮腻子一遍实际遍数（遍）：2	100 m²	0.01	676.49	59.36		56.51	122	6.77	0.59		0.57	1.22
A16—269	天棚面贴装饰纸壁纸对花	100 m²	0.01	2 086.56	3 486.84		174.31	376	20.87	34.87		1.74	3.76
人工单价		小计							27.63	35.46		2.31	4.97
综合工日 92 元/工日		未计价材料费											
综合单价									70.37				
材料费明细	主要材料名称、规格、型号					单位	数量		单价（元）	合价（元）	暂估单价（元）	暂估合价（元）	
	其他材料费					元	0.123 5		1	0.12			
	白色硅酸盐水泥 32.5					kg	0.177 7		0.59	0.1			
	滑石粉					kg	0.351 9		1	0.35			
	大白粉					kg	0.010 7		0.2				
	腻子胶					kg	0.108 7		1	0.11			
	壁纸					m²	1.157 9		28	32.42			
	酚醛清漆					kg	0.07		9.77	0.68			
	松节油					kg	0.03		7	0.21			
	乳液					kg	0.251		5.8	1.46			
	材料费小计								—	35.46	—		

思考与练习

某住宅装修工程，平面布置如图 6—10 所示。

（1）用清单计价法列项求天棚抹灰面油漆的清单工程量，并编制分部分项工程量清单；（2）参阅本地《建筑与装修工程综合定额》，填写综合单价分析表。

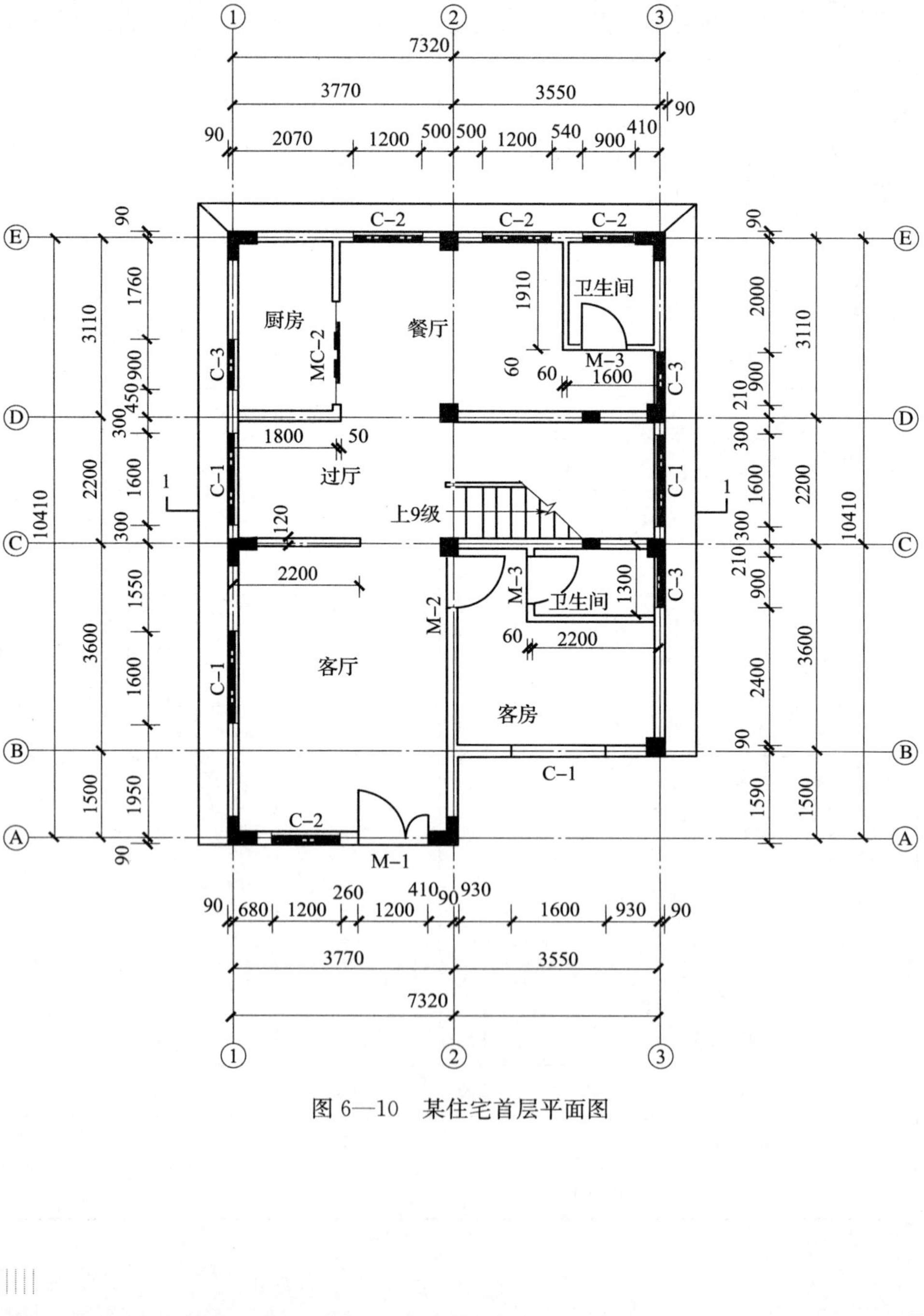

图 6—10　某住宅首层平面图

第七章　其他装饰工程

学习目标

◆了解其他装饰工程包括的项目

◆掌握其他装饰工程的清单项目设置、工程量计算规则

◆掌握运用当地定额进行计价的方法

第一节　其他装饰工程概述

国家标准《房屋建筑与装饰工程工程量计算规范》（GB 50854—2013）其他装饰工程包括柜类、货架、压条、装饰线、扶手、栏杆、栏板装饰、暖气罩、浴厕配件、雨篷、旗杆、招牌、灯箱、美术字。

一、柜类、货架

1. 家具工程按高度的分类

（1）高柜：高度 1 600 mm 以上为高柜。

（2）中柜：高度 900（不含 900）～1 600 mm 为中柜。

（3）低柜：高度 900 mm 以内为低柜。

2. 家具按类型和用途的分类

衣柜、存包柜、酒柜、鞋柜、书柜、厨房吊柜、矮柜、吧台背柜、收银台、梳妆台、货架、服务台等（见图 7—1～图 7—12）。

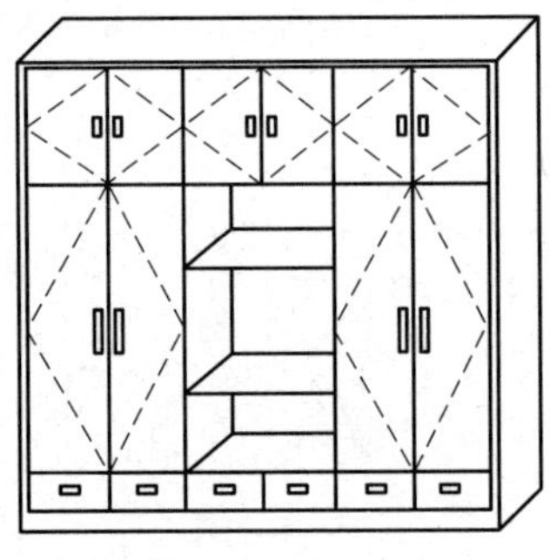

图 7—1　衣柜

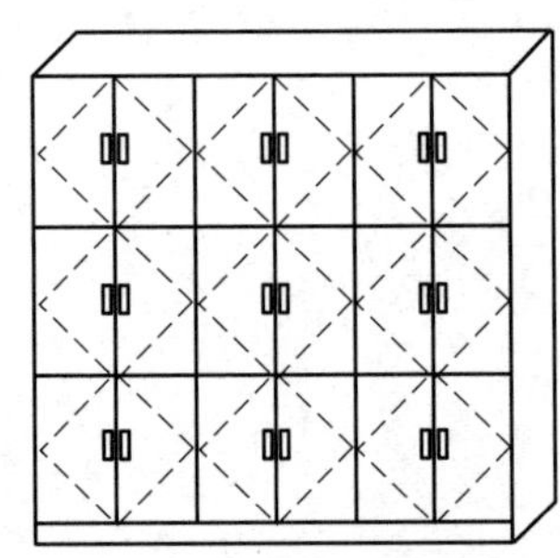

图 7—2　存包柜

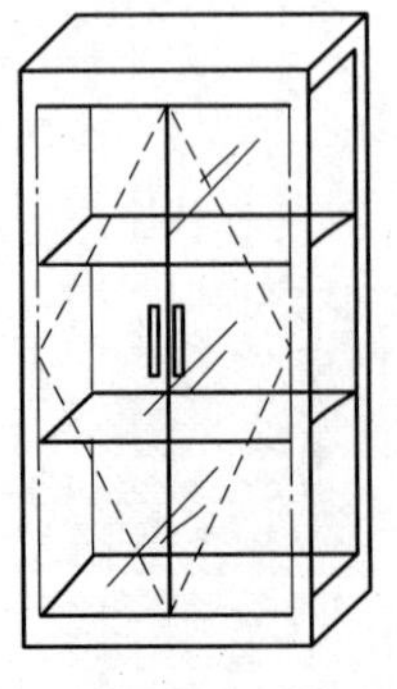

图 7—3　酒柜

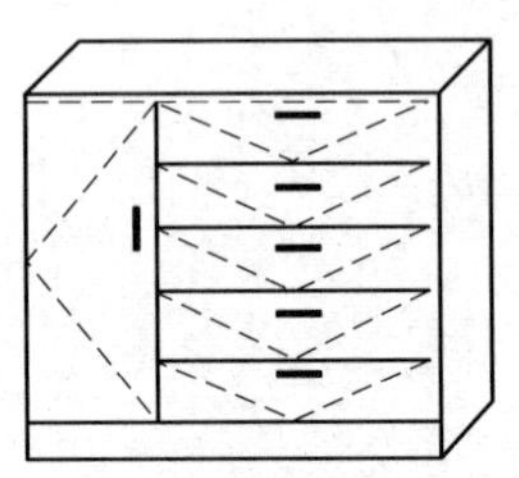

图 7—4　鞋柜

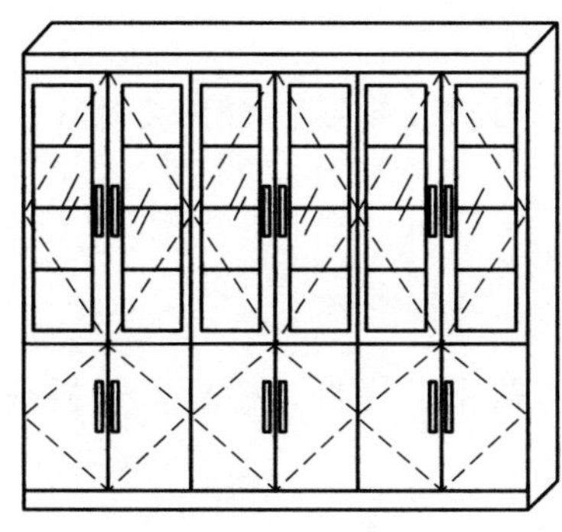

图 7—5 书柜

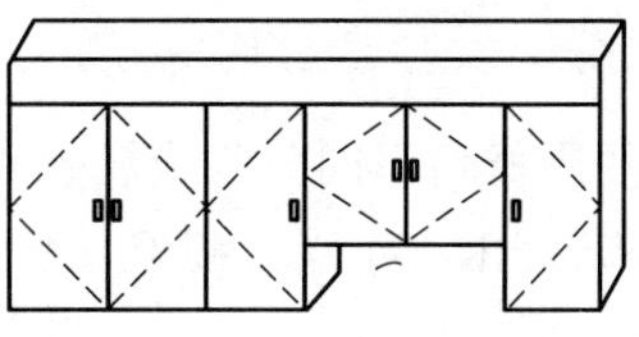

图 7—6 厨房吊柜

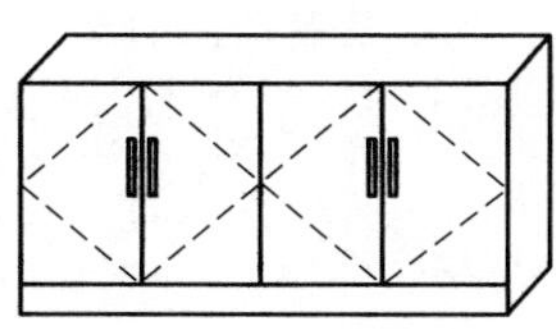

图 7—7 矮柜

图 7—8 吧台背柜

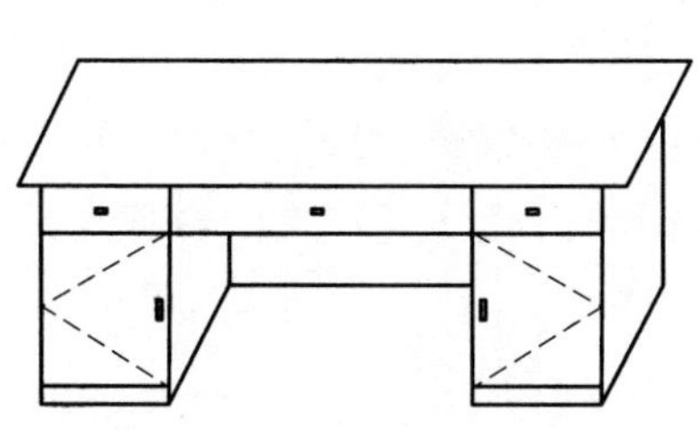

图 7—9 收银台

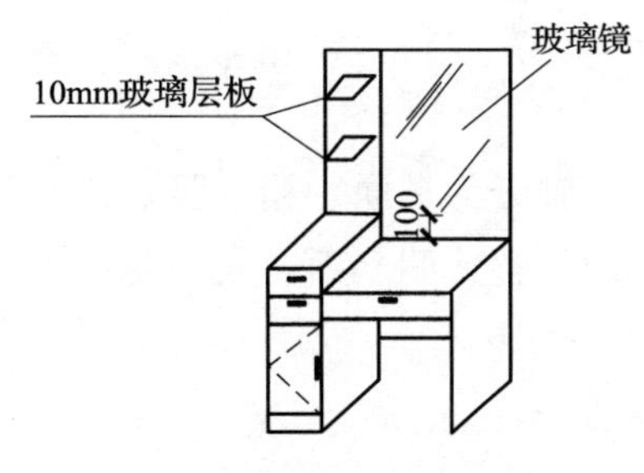

图 7—10 梳妆台

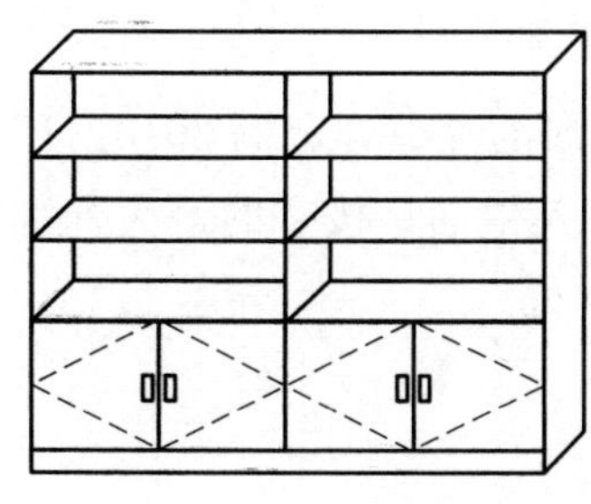

图 7—11 货架

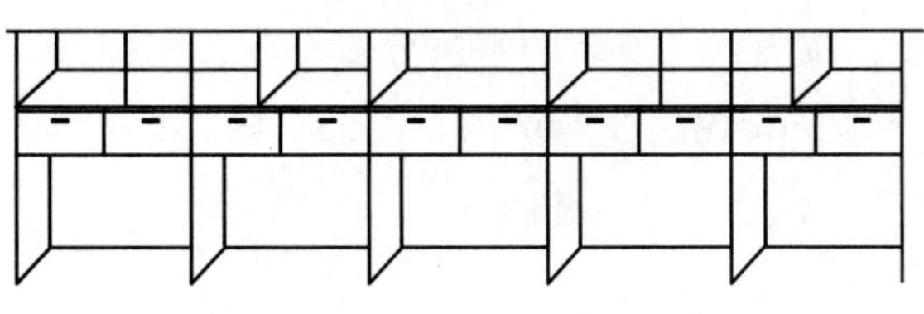

图 7—12 服务台

二、压条、装饰线

按使用材料不同分为：金属装饰线、木质装饰线、石材装饰线、石膏装饰线、镜面玻璃线、铝塑装饰线、塑料装饰线。

三、扶手、栏杆、栏板装饰

按使用材料不同分为金属扶手、栏杆、栏板，硬木扶手、栏杆、栏板，塑料扶手、栏杆、栏板，GRC栏杆、扶手，玻璃栏板等。

四、暖气罩

按使用材料不同分为饰面板暖气罩、塑料板暖气罩、金属暖气罩。

五、浴厕配件

国家标准《房屋建筑与装饰工程工程量计算规范》（GB 50854—2013）设置的项目有洗漱台、晒衣架、帘子杆、浴缸拉手、毛巾杆（架）、毛巾环、卫生纸盒、肥皂盒、镜面玻璃、镜箱等。

六、雨篷、旗杆

国家标准《房屋建筑与装饰工程工程量计算规范》（GB 50854—2013）设置的项目有雨篷吊挂饰面、玻璃雨篷、金属旗杆。

七、招牌、灯箱

广告牌分为平面、箱（竖）式两类。平面广告牌以一般和复杂分别设置子目：一般是指正立面平整无凹凸面，复杂是指正立面有凹凸面造型的。箱（竖）式广告牌是指具有多面体的广告牌。

八、美术字

美术字不分字体，按成品安装考虑。按材质分有泡沫塑料、有机玻璃、木质、金属、吸塑。

可根据各地方的具体情况，再分类。《广东省建筑与装饰工程综合定额 2010》还有两种分类：按美术字安装的基层分石材面、陶瓷面、玻璃面、其他面；按字的最大外围矩形面积分 0.1 m^2内、0.2 m^2内、0.5 m^2内、1.0 m^2内、1.0 m^2外。

第二节 其他装饰工程的清单计量与计价

一、清单项目的划分与说明

1. 清单项目的划分

根据《建设工程工程量清单计价规范》其他装饰工程分为8个分部工程：柜类、货架（编码011501），压条、装饰线（编码：011502），扶手、栏杆、栏板装饰（编码：011503），暖气罩（编码：011504），浴厕配件（编码：011505），雨篷、旗杆（编码：011506），招牌、灯箱（编码：011507），美术字（编码：011508）。

2. 清单项目的说明

（1）柜类、货架、涂刷配件、雨篷、旗杆、招牌、灯箱、美术字等单件项目，工作内容中包括了“刷油漆”，主要考虑整体性。不得单独将油漆分离，单独油漆清单项目；本章其他项目，工作内容中没有包括“刷油漆”可单独按油漆工程相应项目编码列项。

（2）清单项目的设置详见表7—1～表7—8。

二、清单的计算规则与应用

1. 适用范围

国家标准《房屋建筑与装饰工程工程量计算规范》（GB 50854—2013）中其他装饰工程（8个分部工程）适用于装饰物件的制作、安装工程。

2. 清单计算规则

详见工程量清单列表（见表7—1～表7—8）的工程量计算规则。

3. 注意问题及清单项目设置

（1）柜类、货架（见表7—1）

表7—1　　柜类、货架清单项目设置

项目编码	项目名称	项目特征	计量单位	工程量计算规则	工程内容
011501001	柜台	1. 台柜规格 2. 材料种类、规格 3. 五金种类、规格 4. 防护材料种类 5. 油漆品种、刷漆遍数	1. 个 2. m 3. m^3	1. 以个计量，按设计图示数量计算 2. 以米计量，按设计图示尺寸以延长米计算 3. 以立方米计量，按设计图示尺寸以体积计算	1. 台柜制作、运输、安装（安放） 2. 刷防护材料、油漆 3. 五金件安装
011501002	酒柜				
011501003	衣柜				
011501004	存包柜				
011501005	鞋柜				
011501006	书柜				

续表

项目编码	项目名称	项目特征	计量单位	工程量计算规则	工程内容
011501007	厨房壁柜	1. 台柜规格 2. 材料种类、规格 3. 五金种类、规格 4. 防护材料种类 5. 油漆品种、刷漆遍数	1. 个 2. m 3. m^3	1. 以个计量，按设计图示数量计算 2. 以米计量，按设计图示尺寸以延长米计算 3. 以立方米计量，按设计图示尺寸以体积计算	1. 台柜制作、运输、安装（安放） 2. 刷防护材料、油漆 3. 五金件安装
011501008	木壁柜				
011501009	厨房低柜				
011501010	厨房吊柜				
011501011	矮柜				
011501012	吧台背柜				
011501013	酒吧吊柜				
011501014	酒吧台				
011501015	展台				
011501016	收银台				
011501017	试衣间				
011501018	货架				
011501019	书架				
011501020	服务台				

1）清单工程量计算规则见表7—1。注意地方性定额工程量的计算规则有不同，如有不同，清单工程量、定额工程量分别计算。（如《广东省建筑与装饰工程综合定额2010》）

①高、中、低柜工程量，均按设计图示尺寸以柜正面投影面积计算。

②台（梳妆台、服务台、收银台、柜台）工程量，按设计图示尺寸以台面中心线长度计算。

③试衣间工程量，按设计图示数量以个计算。

2）柜的规格以能分离的成品单体长、宽、高来表示，如：一个组合书柜分上、下两部分，下部为独立的矮柜，上部为敞开式的书柜，可以上、下两部分标注尺寸。

3）套价时，要注意当地定额的说明。如《广东省建筑与装饰工程综合定额2010》：若设计的家具与定额书后面的附图是一致，不用调整材料含量，否则要按实抽料作调整，相应的人工也要作相应的调整，机械则不变。

知识链接　　厨房壁柜和厨房吊柜的区别

嵌入墙内为壁柜，以支架固定在墙上的为吊柜。

（2）压条、装饰线（见表7—2）

表7—2　压条、装饰线清单项目设置

<table>
<tr><th>项目编码</th><th>项目名称</th><th>项目特征</th><th>计量单位</th><th>工程量计算规则</th><th>工程内容</th></tr>
<tr><td>011502001</td><td>金属装饰线</td><td rowspan="7">1. 基层类型
2. 线条材料品种、规格、颜色
3. 防护材料种类</td><td rowspan="8">m</td><td rowspan="8">按设计图示尺寸以长度计算</td><td rowspan="7">1. 线条制作、安装
2. 刷防护材料</td></tr>
<tr><td>011502002</td><td>木质装饰线</td></tr>
<tr><td>011502003</td><td>石材装饰线</td></tr>
<tr><td>011502004</td><td>石膏装饰线</td></tr>
<tr><td>011502005</td><td>镜面玻璃线</td></tr>
<tr><td>011502006</td><td>铝塑装饰线</td></tr>
<tr><td>011502007</td><td>塑料装饰线</td></tr>
<tr><td>011502008</td><td>GRC装饰线</td><td>1. 基层类型
2. 线条规格
3. 线条安装部位
4. 填充材料种类</td><td>线条制作安装</td></tr>
</table>

1）压条、装饰线项目已包括在门扇、墙柱面、天棚等项目内的，不再单独列清单项目。

2）压条及装饰线（干挂石饰线除外），均按宽度150 mm以内考虑。干挂石装饰，按宽度300 mm以内考虑，宽度300 mm以上的不作饰线考虑。

知识链接　石材装饰套价，如何划分装饰线、压条，零星项目，墙面

石材线条宽度150 mm以内（干挂的300 mm以内）套用细部装饰的“装饰线、压条”子目计算；线条宽度500 mm以内的，套零星项目计算；线条宽度500 mm以外的，套墙面相应子目计算。

（3）扶手、栏杆、栏板装饰（见表7—3）

表7—3　块料面层清单项目设置

<table>
<tr><th>项目编码</th><th>项目名称</th><th>项目特征</th><th>计量单位</th><th>工程量计算规则</th><th>工程内容</th></tr>
<tr><td>011503001</td><td>金属扶手、栏杆、栏板</td><td rowspan="3">1. 扶手材料种类、规格
2. 栏杆材料种类、规格
3. 栏板材料种类、规格、颜色
4. 固定配件种类
5. 防护材料种类</td><td rowspan="3">m</td><td rowspan="3">按设计图示尺寸以扶手中心线长度（包括弯头长度）计算。</td><td rowspan="3">1. 制作
2. 运输
3. 安装
4. 刷防护材料</td></tr>
<tr><td>011503002</td><td>硬木扶手、栏杆、栏板</td></tr>
<tr><td>011503003</td><td>塑料扶手、栏杆、栏板</td></tr>
</table>

续表

项目编码	项目名称	项目特征	计量单位	工程量计算规则	工程内容
011503004	GRC栏杆、扶手	1. 栏杆的规格 2. 安装间距 3. 扶手类型规格 4. 填充材料种类	m	按设计图示尺寸以扶手中心线长度（包括弯头长度）计算。	1. 制作 2. 运输 3. 安装 4. 刷防护材料
011503005	金属靠墙扶手	1. 扶手材料种类、规格 2. 固定配件种类 3. 防护材料种类			
011503006	硬木靠墙扶手				
011503007	塑料靠墙扶手				
011503008	玻璃栏板	1. 栏杆玻璃的种类、规格、颜色 2. 固定方式 3. 固定配件种类			

根据清单项目的划分，可将扶手分为带栏杆、栏板的扶手和单独的扶手两类清单项目，见表7—3。

注意：凡栏杆、栏板含扶手的项目，不得单独将扶手进行编码列项。

（4）暖气罩（见表7—4）

表7—4　　暖气罩清单项目设置

项目编码	项目名称	项目特征	计量单位	工程量计算规则	工程内容
011504001	饰面板暖气罩	1. 暖气罩材质 2. 防护材料种类	m^2	按设计图示尺寸以垂直投影面积（不展开）计算	1. 暖气罩制作、运输、安装 2. 刷防护材料
011504002	塑料板暖气罩				
011504003	金属暖气罩				

（5）浴厕配件（见表 7—5）

表 7—5　　浴厕配件清单项目设置

项目编码	项目名称	项目特征	计量单位	工程量计算规则	工程内容
011505001	洗漱台	1. 材料品种、规格、颜色 2. 支架、配件品种、规格	1. m^2 2. 个	1. 按设计图示尺寸以台面外接矩形面积计算。不扣除孔洞、挖弯、削角所占面积，挡板、吊沿板面积并入台面面积内 2. 按设计图示数量计算	1. 台面及支架制作、运输、安装 2. 杆、环、盒、配件安装 3. 刷油漆
011505002	晒衣架		个	按设计图示数量计算	
011505003	帘子杆				
011505004	浴缸拉手				
011505005	卫生间扶手				
011505006	毛巾杆（架）		套		
011505007	毛巾环		副		
011505008	卫生纸盒		个		
011505009	肥皂盒				
011505010	镜面玻璃	1. 镜面玻璃品种、规格 2. 框材质、断面尺寸 3. 基层材料种类 4. 防护材料种类	m^2	按设计图示尺寸以边框外围面积计算	1. 基层安装 2. 玻璃及框制作、运输、安装
011505011	镜箱	1. 箱体材质、规格 2. 玻璃品种、规格 3. 基层材料种类 4. 防护材料种类 5. 油漆品种、刷漆遍数	个	按设计图示数量计算	1. 基层安装 2. 箱体制作、运输、安装 3. 玻璃安装 4. 刷防护材料、油漆

1）洗漱台项目适用于石质（天然石材、人造石材等）、玻璃等。

2）洗漱台如按成品考虑，开孔、磨边、开槽项目已包括在内的，不再单独列清单项目。

3）套价时，注意当地定额包括的工作内容，如《广东省建筑与装饰工程综合定额2010》中，“石材磨边”的子目已经考虑了磨边、抛光的施工工艺。如只磨边不抛光，按有关子目乘以系数0.50。

4）镜面玻璃的基层材料是指玻璃背后的衬垫材料，如：胶合板、砖墙、陶瓷石材等。

（6）雨篷、旗杆（见表7—6）

表7—6　　雨篷、旗杆清单项目设置

项目编码	项目名称	项目特征	计量单位	工程量计算规则	工程内容
011506001	雨篷吊挂饰面	1. 基层类型 2. 龙骨材料种类、规格、中距 3. 面层材料品种、规格 4. 吊顶（天棚）材料、品种、规格 5. 嵌缝材料种类 6. 防护材料种类	m^2	按设计图示尺寸以水平投影面积计算	1. 底层抹灰 2. 龙骨基层安装 3. 面层安装 4. 刷防护材料、油漆
011506002	金属旗杆	1. 旗杆材料、种类、规格 2. 旗杆高度 3. 基础材料种类 4. 基座材料种类 5. 基座面层材料、种类、规格	根	按设计图示数量计算	1. 土石挖、填、运 2. 基础混凝土浇筑 3. 旗杆制作、安装 4. 旗杆台座制作、饰面
011506003	玻璃雨篷	1. 玻璃雨篷固定方式 2. 龙骨材料种类、规格、中距 3. 玻璃材料品种、规格 4. 嵌缝材料种类 5. 防护材料种类	m^2	按设计图示尺寸以水平投影面积计算	1. 龙骨基层安装 2. 面层安装 3. 刷防护材料油漆

1）旗杆的砌砖或混凝土台座，台座的饰面可按相关附录的章节另行编码列项，也可纳入旗杆价内。

2）旗杆高度指旗杆台座上表面至杆顶的尺寸（包括球珠）。

（7）招牌、灯箱（见表 7—7）

表 7—7　招牌、灯箱清单项目设置

项目编码	项目名称	项目特征	计量单位	工程量计算规则	工程内容
011507001	平面、箱式招牌	1. 箱体规格 2. 基层材料种类 3. 面层材料种类 4. 防护材料种类	m^2	按设计图示尺寸以正立面边框外围面积计算。复杂形的凸凹造型部分不增加面积	1. 基层安装 2. 箱体及支架制作、运输、安装 3. 面层制作、安装 4. 刷防护材料、油漆
011507002	竖式标箱		个	按设计图示数量计算	
011507003	灯箱				
011507004	信报箱	1. 箱体规格 2. 基层材料种类 3. 面层材料种类 4. 防护材料种类 5. 户数			

清单工程量计算规则见表 7—7。报价时，注意套定额工程量的计算规则有不同：

1）基层

①柱面、墙面灯箱基层，按设计图示尺寸以展开面积计算。

②一般平面广告牌基层，按设计图示尺寸以正立面边框外围面积计算。复杂平面广告牌基层，按设计图示尺寸以展开面积计算。

③箱（竖）式广告牌基层，按设计图示尺寸以结构外围体积计算。

2）面层。广告牌面层，按设计图示尺寸以展开面积计算。喷绘、突出面层的灯饰、店徽及其他艺术装饰另计。

3）在实际施工中使用的材料品种、规格与定额取定不同时，可以换算，其他不变。

（8）美术字（见表 7—8）

表 7—8　美术字清单项目设置

项目编码	项目名称	项目特征	计量单位	工程量计算规则	工程内容
011508001	泡沫塑料字	1. 基层类型 2. 镌字材料品种、颜色 3. 字体规格 4. 固定方式 5. 油漆品种、刷漆遍数	个	按设计图示数量计算	1. 字制作、运输、安装 2. 刷油漆
011508002	有机玻璃字				
011508003	木质字				
011508004	金属字				
011508005	吸塑字				

1）美术字的基层类型是指美术字依托的材料，如石材面、陶瓷面、玻璃面、其他面。

2）美术字的字体规格以字的外接矩形长、宽和字的厚度表示。

3）固定方式指粘贴、焊接以及铁钉、螺栓、铆钉固定等方式。

【例题 7—1】 如图 7—13 所示，书柜 10 个，设计要求：柜的内、外饰面采用防火板，层板、上下封板采用 15 mm 胶合板，柜门内结构骨架采用 9 mm 胶合板，部分结构面板采用 5 mm 胶合板，带玻璃门。列项并求清单工程量、定额工程量。

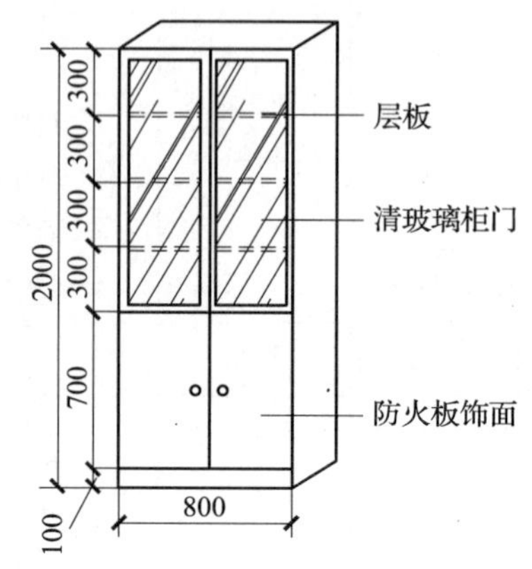

图 7—13　书柜

【解析】 根据国家标准《房屋建筑与装饰工程工程量计算规范》(GB 50854—2013) 可知，该题需使用“011501006 书柜”这项清单。根据表 7—1 的计算规则计算清单工程量，并注意定额工程量的计算规则：按设计图示尺寸以柜正面投影面积计算。见图 7—13 与 2010 定额 A15—18 书柜 2（高柜）是一致，不用调整材料含量。具体计算过程如下：

（1）011501006001 书柜清单工程量＝10 个

（注：编码一至九位为统一编码，十至十二位为具体的清单项目名称顺序码）

（2）书柜定额工程量＝0.8×2×10＝16 m^2

【例题 7—2】 如图 7—14 所示为某工程卫生间的大样图。现场制作洗手台，安装 6 mm 厚的镜面玻璃，人工、机械、材料单价按《综合定额》取定，利润按人工费的 18% 计算，管理费按一类地区收取。针对其他装饰工程的项目试求：1. 编制工程量清单。2. 按工程量清单计价法计算分部分项工程造价。

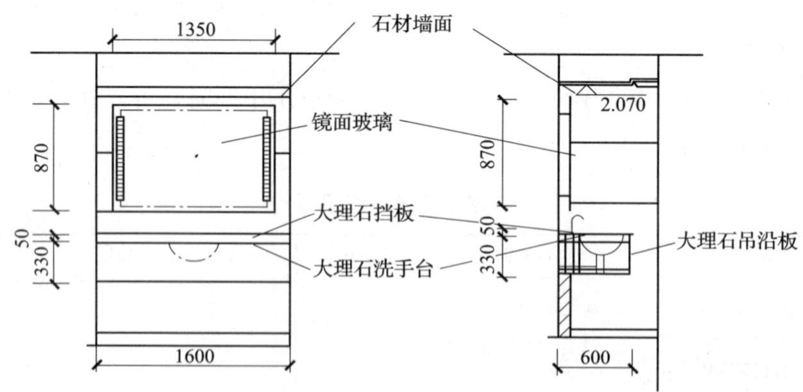

图 7—14　卫生间大样图

【解析】 如图 7—14 所示，本图的其他装饰工程项目包括：洗漱台、镜面玻璃。根据国家标准《房屋建筑与装饰工程工程量计算规范》（GB 50854—2013）可知，清单工程量的计算规则：洗漱台按设计图示尺寸以台面外接矩形面积计算。不扣除孔洞、挖弯、削角所占面积，挡板、吊沿板面积并入台面面积内。镜面玻璃按设计图示尺寸以边框外围面积计算。（注：本题清单工程量与定额工程量的计算规则一样）

1. 计算工程量

洗漱台：（0.05+0.6+0.33）×1.6≈1.57 m²

镜面玻璃：1.35×0.87≈1.18 m²

2. 编制工程量清单并报价。

（1）根据《计算规范》要求，结合本例条件，编制工程量清单见表7—9。

表7—9　　分部分项工程和单价措施项目清单与计价表

工程名称：例题7—2其他装饰工程　　第1页　共1页

序号	项目编码	项目名称	项目特征	计量单位	工程数量	金额（元）	
						综合单价	合价
		0115 其他装饰工程					
1	011505001001	洗漱台	1. 材料品种、规格、颜色：25 mm厚、600 mm×1 600 mm、黑色磨光大理石 2. 支架、配件品种、规格：40 mm×3 mm角钢托架	m²	1.57	421.96	662.48
2	011505010001	镜面玻璃	镜面玻璃品种、规格：5 mm厚、1 350 mm×870 mm、成品镜	m²	1.18	282.12	332.90
		分部小计					995.38

（2）报价。根据《计算规范》要求，结合本例条件，参照《广东省建筑与装饰工程综合定额2010》，对照清单中的项目特征描述进行报价。综合单价分析表见表7—10、表7—11。

表7—10　　综合单价分析表（一）

工程名称：例题7—2其他装饰工程　　第1页　共3页

项目编码	011505001001	项目名称	洗漱台	计量单位	m²	工程量	1.57				
综合单价分析											
定额编号	定额项目名称	定额单位	数量	单价（元）				合价（元）			
				人工费	材料费	机械费	管理费和利润	人工费	材料费	机械费	管理费和利润
A20－1	洗漱台（洗手台）石板材	100 m²	0.01	6 640.71	31 605.21	1 055.12	2 278.13	66.41	316.05	10.55	22.78

续表

定额编号	定额项目名称	定额单位	数量	单价（元）				合价（元）			
				人工费	材料费	机械费	管理费和利润	人工费	材料费	机械费	管理费和利润
8001651	水泥砂浆 1∶2.5	m^3	0.026	15.3	206.37	9.71	2.75	0.4	5.44	0.26	0.07
人工单价		小计						66.81	321.49	10.81	22.85
综合工日 51 元/工日		未计价材料费									
清单项目综合单价								421.96			

材料费明细	主要材料名称、规格、型号	单位	数量	单价（元）	合价（元）	暂估单价（元）	暂估合价（元）
	酚醛红丹防锈漆	kg	0.088 5	18	1.59		
	石板材成品	m^2	1.05	200	210.00		
	钢板网 0.8	m^2	1.073 9	11.93	12.81		
	低碳钢焊条（综合）	kg	0.567 9	4.9	2.78		
	膨胀螺栓 M8×80	10 个	0.784 5	2.88	2.26		
	角钢（综合）	kg	21.071 9	4.11	86.61		
	其他材料费			—	5.44	—	
	材料费小计			—	321.49	—	

表 7—11　　综合单价分析表（二）

工程名称：例题 7—2 其他装饰工程　　第 2 页　共 3 页

项目编码	011505010001	项目名称	镜面玻璃	计量单位	m^2	工程量	1.18				
综合单价分析											
定额编号	定额名称	定额单位	数量	单价（元）				合价（元）			
				人工费	材料费	机械费	管理费和利润	人工费	材料费	机械费	管理费和利润
A14—98	卫生间镜面玻璃陶瓷石材面	100 m^2	0.01	619.65	27 381.99		209.88	6.20	273.82		2.10
人工单价		小计						6.20	273.82		2.10
综合工日 51 元/工日		未计价材料费									
综合单价								282.12			

续表

	主要材料名称、规格、型号	单位	数量	单价（元）	合价（元）	暂估单价（元）	暂估合价（元）
材料费明细	其他材料费	元	1.203 8	1.00	1.20		
	玻璃胶	L	0.193 9	36.46	7.07		
	玻璃镜 6	m^2	1.18	78.00	92.04		
	铝合金收口条 150×3	m	6.809	25.20	171.59		
	双面强力弹性胶带 b18	m	5.053	0.30	1.52		
	合金钢钻头	个	0.06	6.76	0.41		
	材料费小计			—	273.82	—	

【题目小结】 例题 7—2 的人工、机械、材料单价按《综合定额》取定，在实际报价中，需按有关文件（如招标文件、合同）的要求调整市场价。例如表 7—11 中的“玻璃镜 6”的市场价为 90 元/m^2，则镜面玻璃综合价的调整为表 7—12。

表 7—12　　　　综合单价分析表（三）

工程名称：例题 7—2 其他装饰工程（调玻璃价差）　　　　第 3 页　共 3 页

项目编码	011505010001	项目名称		镜面玻璃		计量单位		m^2	工程量		1.18
综合单价分析											
定额编号	定额名称	定额单位	数量	单价（元）				合价（元）			
				人工费	材料费	机械费	管理费和利润	人工费	材料费	机械费	管理费和利润
A14—98	卫生间镜面玻璃陶瓷石材面	100 m^2	0.01	619.65	28 798.00		210.34	6.20	287.98		2.10
人工单价		小计						6.20	287.98		2.10
综合工日 51 元/工日		未计价材料费									
综合单价								296.28			
材料费明细	主要材料名称、规格、型号					单位	数量	单价（元）	合价（元）	暂估单价（元）	暂估合价（元）
	其他材料费					元	1.203 8	1.00	1.20		
	玻璃胶					L	0.193 9	36.46	7.07		
	玻璃镜 6					m^2	1.18	90.00	106.20		
	铝合金收口条 150×3					m	6.809	25.20	171.59		
	双面强力弹性胶带 b18					m	5.053	0.30	1.52		
	合金钢钻头					个	0.06	6.76	0.41		
	材料费小计							—	287.98	—	

【例题 7—3】 计算图 7—15 中楼梯的铁栏杆、硬木扶手及弯头工程量。

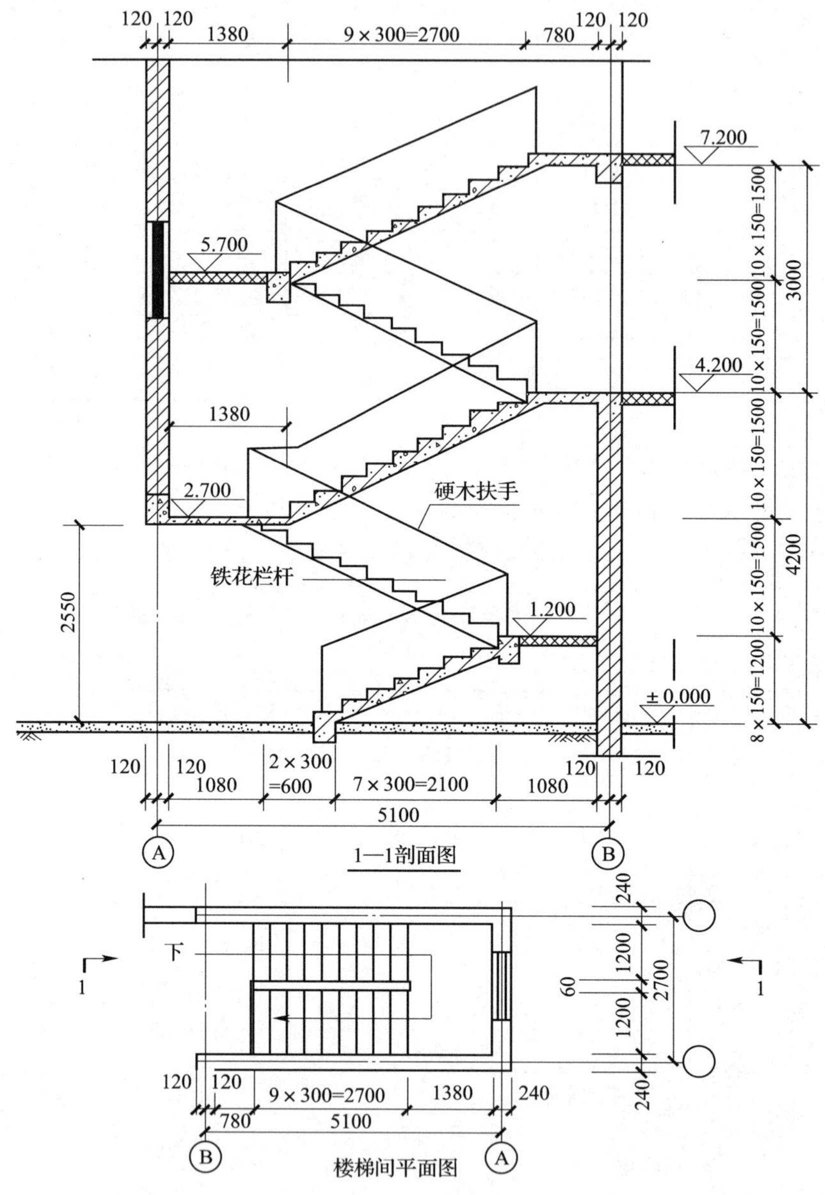

图 7—15 楼梯间详图

【解析】

楼梯栏杆（扶手）长＝各跑楼梯水平长×斜长系数＋水平长

弯头数量＝栏杆实际转弯的数量。

梯踏步斜长系数$=\dfrac{\sqrt{0.3^2+0.15^2}}{0.3}\approx 1.118$

铁花栏杆长＝

[2.1+（2.1+0.6）+0.3×9+0.3×10+0.3×10]×1.118+0.6+[1.2+0.06+(0.06×4)]

≈17.19 m

硬木扶手长=17.19 m，硬木弯头=1×5=5 个

思考与练习

某公司前台装修如图 7—16 所示，石材墙面上安装有机玻璃美术字、公司标志，0.1 m^2内的字 20 个，0.2 m^2内的公司标志 1 个。服务台材料消耗量按定额取定，台面中心长度为 2 m。成品美术字单价按 30 元/个（不包安装），公司标志单价按 100 元/个（不包安装），其他人工、机械、材料单价按《综合定额》取定，利润按人工费的 18%计算，管理费按一类地区收取。针对其他装饰工程的项目试求：

(1) 用工程量清单计价法列项，求清单工程量并编制分部分项工程量清单；

(2) 参阅最新定额，填写综合单价分析表。

图 7—16 某公司前台效果图

第八章　拆除工程

学习目标

◆了解拆除工程包括的项目

◆掌握拆除工程的清单项目设置、工程量计算规则

◆掌握运用当地定额进行计价的方法

第一节　拆除工程概述

国家标准《房屋建筑与装饰工程工程量计算规范》（GB 50854—2013）新增加了拆除工程项目。拆除工程是指对已经建成或部分建成的建筑物进行拆除的工程。《房屋建筑与装饰工程工程量计算规范》的拆除工程只适用于房屋工程的维修、加固、二次装修前的拆除（见图 8—1），不适用于房屋的整体拆除（见图 8—2）。

图 8—1　装修前砖砌体拆除

图 8—2　房屋的整体拆除

拆除工程潜在危险大，施工前应制定拆除工程施工组织方案或安全专项施工方案，落实各项安全技术措施。

室内装修前，常见的拆除工程有：砖砌体拆除，混凝土及钢筋混凝土构件拆除，木构件拆除，抹灰层拆除，块料面层拆除，龙骨及饰面拆除，铲除油漆涂料裱糊面，栏杆栏板、轻质隔断隔墙拆除，门窗拆除，金属构件拆除，管道及卫生洁具拆除，灯具、玻璃拆除，其他构件拆除等。

第二节　拆除工程的清单计量与计价

一、清单项目的划分与说明

1. 清单项目的划分

划分为 15 个分部 37 个分项。分别为砖砌体拆除，混凝土及钢筋混凝土构件拆除，木构件拆除，抹灰层拆除，块料面层拆除，龙骨及饰面拆除，屋面拆除，铲除油漆涂料裱糊面，栏杆栏板、轻质隔断隔墙拆除，门窗拆除，金属构件拆除，管道及卫生洁具拆除，灯具、玻璃拆除，其他构件拆除，开孔（打洞）。

2. 清单项目的说明

清单项目设置详见表8—1～表8—15。

表8—1　砖砌体拆除工程清单项目设置

项目编码	项目名称	项目特征	计量单位	工程量计算规则	工程内容
011601001	砖砌体拆除	1. 砌体名称 2. 砌体材质 3. 拆除高度 4. 拆除砌体的截面尺寸 5. 砌体表面的附着物种类	1. m^3 2. m	1. 以立方米计量，按拆除的体积计算 2. 以米计量，按拆除的延长米计算	1. 拆除 2. 控制扬尘 3. 清理 4. 建渣场内、外运输

注：1. 砌体名称指墙、柱、水池等。

2. 砌体表面的附着物种类指抹灰层、块料层、龙骨及装饰面层等。

3. 以米计量，如砖地沟、砖明沟等必须描述拆除部位的截面尺寸；以立方米计量，截面尺寸则不必描述。

表8—2　混凝土及钢筋混凝土构件拆除工程清单项目设置

项目编码	项目名称	项目特征	计量单位	工程量计算规则	工程内容
011602001	混凝土构件拆除	1. 构件名称 2. 拆除构件的厚度或规格尺寸 3. 构件表面的附着物种类	1. m^3 2. m^2 3. m	1. 以立方米计量，按拆除构件的混凝土体积计算 2. 以平方米计量，按拆除部位的面积计算 3. 以米计量，按拆除部位的延长米计算	1. 拆除 2. 控制扬尘 3. 清理 4. 建渣场内、外运输
011602002	钢筋混凝土构件拆除				

注：1. 以立方米作为计量单位时，可不描述构件的规格尺寸；以平方米作为计量单位时，则应描述构件的厚度；以米作为计量单位时，则必须描述构件的规格尺寸。

2. 构件表面的附着物种类指抹灰层、块料层、龙骨及装饰面层等。

表 8—3　　木构件拆除工程清单项目设置

项目编码	项目名称	项目特征	计量单位	工程量计算规则	工程内容
011603001	木构件拆除	1. 构件名称 2. 拆除构件的厚度或规格尺寸 3. 构件表面的附着物种类	1. m^3 2. m^2 3. m	1. 以立方米计量，按拆除构件的体积计算 2. 以平方米计量，按拆除面积计算 3. 以米计量，按拆除延长米计算	1. 拆除 2. 控制扬尘 3. 清理 4. 建渣场内、外运输

注：1. 拆除木构件应按木梁、木柱、木楼梯、木屋架、承重木楼板等分别在构件名称中描述。
2. 以立方米作为计量单位时，可不描述构件的规格尺寸；以平方米作为计量单位时，则应描述构件的厚度；以米作为计量单位时，则必须描述构件的规格尺寸。
3. 构件表面的附着物种类指抹灰层、块料层、龙骨及装饰面层等。

表 8—4　　抹灰层拆除工程清单项目设置

项目编码	项目名称	项目特征	计量单位	工程量计算规则	工程内容
011604001	平面抹灰层拆除	1. 拆除部位 2. 抹灰层种类	m^2	按拆除部位的面积计算	1. 拆除 2. 控制扬尘 3. 清理 4. 建渣场内、外运输
011604002	立面抹灰层拆除				
011604003	天棚面抹灰层拆除				

注：1. 单独拆除抹灰层应按本表中的项目编码列项。
2. 抹灰层种类可描述为一般抹灰或装饰抹灰。

表 8—5　　块料面层拆除工程清单项目设置

项目编码	项目名称	项目特征	计量单位	工程量计算规则	工程内容
011605001	平面块料拆除	1. 拆除的基层类型 2. 饰面材料种类	m^2	按拆除面积计算	1. 拆除 2. 控制扬尘 3. 清理 4. 建渣场内、外运输
011605002	立面块料拆除				

注：1. 如仅拆除块料层，拆除的基层类型不用描述。
2. 拆除的基层类型的描述指砂浆层、防水层、干挂或挂贴所采用的钢骨架层等。

表 8—6　龙骨及饰面拆除工程清单项目设置

项目编码	项目名称	项目特征	计量单位	工程量计算规则	工程内容
011606001	楼地面龙骨及饰面拆除	1. 拆除的基层类型 2. 龙骨及饰面种类	m^2	按拆除面积计算	1. 拆除 2. 控制扬尘 3. 清理 4. 建渣场内、外运输
011606002	墙柱面龙骨及饰面拆除				
011606003	天棚面龙骨及饰面拆除				

注：1. 基层类型的描述指砂浆层、防水层等。
2. 如仅拆除龙骨及饰面，拆除的基层类型不用描述。
3. 如只拆除饰面，不用描述龙骨材料种类。

表 8—7　屋面拆除工程清单项目设置

项目编码	项目名称	项目特征	计量单位	工程量计算规则	工程内容
011607001	刚性层拆除	刚性层厚度	m^2	按铲除部位的面积计算	1. 铲除 2. 控制扬尘 3. 清理 4. 建渣场内、外运输
011607002	防水层拆除	防水层种类			

表 8—8　铲除油漆涂料裱糊面清单项目设置

项目编码	项目名称	项目特征	计量单位	工程量计算规则	工程内容
011608001	铲除油漆面	1. 铲除部位名称 2. 铲除部位的截面尺寸	1. m^2 2. m	1. 以平方米计量，按铲除部位的面积计算 2. 以米计量，按铲除部位的延长米计算	1. 铲除 2. 控制扬尘 3. 清理 4. 建渣场内、外运输
011608002	铲除涂料面				
011608003	铲除裱糊面				

注：1. 单独铲除油漆涂料裱糊面的工程按本表中的项目编码列项。
2. 铲除部位名称的描述指墙面、柱面、天棚、门窗等。
3. 按米计量，必须描述铲除部位的截面尺寸；以平方米计量时，则不用描述铲除部位的截面尺寸。

表 8—9　　栏杆栏板、轻质隔断隔墙拆除工程清单项目设置

项目编码	项目名称	项目特征	计量单位	工程量计算规则	工程内容
011609001	栏杆、栏板拆除	1. 栏杆（板）的高度 2. 栏杆、栏板种类	1. m^2 2. m	1. 以平方米计量，按拆除部位的面积计算 3. 以米计量，按拆除的延长米计算	1. 拆除 2. 控制扬尘 3. 清理 4. 建渣场内、外运输
011609002	隔断隔墙拆除	1. 拆除隔墙的骨架种类 2. 拆除隔墙的饰面种类	m^2	按拆除部位的面积计算	

注：以平方米计量，不用描述栏杆（板）的高度。

表 8—10　　门窗拆除工程清单项目设置

项目编码	项目名称	项目特征	计量单位	工程量计算规则	工程内容
011610001	木门窗拆除	1. 室内高度 2. 门窗洞口尺寸	1. m^2 2. 樘	1. 以平方米计量，按拆除面积计算 3. 以樘计量，按拆除樘数计算	1. 拆除 2. 控制扬尘 3. 清理 4. 建渣场内、外运输
011610002	金属门拆除				

注：门窗拆除以平方米计量，不用描述门窗的洞口尺寸。室内高度指室内楼地面至门窗的上边框。

表 8—11　　金属构件拆除工程清单项目设置

项目编码	项目名称	项目特征	计量单位	工程量计算规则	工程内容
011611001	钢梁拆除	1. 构件名称 2. 拆除构件的规格尺寸	1. t 2. m	1. 以吨计量，按拆除构件的质量计算 2. 以米计量，按拆除延长米计算	1. 拆除 2. 控制扬尘 3. 清理 4. 建渣场内、外运输
011611002	钢柱拆除				
011611003	钢网架拆除		t	按拆除构件的质量计算	
011611004	钢支撑、钢墙架拆除		1. t 2. m	1. 以吨计量，按拆除构件的质量计算 2. 以米计量，按拆除延长米计算	
011611005	其他金属构件拆除				

表 8—12 管道及卫生洁具拆除工程清单项目设置

项目编码	项目名称	项目特征	计量单位	工程量计算规则	工程内容
011612001	管道拆除	1. 管道种类、材质 2. 管道上的附着物种类	m	按拆除管道的延长米计算	1. 拆除 2. 控制扬尘 3. 清理 4. 建渣场内、外运输
011612002	卫生洁具拆除	卫生洁具种类	1. 套 2. 个	按拆除的数量计算	

表 8—13 灯具、玻璃拆除工程清单项目设置

项目编码	项目名称	项目特征	计量单位	工程量计算规则	工程内容
011613001	灯具拆除	1. 拆除灯具高度 2. 灯具种类	套	按拆除的数量计算	1. 拆除 2. 控制扬尘 3. 清理 4. 建渣场内、外运输
011613002	玻璃拆除	1. 玻璃厚度 2. 拆除部位	m^2	按拆除的面积计算	

注：拆除部位的描述指门窗玻璃、隔断玻璃、墙玻璃、家具玻璃等。

表 8—14 其他构件拆除工程清单项目设置

项目编码	项目名称	项目特征	计量单位	工程量计算规则	工程内容
011614001	暖气罩拆除	暖气罩材质	1. 个 2. m	1. 以个为单位计量，按拆除个数计算 2. 以米为单位计量，按拆除延长米计算	1. 拆除 2. 控制扬尘 3. 清理 4. 建渣场内、外运输
011614002	柜体拆除	1. 柜体材质 2. 柜体尺寸：长、宽、高			
011614003	窗台板拆除	窗台板平面尺寸	1. 块 2. m	1. 以块为单位计量，按拆除数量计算 2. 以米为单位计量，按拆除延长米计算	
011614004	筒子板拆除	筒子板的平面尺寸			
011614005	窗帘盒拆除	窗帘盒的平面尺寸	m	按拆除的延长米计算	
011614006	窗帘轨拆除	窗帘轨的材质			

注：双轨窗帘轨拆除按双轨长度分别计算工程量。

表 8—15　　开孔（打洞）清单项目设置

项目编码	项目名称	项目特征	计量单位	工程量计算规则	工程内容
011615001	开孔（打洞）	1. 部位 2. 打洞部位材质 3. 洞尺寸	个	按数量计算	1. 拆除 2. 控制扬尘 3. 清理 4. 建渣场内、外运输

注：1. 部位可描述为墙面或楼板。
2. 打洞部位材质可描述为页岩砖或空心砖或钢筋混凝土等。

二、清单的计算规则与应用

1. 适用范围

适用于房屋建筑装饰工程的维修、加固、二次装修前的拆除，不适用于房屋的整体拆除。

2. 清单计算规则

详见工程量清单列表（见表 8—1～表 8—15）的工程量计算规则。

3. 注意问题及清单项目设置

（1）对于只拆面层的项目，在项目特征中，不必描述基层（或龙骨）类型（或种类）；对于基层（或龙骨）和面层同时拆除的项目，在项目特征中，必须描述（基层或龙骨）类型（或种类）。

（2）拆除项目工作内容中含“建渣场内、外运输”，因此，组成综合单价，应含建渣场内、外运输。

（3）套价时，注意当地定额的计算规则，如《广东省建筑与装饰工程综合定额 2010》：

①木楼梯拆除工程量，按水平投影面积计算。

②扶手、栏杆拆除工程量，按设计图示尺寸以长度计算。

③钢筋混凝土拆除工程量，按设计图示尺寸以体积计算。

④混凝土垫层拆除工程量，按设计图示尺寸以体积计算。

⑤灶基、水围基拆除工程量，按设计图示尺寸以长度计算。

⑥防盗网拆除按设计图示尺寸以面积计算。

⑦旧木地板上机械磨光工程量，按设计图示尺寸以面积计算。

⑧拆除废料外运工程量，按不同运距以实际体积计算。

⑨拆除废料外运按人工装散体物料、专用运输车运输考虑。定额未考虑拆除废料的残值。

【例题 8—1】 如图 8—3 所示为某住宅的平面图。现要拆除②～③＊B～C 轴客房里墙面和天棚的抹灰，准备局部翻新。墙面高按 3 m 计算，墙面原有抹灰是 15 mm 水泥石灰砂浆底，5 mm 水泥砂浆面；天棚原有抹灰是 10 mm 水泥石灰砂浆底，3 mm 纸筋灰面。人工、机械、材料单价按 2010 年《综合定额》取定，利润按人工费的 18%计算，管理费按一类地区收取。针对拆除工程的项目试求：1. 编制工程量清单。2. 按工程量清单计价法计算该项工程造价。(拆除废料外运按 15 km 考虑。)

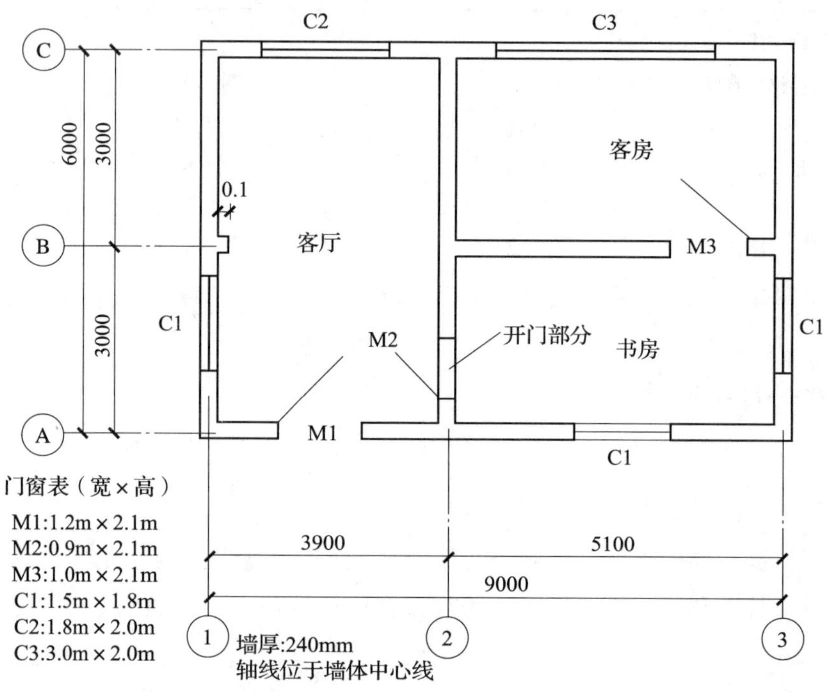

图 8—3 某住宅平面图

【解析】

1. 计算工程量

墙面抹灰拆除：[(5.1－0.24)＋(3－0.24)]×2×3－1×2.1－3×2＝37.62 m^2

墙面抹灰拆除废料运输：37.62×0.02≈0.75 m^3

天棚抹灰拆除：(5.1－0.24)×(3－0.24)≈13.41 m^2

天棚抹灰拆除废料运输：13.41×0.013≈0.17 m^3

2. 编制工程量清单并报价。

(1) 根据《计算规范》要求，结合本例条件，编制工程量清单如表 8—16 所示。

表 8—16　　分部分项工程和单价措施项目清单与计价表

工程名称：例题 8—1 拆除工程　　第 1 页　共 1 页

序号	项目编码	项目名称	项目特征	计量单位	工程数量	金额（元）	
						综合单价	合价
		0116 拆除工程					
1	011604002001	立面抹灰层拆除	1. 拆除部位：墙面 2. 抹灰层种类：一般抹灰	m^2	37.62	3.38	127.16
2	011604003001	天棚面抹灰层拆除	1. 拆除部位：天棚 2. 抹灰层种类：一般抹灰	m^2	13.41	4.01	53.77
		分部小计					180.93

（2）报价。根据《计算规范》要求，结合本例条件，参照《广东省建筑与装饰工程综合定额 2010》，对照清单中的项目特征描述进行报价。综合单价分析表见表 8—17、表 8—18。

表 8—17　　综合单价分析表（一）

工程名称：例题 8—1 拆除工程　　第 1 页　共 2 页

项目编码		011604002001		项目名称		立面抹灰层拆除		计量单位		m^2	工程量	37.62
清单综合单价组成明细												
定额编号	定额项目名称	定额单位	数量	单价（元）				合价（元）				
				人工费	材料费	机械费	管理费和利润	人工费	材料费	机械费	管理费和利润	
A20—47	墙面抹灰铲除砖墙、混凝土墙面	100 m^2	0.01	178.55	0	0	57.26	1.79	0	0	0.57	
A20—84 换	拆除废料外运人工装自卸汽车运 3 km 内 实际运距（km）：15	10 m^3	0.002	67.52	0	370.74	73.76	0.13	0	0.74	0.15	
人工单价		小计						1.92	0	0.74	0.72	
综合工日 51 元/工日		未计价材料费						0				
清单项目综合单价								3.38				
材料费明细	主要材料名称、规格、型号				单位	数量		单价（元）	合价（元）	暂估单价（元）	暂估合价（元）	

表 8—18　　综合单价分析表（二）

工程名称：例题 8—1 拆除工程　　　　第 2 页　共 2 页

项目编码		011604003001		项目名称		天棚抹灰面拆除		计量单位	m²	工程量	13.41
清单综合单价组成明细											
定额编号	定额项目名称	定额单位	数量	单价（元）				合价（元）			
				人工费	材料费	机械费	管理费和利润	人工费	材料费	机械费	管理费和利润
A20—42	天棚抹灰铲除天棚抹灰面	100 m²	0.01	252.91	0	0	81.1	2.53	0	0	0.81
A20—84换	拆除废料外运人工装自卸汽车运 3 km 内实际运距（km）：15	10 m³	0.001	67.52	0	370.74	73.76	0.09	0	0.48	0.1
人工单价		小计						2.62	0	0.48	0.91
综合工日 51 元/工日		未计价材料费						0			
清单项目综合单价								4.01			
材料费明细	主要材料名称、规格、型号					单位	数量	单价（元）	合价（元）	暂估单价（元）	暂估合价（元）

思考与练习

如图 8—3 所示为某住宅的平面图。现要拆除 B＊②～③轴上的砖墙和门，准备重新装修。砖墙高按 3 m 计算。人工、机械、材料单价按《综合定额》取定，利润按人工费的 18%计算，管理费按一类地区收取。针对拆除工程的项目试求：1. 编制工程量清单。2. 按工程量清单计价法计算该项工程造价。（拆除废料外运按 15 km 考虑。）

第九章　措施项目计价

学习目标

◆掌握措施项目的内涵

◆掌握综合脚手架、单排脚手架、满堂脚手架、活动脚手架、项目成品保护、垂直运输的计量与计价规则

◆掌握运用当地定额进行计价的方法

措施项目是指为完成工程项目施工，发生于该工程施工准备和施工过程中的技术、生活、安全、环境保护等方面的项目。

根据 2013 建设工程量清单计价规范，措施项目分两类：

一是单价措施项目，对能计量的且以清单形式列出的项目，采用分部分项工程量清单的方式编制，列出项目编码、项目名称、项目特征、计量单位和工程量，填入分部分项工程和单价措施项目清单与计价表中。

二是总价措施项目，对不能计量的且以清单形式列出的项目，以“项”为计量单位，编制的工程量清单填入总价措施项目清单与计价表。

室内装饰工程的措施项目包括：脚手架工程、垂直运输工程、超高施工增加、安全文明施工措施项目。

脚手架工程、垂直运输工程、超高施工增加属于单价措施项目。安全文明施工措施项目属于总价措施项目。

第一节 脚手架工程

一、脚手架工程的种类与构造

脚手架指施工现场为工人操作、堆放和运送材料，并保证施工过程工人安全要求而设置的架设工具或操作平台。

单独装饰工程脚手架适用于单独承包建筑物装饰工作面高度在 1.2 m 以上的需重新搭设脚手架的工程。常见的有外脚手架、满堂脚手架、里脚手架、外装饰吊篮等项目。

常见的脚手架有以下几种：

（1）外墙综合脚手架是《广东省建筑与装饰工程综合定额 2010》里的名词，指沿建筑物外墙外围搭设的脚手架，它综合了外墙砌筑、勾缝、捣制外轴线柱及外墙的外部装饰等所用脚手架，包括脚手架、平桥、斜桥、平台、护栏、挡脚板、安全网等，高层脚手架（50.5 m 至 200.5 m）还包括托架和拉杆费用。（外墙综合脚手架见图 9—1）

（2）外装饰吊篮是通过特设的支撑点，利用吊索悬吊吊架或吊篮进行装修工程操作的一种脚手架。由吊架和吊篮、支撑设施、吊索及升降装置等组成。（外装饰吊篮见图 9—2）

图 9—1 外墙综合脚手架

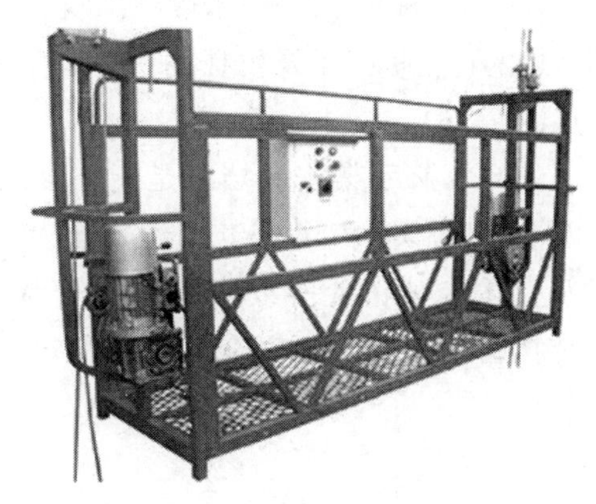

图 9—2 外装饰吊篮

(3) 门式架是一种简易的脚手架，可用于外墙装修、室内砌筑、装修等（门式架用于外墙见图 9—3a，门式架用于室内见图 9—3b）。当用于外墙时，选用"外脚手架"的清单项目；当用于室内时，按有关规定选用"里脚手架"或"满堂脚手架"的清单项目。

a）门式架用于外墙

b）门式架用于室内

图 9—3 门式架应用

(4) 满堂脚手架是指为完成满堂基础和室内天棚的安装、装修抹灰等施工而在整个工作范围内搭设的脚手架。（满堂脚手架见图 9—4 和图 9—5）

图 9—4 满堂脚手架（一）

图 9—5 满堂脚手架（二）

（5）活动脚手架是便于墙柱砌筑、捣制、装饰及天棚装饰的可搭拆架子及桥板的一种脚手架。（活动脚手架见图 9—6）

（6）靠脚手架安全挡板是指在多层或高层建筑施工及装饰装修时为了施工操作安全及行人交通安全，以及立体交叉作业等要求而需沿外墙脚手架搭设的安全挡板。靠脚手架安全挡板如图 9—7、图 9—8 所示。

图 9—6 活动脚手架

图 9—7 靠脚手架安全挡板（一）

图 9—8 靠脚手架安全挡板（二）

（7）独立安全挡板是指脚手架以外单独搭设的，用于车辆通道、人行通道、临街防护和施工现场与其他危险场所隔离等防护，分为水平防护挡板和垂直防护架。（独立安全挡板见图 9—9）

图 9—9 独立安全挡板

二、清单项目的划分与说明

1. 清单项目的划分

国家标准《房屋建筑与装饰工程工程量计算规范》(GB 50854—2013)，脚手架工程分为8个分项，分别为综合脚手架、外脚手架、里脚手架、悬空脚手架、挑脚手架、满堂脚手架、整体提升架、外装饰吊篮。

2. 清单项目的说明

清单项目设置详见表9—1。

三、清单的计算规则与应用

(1) 适用范围。

(2) 清单计算规则。详见工程量清单列表（见表9—1）的工程量计算规则。

表9—1 **脚手架工程清单项目设置**

<table>
<tr><th>项目编码</th><th>项目名称</th><th>项目特征</th><th>计量单位</th><th>工程量计算规则</th><th>工程内容</th></tr>
<tr><td>011701001</td><td>综合脚手架</td><td>1. 建筑结构形式
2. 檐口高度</td><td rowspan="4">m²</td><td>按建筑面积计算</td><td>1. 场内、场外材料搬运
2. 搭、拆脚手架、斜道、上料平台
3. 安全网的铺设
4. 选择附墙点与主体连接
5. 测试电动装置、安全锁等
6. 拆除脚手架后材料的堆放</td></tr>
<tr><td>011701002</td><td>外脚手架</td><td rowspan="2">1. 搭设方式
2. 搭设高度
3. 脚手架材质</td><td rowspan="2">按所服务对象的垂直投影面积计算</td><td rowspan="5">1. 场内、场外材料搬运
2. 搭、拆脚手架、斜道、上料平台
3. 安全网的铺设
4. 拆除脚手架后材料的堆放</td></tr>
<tr><td>011701003</td><td>里脚手架</td></tr>
<tr><td>011701004</td><td>悬空脚手架</td><td rowspan="2">1. 搭设方式
2. 悬挑宽度
3. 脚手架材质</td><td>按搭设的水平投影面积计算</td></tr>
<tr><td>011701005</td><td>挑脚手架</td><td>m</td><td>按搭设长度乘以搭设层数以延长米计算</td></tr>
<tr><td>011701006</td><td>满堂脚手架</td><td>1. 搭设方式
2. 搭设高度
3. 脚手架材质</td><td>m²</td><td>按搭设的水平投影面积计算</td></tr>
</table>

续表

项目编码	项目名称	项目特征	计量单位	工程量计算规则	工程内容
011701007	整体提升架	1. 搭设方式及启动装置 2. 搭设高度	m^2	按所服务对象的垂直投影面积计算	1. 场内、场外材料搬运 2. 选择附墙点与主体连接 3. 搭、拆脚手架、斜道、上料平台 4. 安全网的铺设 5. 测试电动装置、安全锁等 6. 拆除脚手架后材料的堆放
011701008	外装饰吊篮	1. 升降方式及启动装置 2. 搭设高度及吊篮型号			1. 场内、场外材料搬运 2. 吊篮的安装 3. 测试电动装置、安全锁、平衡控制器等 4. 吊篮的拆卸

注：1. 使用综合脚手架时，不再使用外脚手架、里脚手架等单项脚手架；综合脚手架适用于能够按“建筑面积计算规则”计算建筑面积的建筑工程脚手架，不适用于房屋加层、构筑物及附属工程脚手架。

2. 同一建筑物有不同檐高时，按建筑物竖向切面分别按不同檐高编列清单项目。

3. 整体提升架已包括 2 m 高的防护架体设施。

4. 脚手架材质可以不描述，但应注明由投标人根据工程实际情况按照国家现行标准《建筑施工扣件式钢管脚手架安全技术规范》(JGJ 130—2011)、《建筑施工附着升降脚手架管理暂行规定》(建建〔2000〕230 号）等规范自行确定。

四、定额计量与计价

国家标准《房屋建筑与装饰工程工程量计算规范》（GB 50854—2013），与 2008 清单规范对比，改动较大。套价时，要注意当地定额与清单计价的衔接。以下是《广东省建筑与装饰工程综合定额 2010》脚手架工程的计量与计价：

1. 定额划分与说明

（1）定额以钢管脚手架考虑。

（2）外走廊、阳台的外墙、走廊柱及独立柱的砌筑、捣制、装饰和外墙内面装饰的脚手架，高度在 3.6 m 以内的按活动脚手架子目执行，高度超过 3.6 m 的按单排脚手架子目执行。

（3）宽度在 1.5 m 以上的雨篷（顶层雨篷除外）檐口装饰，如没有计算综合脚手架的，按单排脚手架计算。

（4）脚手架防火费用，另按各市有关规定计算。

（5）靠脚手架安全挡板套算高度，如搭设一层，按综合脚手架高度步距计算；搭设两层及以上时，按综合脚手架高度套低一级步距计算。

（6）独立安全水平挡板和垂直挡板，是指脚手架以外单独搭设的，用于车辆通道、人行通道、临街防护和施工现场与其他危险场所隔离等防护。

（7）定额满堂脚手架子目适用于搭设高度 10 m 以内；搭设高度超过 10 m 时，按照审定的施工方案确定。

2. 定额计算规则与应用

（1）外墙综合脚手架工程量，按外墙外边线的凹凸（包括凸出阳台）总长度乘以设计外地坪至外墙装饰面高度以面积计算；不扣除门、窗、洞口及穿过建筑物的通道的空洞面积。屋面上的楼梯间、水池、电梯机房等脚手架，并入主体工程量内计算。

（2）外墙综合脚手架的步距和计算高度，按以下情形分别确定：

1）有山墙的建筑物，以山尖二分之一高度计算，山墙高度的步距以檐口高度为准。

2）上层外墙或裙楼上有缩入的塔楼者，工程量分别计算。裙楼的高度和步距应按设计外地坪至外墙装饰面的高度计算；缩入的塔楼从缩入面计至外墙装饰面高度计算，但套用定额步距的高度应从设计外地坪计至外墙装饰面高度。

（3）外墙为幕墙时，幕墙部分按幕墙外围面积计算综合脚手架。

（4）多层建筑物，上层飘出的，按最长一层的外墙长度计算综合脚手架；下层有缩入的，缩入部分按围护面垂直投影面积，套相应高度单排脚手架计算。

（5）单独制作突出墙面的广告牌的脚手架，按凸出墙面周长乘以室外地坪至广告牌顶的高度以面积计算，套外地坪至广告牌顶高度的相应步距的综合脚手架。

（6）屋面的广告牌，按其水平投影长度乘以屋面至广告牌顶的高度以面积计算，套外地坪至广告牌顶高度的相应步距的综合脚手架。

（7）外墙电动吊篮，按外墙装饰面尺寸以垂直投影面积计算。

（8）外墙内面装饰和内墙砌筑、装饰脚手架，按实际搭设长度乘以高度以面积计算。

（9）独立柱捣制及装饰脚手架，按柱周长＋3.6 m 乘以高度以面积计算，高度在 3.6 m 以内时，套活动脚手架；高度超过 3.6 m 时，套单排脚手架。

（10）围墙脚手架，按外地坪至围墙顶高度乘以围墙长度以面积计算，套用活动脚手架。围墙双面抹灰时，增加一面活动脚手架。

（11）天棚装饰脚手架，楼层高度在3.6 m以内时按天棚面积计算，套活动脚手架；超过3.6 m时按室内净面积计算，套满堂脚手架，当高度在3.6 m至5.2 m时，按满堂脚手架基本层计算，超过5.2 m，每增加1.2 m按增加一层计算，不足0.6 m的不计。计算式如下：

满堂脚手架增加层＝（楼层高度－5.2 m）/1.2 m

（12）天棚面单独刷（喷）灰水时，楼层高度在5.2 m以下者，不计算脚手架；高度在5.2～10 m者，按满堂脚手架基本层的50％计算。

（13）靠脚手架安全挡板，每层按实际搭设中心线长度乘以宽度2m以面积计算。

（14）独立安全挡板：水平挡板，按水平投影面积计算；垂直挡板，按外地坪至最上一层横杆之间的搭设高度乘以实际搭设长度以面积计算。

（15）围尼龙编织布，按实际搭设面积计算。

（16）单独挂尼龙安全网，按实际搭设面积计算。

知识链接

在实际使用中，应注意2013清单计算规范的综合脚手架与当地定额的综合脚手架是否有区别。

2013清单计算规范的综合脚手架：综合脚手架适用于能够按“建筑面积计算规则”计算建筑面积的建筑工程脚手架，是针对整个房屋建筑的土建和装饰装修部分。使用综合脚手架时，不再使用外脚手架、里脚手架等单项脚手架。单独装饰工程脚手架不再出现清单“综合脚手架”。常见的单独装饰工程脚手架清单项目有外脚手架、满堂脚手架、外装饰吊篮等单项脚手架。

而例如《广东省建筑与装饰工程综合定额2010》外墙综合脚手架是指沿建筑物外墙外围搭设的脚手架，是外脚手架的一种。工程量按外墙外边线的凹凸（包括凸出阳台）总长度乘以设计外地坪至外墙装饰面高度以面积计算。

如用《广东省建筑与装饰工程综合定额2010》组价时，广东省暂不执行表9—1的有关规定，按照当地发布的文件（粤建造发［2013］4号）执行。

五、计价实例

【例题9—1】 如图9—10所示，砖墙240 mm厚（尺寸标注在墙中），天台面楼梯出口尺寸为1.5 m×1.5 m。试按单独装饰工程计算该建筑物外墙装饰用脚手架及天棚装饰用满堂脚手架、里脚手架的工程量（各脚手架均用钢管脚手架），并进行脚手架措施项目费的报价。（《广东省建筑与装饰工程综合定额2010》，层高在3.6 m以下的单独装饰工程的内装修计算活动脚手架。）

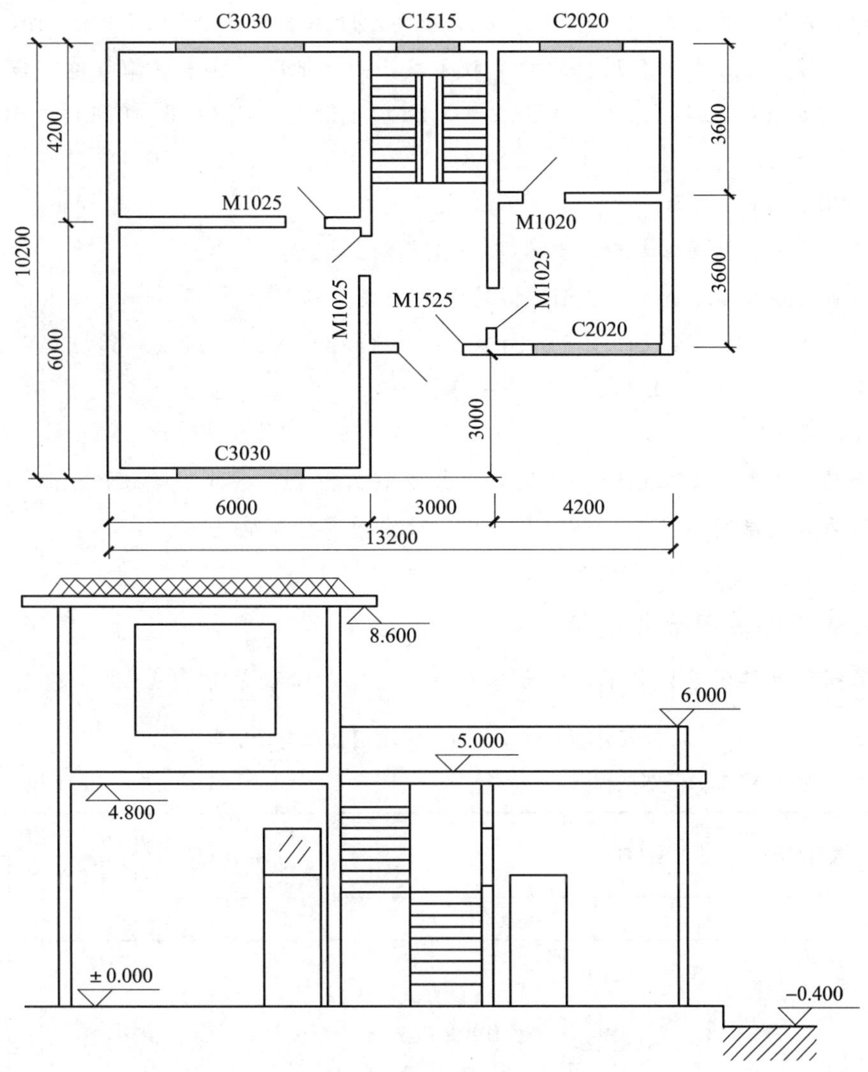

图 9—10　某建筑物示意图

【解析】

广东省暂不执行表 9—1 的有关规定，按照当地发布的文件（粤建造发［2013］4 号）、《广东省建筑与装饰工程综合定额 2010》执行。

外墙综合脚手架的计算规则：外墙外边线的凹凸（包括凸出阳台）总长度乘以设计外地坪至外墙装饰面高度以面积计算。

天棚装饰脚手架，楼层高度在 3.6 m 以内时按天棚面积计算，套活动脚手架；超过 3.6 m 时按室内净面积计算，套满堂脚手架。

1. 计算工程量

(1) 外墙综合脚手架的清单工程量＝外墙综合脚手架的定额工程量

如图 9—10 所示，结合定额的子目划分套价，该建筑物高跨的套价高度为 8.6＋0.4＝

9.0 m，套价按“12.5 m 以内”子目；而低跨的套价高度为 6.0+0.4=6.4 m，套价也按“12.5 m 以内”子目。由于套用相同的定额子目，高、低跨的脚手架工程量可合并计算。

$S_{外}$=［(6.0+0.24)×2+(10.2+0.24)+3.0］×(8.6+0.4)+(3.6×2−0.24)×(8.6−5.0)+［(3.0+4.2)×2+(3.6×2+0.24)］×(6.0+0.4)

=398.11 m^2

(2) 满堂脚手架清单工程量=满堂脚手架定额工程量

建筑物首层层高 5.0 m<5.2 m，按满堂脚手架基本层计算。

$S_{满}$=(6.0−0.24)×(10.2−0.24×2)+(4.2−0.24)×(3.6×2−0.24×2)+(3.0−0.24)×(3.6×2−0.24)−1.5×1.5

≈99.56 m^2

(3) 活动脚手架清单工程量=活动脚手架定额工程量　(注：见题目小结。)

建筑物第二层层高为 8.6−5.0=3.6 m，故需计算活动脚手架。

$S_{活}$=(6.0−0.24)×(10.2−0.24×2)=55.99 m^2

2. 编制工程量清单并报价

(1) 根据《计算规范》要求，结合本例条件，编制工程量清单见表 9—2。

表 9—2　　分部分项工程和单价措施项目清单与计价表

工程名称：例题 9—1 脚手架工程　　第 1 页　共 1 页

序号	项目编码	项目名称	项目特征	计量单位	工程数量	金额（元）	
						综合单价	合价
		0117 措施项目					
1	粤 011701008001	综合钢脚手架	1. 搭设方式：外墙装饰用脚手架 2. 搭设高度：12.5 m 以内 3. 脚手架材质：钢管脚手架	m^2	398.11	15.16	6 035.35
2	粤 011701012001	活动脚手架	1. 搭设方式：天棚装饰用脚手架，活动脚手架 2. 搭设高度：3.6 m 3. 脚手架材质：钢管脚手架	m^2	55.99	2.45	137.18

续表

序号	项目编码	项目名称	项目特征	计量单位	工程数量	金额（元）	
						综合单价	合价
3	粤 011701010001	满堂脚手架	1. 搭设方式：天棚装饰用脚手架，满堂脚手架 2. 搭设高度：5.0 m 3. 脚手架材质：钢管脚手架	m^2	99.56	7.37	733.76
		分部小计					6 906.29

(2) 报价。根据《计算规范》要求，结合本例条件，参照《广东省建筑与装饰工程综合定额 2010》，对照清单中的项目特征描述进行报价。综合单价分析表见表 9—3～表 9—5。

表 9—3　　综合单价分析表（一）

工程名称：例题 9—1 脚手架工程

项目编码		粤 011701008001		项目名称		综合钢脚手架		计量单位	m^2	工程量	399.11
清单综合单价组成明细											
定额编号	定额项目名称	定额单位	数量	单价（元）				合价（元）			
				人工费	材料费	机械费	管理费和利润	人工费	材料费	机械费	管理费和利润
A22—101	综合钢脚手架高度（m以内）12.5	100 m^2	0.01	563.55	634.45	112.04	205.62	5.64	6.34	1.12	2.06
人工单价		小计						5.64	6.34	1.12	2.06
综合工日 51 元/工日		未计价材料费						0			
清单项目综合单价								15.16			
材料费明细	主要材料名称、规格、型号					单位	数量	单价（元）	合价（元）	暂估单价（元）	暂估合价（元）
	松节油					kg	0.015 5	7	0.11		
	脚手架钢管底座					个	0.017 1	4.4	0.08		
	定型板 1 000 mm×500 mm×15 mm					件	0.085 5	7.3	0.62		
	松杂直边板					m^3	0.000 4	1 232.3	0.49		
	酚醛红丹防锈漆					kg	0.049 3	18	0.89		

续表

	主要材料名称、规格、型号	单位	数量	单价（元）	合价（元）	暂估单价（元）	暂估合价（元）
材料费明细	脚手架钢管 ϕ51×3.5	m	0.130 3	17.77	2.32		
	脚手架活动扣（含螺丝）	套	0.066 2	6.06	0.4		
	其他材料费	元	0.297	1	0.3		
	脚手架直角扣（含螺丝）	套	0.092 5	6.06	0.56		
	脚手架接驳管 ϕ43×350	支	0.022 1	5.71	0.13		
	尼龙安全网	m^2	0.083 8	2.05	0.17		
	镀锌膨胀螺栓 M8	10 个	0.002	16.8	0.03		
	镀锌低碳钢丝 ϕ0.7～1.2	kg	0.004 9	4.76	0.02		
	杉原木（综合）	m^3	0.000 3	757.12	0.23		
	材料费小计			—	6.34	—	0

表 9—4　　　　综合单价分析表（二）

工程名称：例题 9—1 脚手架工程

项目编码		粤 011701012001		项目名称		活动脚手架		计量单位	m^2	工程量	55.99
清单综合单价组成明细											
定额编号	定额项目名称	定额单位	数量	单价（元）				合价（元）			
				人工费	材料费	机械费	管理费和利润	人工费	材料费	机械费	管理费和利润
A22—129	天棚活动脚手架	100 m^2	0.01	183.6	0	0	61.36	1.84	0	0	0.61
人工单价		小计						1.84	0	0	0.61
综合工日 51 元/工日		未计价材料费						0			
清单项目综合单价								2.45			
材料费明细	主要材料名称、规格、型号					单位	数量	单价（元）	合价（元）	暂估单价（元）	暂估合价（元）

表 9—5 **综合单价分析表（三）**

工程名称：例题 9—1 脚手架工程

项目编码		粤 011701010001		项目名称		满堂脚手架		计量单位	m^2	工程量	99.56
清单综合单价组成明细											
定额编号	定额项目名称	定额单位	数量	单价（元）				合价（元）			
				人工费	材料费	机械费	管理费和利润	人工费	材料费	机械费	管理费和利润
A22－126	满堂脚手架（钢管）基本层（3.6～5.2 m）	100 m^2	0.01	350.88	247.36	18.67	120.14	3.51	2.47	0.19	1.2
人工单价		小计						3.51	2.47	0.19	1.2
综合工日 51 元/工日		未计价材料费						0			
清单项目综合单价								7.37			
材料费明细	主要材料名称、规格、型号				单位	数量		单价（元）	合价（元）	暂估单价（元）	暂估合价（元）
	松节油				kg	0.000 7		7.00	0.00		
	脚手架钢管底座				个	0.001 4		4.40	0.01		
	松杂直边板				m^3	0.000 6		1 232.30	0.74		
	酚醛红丹防锈漆				kg	0.006 1		18.00	0.11		
	脚手架钢管 ϕ51×3.5				m	0.070 4		17.77	1.25		
	脚手架活动扣（含螺丝）				套	0.003 2		6.06	0.02		
	脚手架直角扣（含螺丝）				套	0.010 2		6.06	0.06		
	脚手架接驳管 ϕ43×350				支	0.002		5.71	0.01		
	镀锌低碳钢丝 ϕ0.7～1.2				kg	0.011 3		4.76	0.05		
	松杂板枋材				m^3	0.000 1		1 313.50	0.13		
	圆钉 50～75 mm				kg	0.019 4		4.36	0.08		
	材料费小计							—	2.47	—	0

【题目小结】 注：本例题采用的按照当地发布的文件（粤建造发［2013］4号）执行。当地方性定额与2013计算规范不同时，要按当地有关文件执行，注意“定额子目”与“清单项目”的衔接。

第二节　垂直运输工程与超高施工增加

一、垂直运输清单的计量

垂直运输工程量清单项目设置、项目特征描述的内容、计量单位及工程量计算规则详见表9—6。

表9—6　　垂直运输工程量清单项目设置

项目编码	项目名称	项目特征	计量单位	工程量计算规则	工程内容
011703001	垂直运输	1. 建筑物建筑类型及结构形式 2. 地下室建筑面积 3. 建筑物檐口高度、层数	1. m^2 2. 天	1. 按建筑面积计算 2. 按施工工期日历天数计算	1. 垂直运输机械的固定装置、基础制作、安装 2. 行走式垂直运输机械轨道的铺设、拆除、摊销

注：1. 建筑物的檐口高度是指设计室外地坪至檐口滴水的高度（平屋顶系指屋面板底高度），突出主体建筑物屋顶的电梯机房、楼梯出口间、水箱间、瞭望塔、排烟机房等不计入檐口高度。

2. 垂直运输指施工工程在合理工期内所需垂直运输机械。

3. 同一建筑物有不同檐高时，按建筑物的不同檐高做纵向分割，分别计算建筑面积，以不同檐高分别编码列项。

二、超高施工增加计量

超高施工增加工程量清单项目设置、项目特征描述的内容、计量单位及工程量计算规则详见表9—7。

表 9—7　　起高施工增加工程量清单项目设置

项目编码	项目名称	项目特征	计量单位	工程量计算规则	工程内容
011704001	超高施工增加	1. 建筑物建筑类型及结构形式 2. 建筑物檐口高度、层数 3. 单层建筑物檐口高度超过 20 m，多层建筑物超过 6 层部分的建筑面积	m^2	按建筑物超高部分的建筑面积计算	1. 建筑物超高引起的人工工效降低及由于人工工效降低的机械降效 2. 高层施工用水加压水泵的安装、拆除及工作台班 3. 通信联络设备的使用及摊销

注：1. 单层建筑物檐口高度超过 20 m，多层建筑物超过 6 层时，可按超高部分的建筑面积计算超高施工增加。计算层数时，地下室不计入层数。

2. 同一建筑物有不同檐高时，按建筑物的不同高度的建筑面积分别计算建筑面积，以不同檐高分别编码列项。

第三节　安全文明施工及其他措施项目

“安全文明施工及其他措施项目”与其他措施项目的表现形式不同，没有项目特征，也没有“计量单位”和“工程量计算规则”，取而代之的是该措施项目的“工作内容及包含范围”，在使用时应充分分析其工作内容和包含范围，根据工程的实际情况进行科学、合理、完整的计量。未给出固定的计量单位，以便于根据工程特点灵活使用。编制的工程量清单填入总价措施项目清单与计价表。

一、安全文明施工及其他措施项目

安全文明施工及其他措施项目的清单设置见表 9—8。

表 9—8　　安全文明施工及其他措施项目清单设置

项目编码	项目名称	工程内容及包含范围
011707001	安全文明施工	1. 环境保护：现场施工机械设备降低噪声、防扰民措施；水泥和其他易飞扬细颗粒建筑材料应封闭存放或采取覆盖措施等；工程防扬尘洒水；土石方、建渣外运车辆防护措施等；现场污染源的控制、生活垃圾清理外运、场地排水排污措施；其他环境保护措施

续表

项目编码	项目名称	工程内容及包含范围
011707001	安全文明施工	2. 文明施工："五牌一图"；现场围挡的墙面美化（包括内外粉刷、刷白、标语等）、压顶装饰；现场厕所便槽刷白、贴面砖，水泥砂浆地面或地砖，建筑物内临时便溺设施；其他施工现场临时设施的装饰装修、美化措施；现场生活卫生设施；符合卫生要求的饮水设备、淋浴、消毒等设施；生活用洁净燃料；防煤气中毒、防蚊虫叮咬等措施；施工现场操作场地的硬化；现场绿化、治安综合治理；现场配备医药保健器材、物品和急救人员培训；现场工人的防暑降温、电风扇、空调等设备及用电；其他文明施工措施 3. 安全施工：安全资料、特殊作业专项方案的编制，安全施工标志的购置及安全宣传；"三宝"（安全帽、安全带、安全网）、"四口"（楼梯口、电梯井口、通道口、预留洞口）、"五临边"（阳台围边、楼板围边、屋面围边、槽坑围边、卸料平台两侧），水平防护架、垂直防护架、外架封闭等防护；施工安全用电，包括配电箱三级配电、两级保护装置要求、外电防护措施；起重机、塔吊等起重设备（含井架、门架）及外用电梯的安全防护措施（含警示标志）及卸料平台的临边防护、层间安全门、防护棚等设施；建筑工地起重机械的检验检测；施工机具防护棚及其围栏的安全保护设施；施工安全防护通道；工人的安全防护通道；工人的安全防护用品、用具购置；消防设施与消防器材的配置；电气保护、安全照明设施；其他安全防护措施 4. 临时设施：施工现场采用彩色、定型钢板，砖、混凝土砌块等围挡的安砌、维修、拆除；施工现场临时建筑物、构筑物的搭设、维修、拆除，如临时宿舍、办公室、食堂、厨房、厕所、诊疗所、临时文化福利用房、临时仓库、加工场、搅拌台、临时简易水塔、水池等；施工现场临时设施的搭设、维修、拆除，如临时供水管道、临时供电管线、小型临时设施等；施工现场规定范围内临时简易道路铺设，临时排水沟、排水设施安砌、维修、拆除；其他临时设施搭设、维修、拆除
011707002	夜间施工	1. 夜间固定照明灯具和临时可移动照明灯具的设置、拆除 2. 夜间施工时，施工现场交通标志、安全标牌、警示灯等的设置、移动、拆除 3. 包括夜间照明设备及照明用电、施工人员夜班补助、夜间施工劳动效率降低等
011707003	非夜间施工照明	为保证工程施工正常进行，在地下室等特殊施工部位施工时所采用的照明设备的安拆、维护及照明用电等
011707004	二次搬运	由于施工场地条件限制而发生的材料、成品、半成品等一次运输不能到达堆放地点，必须进行的二次或多次搬运
011707005	冬雨季施工	1. 冬雨（风）季施工时，增加的临时设施（防寒保温、防雨、防风设施）的搭设、拆除 2. 冬雨（风）季施工时，对砌体、混凝土等采用的特殊加温、保温和养护措施 3. 冬雨（风）季施工时，施工现场的防滑处理、对影响施工的雨雪的清除 4. 包括冬雨（风）季施工时增加的临时设施、施工人员的劳动保护用品、冬雨（风）季施工劳动效率降低等

续表

项目编码	项目名称	工程内容及包含范围
011707006	地上、地下设施、建筑物的临时保护设施	在工程施工过程中，对已建成的地上、地下设施和建筑物进行的遮盖、封闭、隔离等必要保护措施
011707007	已完工程及设备保护	对已完工程及设备采取的覆盖、包裹、封闭、隔离等必要保护措施

注：本表所列项目应根据工程实际情况计算措施项目费用，需分摊的应合理计算摊销费用。

二、 已完工程及设备保护的定额计量与计价

对于室内装饰工程，已完工程及设备保护是比较常见的，要遵循当地有关文件或定额的规定，如当地无相应规定可根据工程实际情况合理计量。现以《广东省建筑与装饰工程综合定额 2010》为例，介绍一下此项目的计量与计价：

1. 定额划分与说明

（1）包括楼地面、楼梯、栏杆、台阶、柱面、墙面等饰面面层的成品保护。

（2）定额编制是以成品保护所需的材料（如覆盖编制布、电梯内装置临时性胶合板等）考虑的。

2. 定额计算规则

（1）楼地面成品保护

1）楼地面成品保护工程量，按被保护面层以面积计算。

2）台阶成品保护工程量，按设计图示尺寸以水平投影面积计算。

（2）楼梯、栏杆成品保护

1）楼梯成品保护工程量，按设计图示尺寸以水平投影面积计算。

2）栏杆成品保护工程量，按设计图示尺寸以中心线长度计算。

（3）柱面、墙面、电梯内装饰保护

1）墙柱面护角工程量，按设计图示尺寸以中心线长度计算。

2）其他成品保护，按被保护面层以面积计算。

3）电梯内装饰保护工程量，按被保护面层以面积计算。

三、 计价实例

【例题 9—2】 如图 9—11 所示，单层混合结构仓库，天棚及墙面翻新，地面保持原装修。试计算楼地面用麻袋保护的工程量、综合单价。

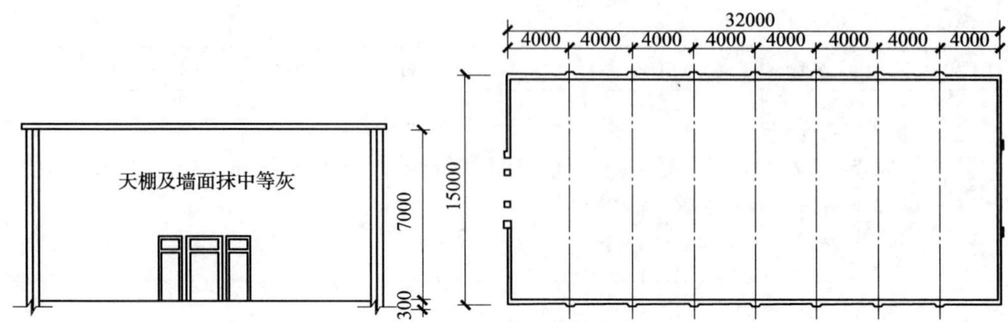

图 9—11 单层混合结构仓库的平面图和剖面图

【解析】

1. 计算工程量

$S=(32-0.24)\times(15-0.24)=468.78\ m^2$

2. 报价计算见表 9—9～表 9—10。人工、材料单价按《综合定额》取定。

表 9—9　　总价措施项目清单与计价表

工程名称：例题已完楼地面用麻袋保护　　标段：　　第 1 页　共 1 页

序号	项目编码	项目名称	计算基础	费率（%）	金额（元）	调整费率（%）	调整后金额（元）	备注
1	011707001001	安全文明施工（含环境保护、文明施工、安全施工、临时设施）	分部分项合计	3.18				以分部分项工程费为计算基础，费率 3.18%
2	011707002001	夜间施工		20				以夜间施工项目人工费的 20%计算
3	011707003001	非夜间施工照明						
4	011707004001	二次搬运						
5	011707005001	冬雨季施工						
6	011707006001	地上、地下设施、建筑物的临时保护设施						
7	011707007001	已完工程及设备保护			1 238.75			
合　计								

表 9—10　　措施项目清单综合单价分析表

工程名称：例题已完楼地面用麻袋保护　　　　第 1 页　共 1 页

项目编码		011707007001		项目名称		已完工程及设备保护	计量单位		项	工程量	1
清单综合单价组成明细											
定额编号	定额项目名称	定额单位	数量	单价（元）				合价（元）			
				人工费	材料费	机械费	管理费和利润	人工费	材料费	机械费	管理费和利润
A25—4	楼地面成品保护麻袋	100 m²	4.687 8	45.9	203.5	0	14.85	215.17	953.97	0	69.61
人工单价		小计						215.17	953.97	0	69.61
综合工日 51 元/工日		未计价材料费						0			
清单项目综合单价								1 238.75			
材料费明细	主要材料名称、规格、型号				单位	数量		单价（元）	合价（元）	暂估单价（元）	暂估合价（元）
	麻袋				个	484.25		1.97	953.97		
	材料费小计							—	953.97	—	0

【题目小结】 国家标准中，“安全文明施工及其他措施项目”与其他措施项目的表现形式不同，没有项目特征，也没有“计量单位”和“工程量计算规则”。结合例题实际情况，根据《广东省建筑与装饰工程综合定额 2010》套用定额子目“A25—4 楼地面成品保护麻袋”求出此分项的金额 1 238.75 元，直接将金额 1 238.75 元填入总价措施项目清单与计价表。

表 9—5 总价措施项目清单与计价表只计算本例题“已完楼地面用麻袋保护”的内容，其他项目不在本例题考虑。

思考与练习

现某办公楼首层和外墙重新装修，如图 9—12 所示。首层层高 4 m。试计算首层内装修脚手架、外墙装修综合脚手架的工程量和报价。

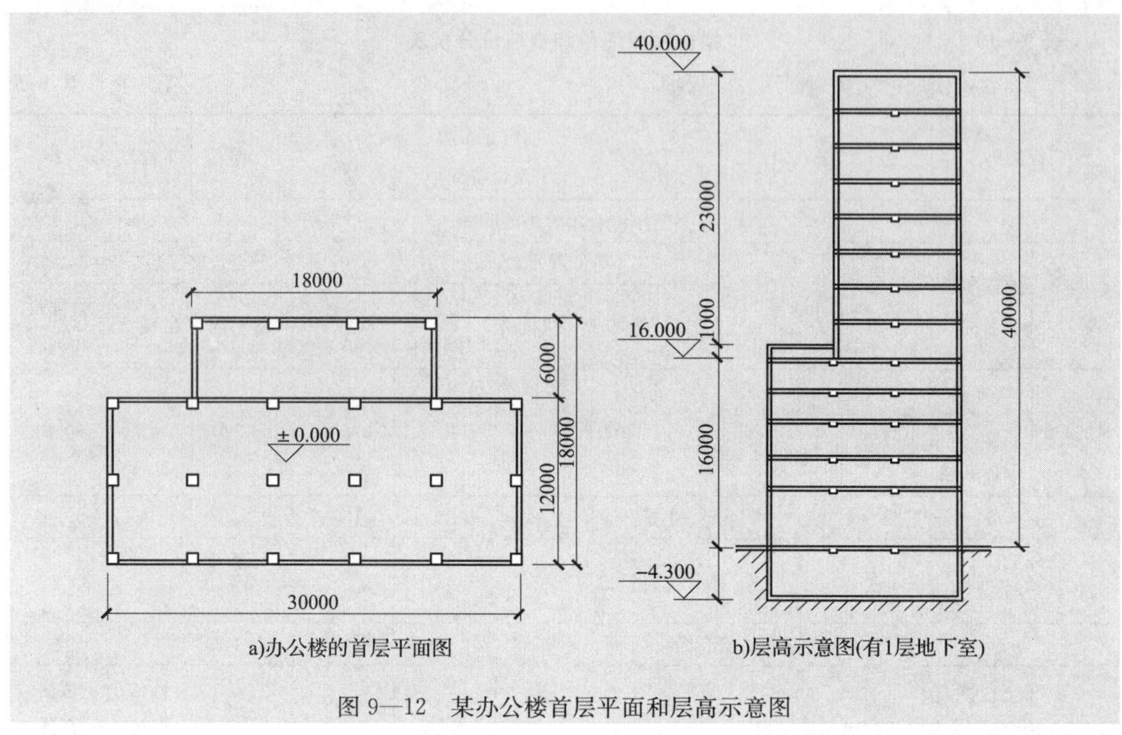

图 9—12　某办公楼首层平面和层高示意图

第十章　工程量清单计量与计价实例

学习目标

◆掌握运用工程量清单计算规则计算常用室内装饰清单项目的工程量的能力

◆掌握编制室内装饰工程的工程量清单的能力

◆掌握结合地区定额与企业实际进行工程量清单计价与报价的能力

采用工程量清单招投标，要求招投标双方根据编制依据，严格按照《建设工程工程量清单计价规范》（GB 50500—2013）和《房屋建筑与装饰工程工程量计算规范》（GB 50854—2013）的工程量清单标准格式填写，招标人在表格中详细、准确描述应该完成的工程内容；投标人根据清单表格中描述的工程内容，结合工程情况、市场竞争情况和本企业实力，充分考虑各种风险因素，自主填报清单，列出包括工程直接成本、间接成本、利润和税金等项目在内的综合单价与汇总价，并以所报综合单价作为竣工结算调整价的招标投标方式。它明确划分了招投标双方的工作，招标人计算量，投标人确定价，互不交叉、重复，不仅有利于业主控制造价，也有利于承包商自主报价。

实行“量价分离、风险分担”，指招标人（业主）只对工程内容及其计算的工程量负责，承担量的风险；投标人（施工单位）仅根据市场的供求关系自行确定人工、材料、机械价格和利润、管理费，只承担价的风险，要求投标报价不高于招标控制价。由于成本是价格的最低界限，投标人减少了投标报价的偶然性技术误差，就有足够的余地选择合理标价的下浮幅度，掌握一个合理的临界点，既使报价最低，又有一定的利润空间。

第一节　室内装饰工程工程量清单编制实例

一、编制依据

（1）设计文件。

1）建筑设计说明。

建筑设计说明

1. 设计依据：本工程的建设主管单位与我公司签订的装饰装修设计合同。

2. 装饰装修工程设计执行依据的主要规范、标准：（略）。

3. 工程概况

工程名称：小复式室内装饰工程装修设计。

建设单位：×××房地产开发有限公司。

建筑层数：1层（小复式），本单元位于第12层。

结构类型：框剪结构。

本工程为土建结构部分完成后的室内二次装修，不包括室外装饰。部分门窗（有标注）已经是安装好的成品，不用计算。

4. 室内装饰工程：见建筑构造做法表（见表10—1）。

5. 门窗工程：门窗的选型见门窗表（见表10—2）。

表 10—1　　　　建筑构造做法表

	名称	客厅、餐厅、厨房、储物间	卫生间	夹层小厅
楼地面	用料做法	1. 20 mm 厚 1∶2.5 水泥砂浆 2. 800 mm×800 mm 白色瓷质抛光砖	1. 20 mm 厚 1∶2.5 水泥砂浆 2. 300 mm×600 mm 白色防滑地砖	1. 20 mm 厚 1∶2.5 水泥砂浆 2. 800 mm×400 mm 白色瓷质抛光砖
	名称	主、次卧室		
	用料做法	1. 30 mm 厚 1∶2.5 水泥砂浆找平层 2. 防潮纸一层 3. 普通实木地板，铺在水泥地面上		
内墙面	名称	内墙面	首层梯级边	首层卫生间、夹层次卧室
	用料做法	1. 15 mm 厚 1∶2∶8 水泥石灰砂浆底，5 mm 厚 1∶2.5 水泥砂浆面 2. 刮腻子两道 3. 面扫白色乳胶漆两遍	1. 15 mm 厚 1∶2∶8 水泥石灰砂浆底，5 mm 厚 1∶2.5 水泥砂浆面 2. 刮腻子两道 3. 面扫亮光白色喷漆两遍	1. 木龙骨，断面 7.5 cm^2，平均中距 300 mm 以内 2. 9 mm 厚胶合板 3. 8 mm 厚茶色烤漆玻璃
	名称	首层厨房（靠餐厅）	首层厨房（靠客厅）	首层餐厅、夹层卫生间
	用料做法	1. 龙骨，断面 13 cm^2，平均中距 300 mm 以内 2. 9 mm 厚胶合板 3. 8 mm 厚茶色烤漆玻璃（双面）	8 mm 厚茶色烤漆玻璃（双面）	1. 9 mm 厚胶合板 2. 银镜
	名称	厨房、卫生间	首层卫生间	首层卫生间
	用料做法	1. 15 mm 厚 1∶1∶6 水泥石灰砂浆 2. 300 mm×450 mm 白瓷砖	1. 15 mm 厚 1∶1∶6 水泥石灰砂浆 2. 300 mm×300 mm 黑瓷砖	1. 15 mm 厚 1∶1∶6 水泥石灰砂浆 2. 300 mm×300 mm 工艺图案瓷砖
	名称	夹层卫生间		
	用料做法	1. 15 mm 厚 1∶1∶6 水泥石灰砂浆 2. 幻彩数字马赛克		

续表

天棚	名称	天棚（不吊顶）	卫生间	夹层小厅、主卧室
	用料做法	10 mm厚1∶1∶6水泥石灰砂浆底 1∶2.5水泥砂浆面	1. 装配式U形轻钢天棚龙骨（不上人型）面层规格450 mm×450 mm平面 2. 防水石膏板面层	1. 装配式U形轻钢天棚龙骨（上人型），面层规格450 mm×450 mm，平面 2. 9 mm厚胶合板
	名称	厨房	客厅、餐厅	
	用料做法	1. 装配式U形轻钢天棚龙骨（上人型），面层规格450 mm×450 mm，跌级 2. 9 mm厚胶合板	1. 装配式U形轻钢天棚龙骨（上人型），面层规格450 mm×450 mm，平面 2. 9 mm厚胶合板	
楼梯及其他	名称	梯面	木质踢脚线	水泥砂浆踢脚线（楼梯边）
	用料做法	1. 20 mm厚1∶2.5水泥砂浆 2. 踏面：白色人造水晶石 踢面：6 mm厚银镜玻璃	1. 20 mm厚1∶1∶6水泥石灰砂浆 2. 15 mm厚印尼白木踢脚线 3. 底油、刮腻子、漆片二遍、聚氨酯清漆二遍、亚光面漆二遍	20 mm厚1∶1∶6水泥石灰砂浆

表10—2 **门窗表**

序号	编号	名称	洞口尺寸		洞口面积	数量	位置	参考价格
			宽（m）	高（m）	（m^2）	（樘）		（元/m^2）
1	M1		2.4	2.2	5.28	1	原有客厅大门	
2	M2		1	2.4	2.4	1	原有客厅后门	
3	M3	印尼白木面油亮光白色喷漆成品门	0.7	2.4	1.68	1	储物间门	500
4	M4	烤漆玻璃门	0.75	2.4	1.8	1	首层厨房门	350
5	M5	外侧烤漆玻璃贴面，内侧印尼白木成品门	0.8	2.4	1.92	1	首层卫生间门	750
6	M6	实木装饰门单面贴银镜	0.8	2.25	1.8	1	夹层卫生间门	700
7	M7	印尼白木面油亚光喷漆成品门	0.9	2.4	2.16	1	主卧室门	500
8	M8	外侧烤漆玻璃贴面，内侧印尼白木成品门	0.9	2.4	2.16	1	次卧室门	750
9	C1		1	1.5	1.5	2	原有窗	
10	C2		0.6	1.5	0.9	2	原有窗	
11	C3		1.8	2.4	4.32	1	原有窗	

2）相关图样。

详见附图1～附图45和大样图DY—通—01～04、大样图DY—通—06、大样图DY—通—09、大样图DY—通—10。

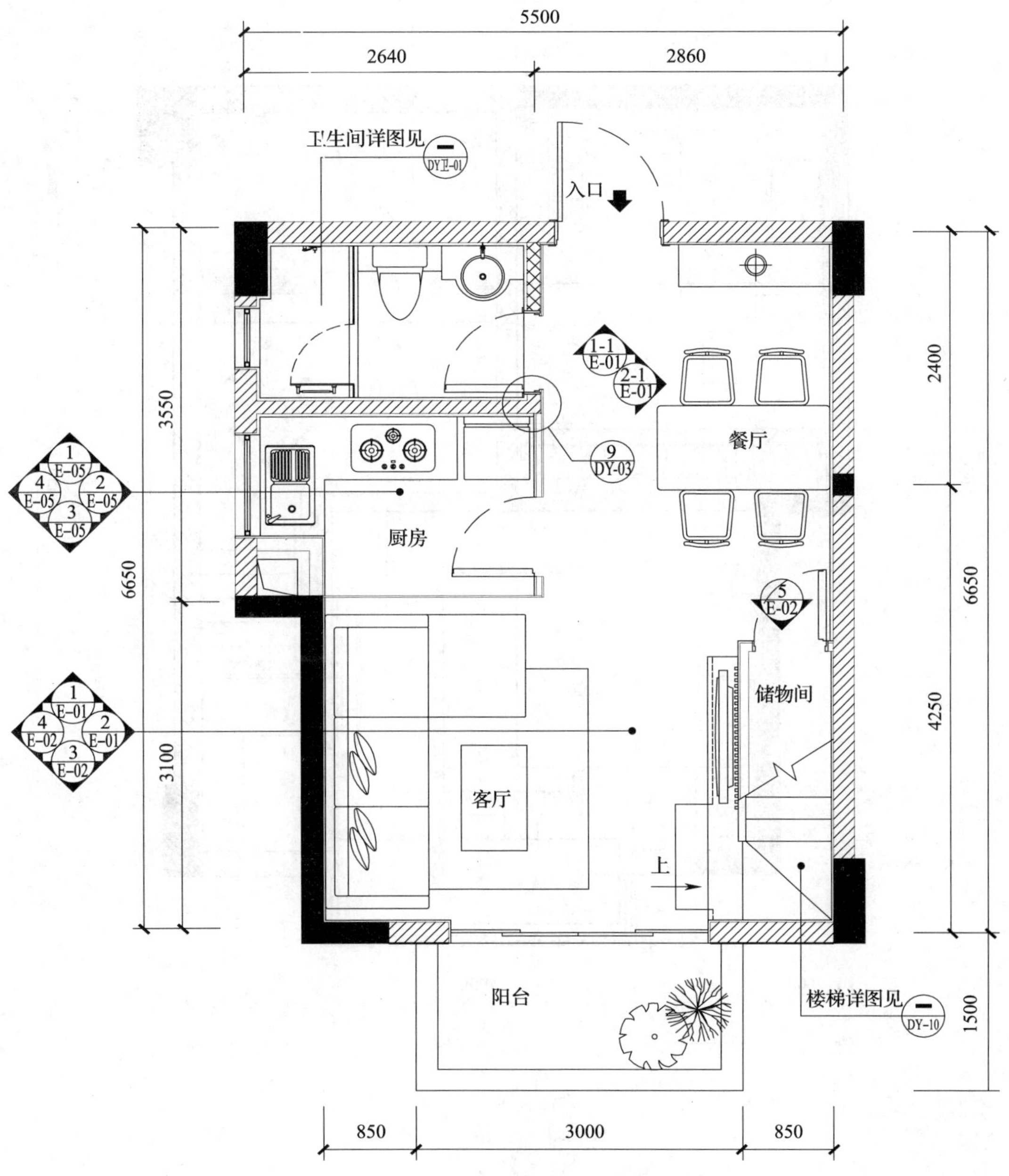

附图1　首层平面布置及立面索引图

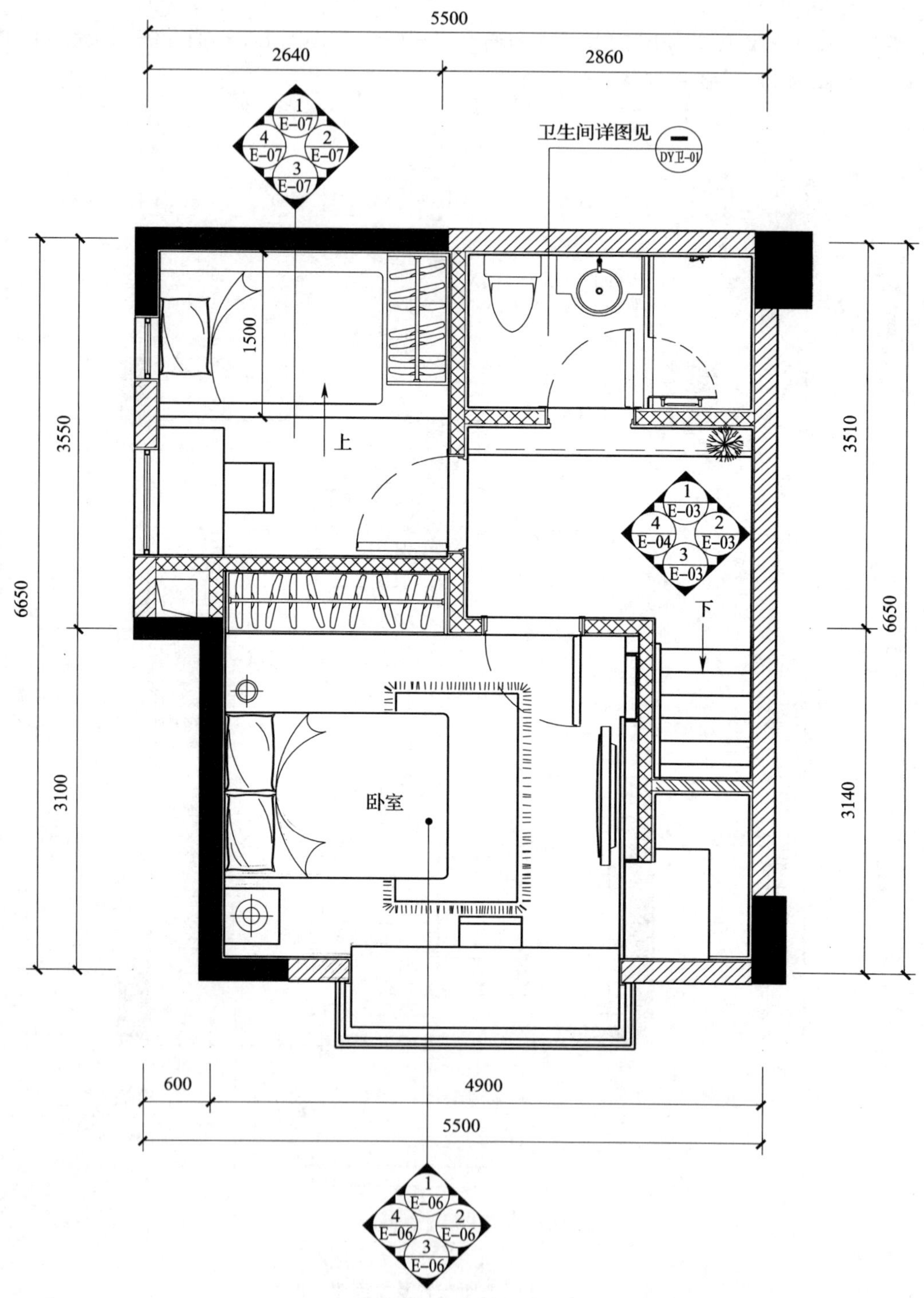

附图 2 夹层平面布置及立面索引图

5500
2640
2860
120
M2
卫生间
C2
M5
800
1500
60
120
3550
餐厅
2400
C1
厨房
M4
850
1745
120
445
50
700
6650
6650
200
50
M3
790
拆改原有墙体改落地8mm茶色烤漆
玻璃高度见立面图
储物间
4250
3100
客厅
上
M1
1500
850
3000
850
原来有承重墙
原来非有承重墙
新砌砖墙
角铁结构墙（双面封12 mm夹板）（储物间）
10号镀锌槽钢结构（墙）
说明：
1. 室内房间隔墙采用轻质砖隔墙，完成面为150mm，高度至楼板或梁底。
2. 隔墙中的门洞、窗洞需做钢筋混凝土过梁。

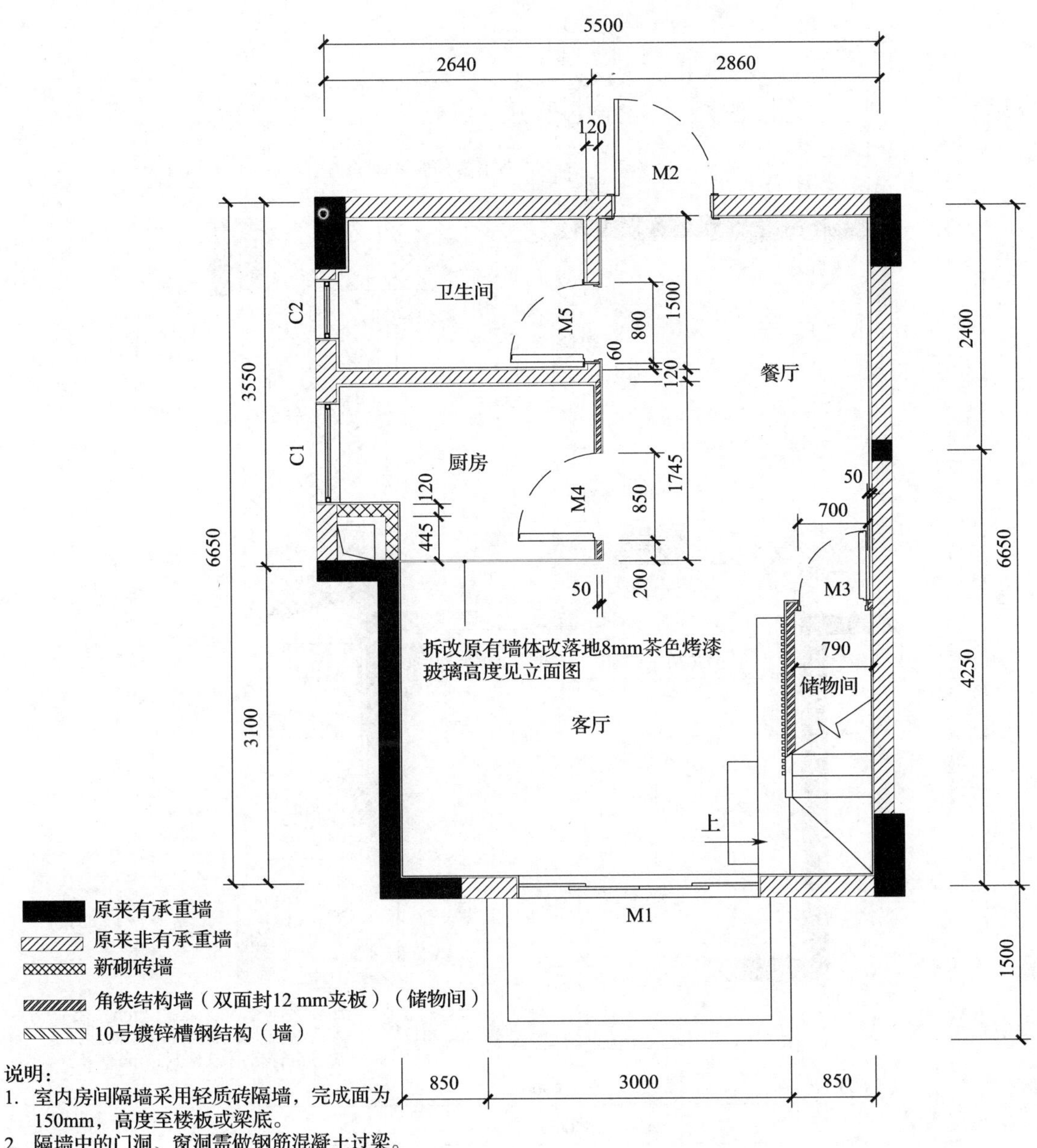

附图 3　首层平面隔墙图

5500
2640
2860
200
2630
120
2548
200
原有楼梯拆除后加建楼板
卫生间
1450
C2
3550
2780
M5
700
800
3510
6650
C1
900
M6
50
890
M6
6650
2030
900
480
卧室
斜面
3100
3140
±0.000
900
0.500
10号镀锌槽钢 双面封12mm夹板
（请结合E-03立面图②立面理解）
10号镀锌槽钢 双面封12mm夹板
600
4900
5500

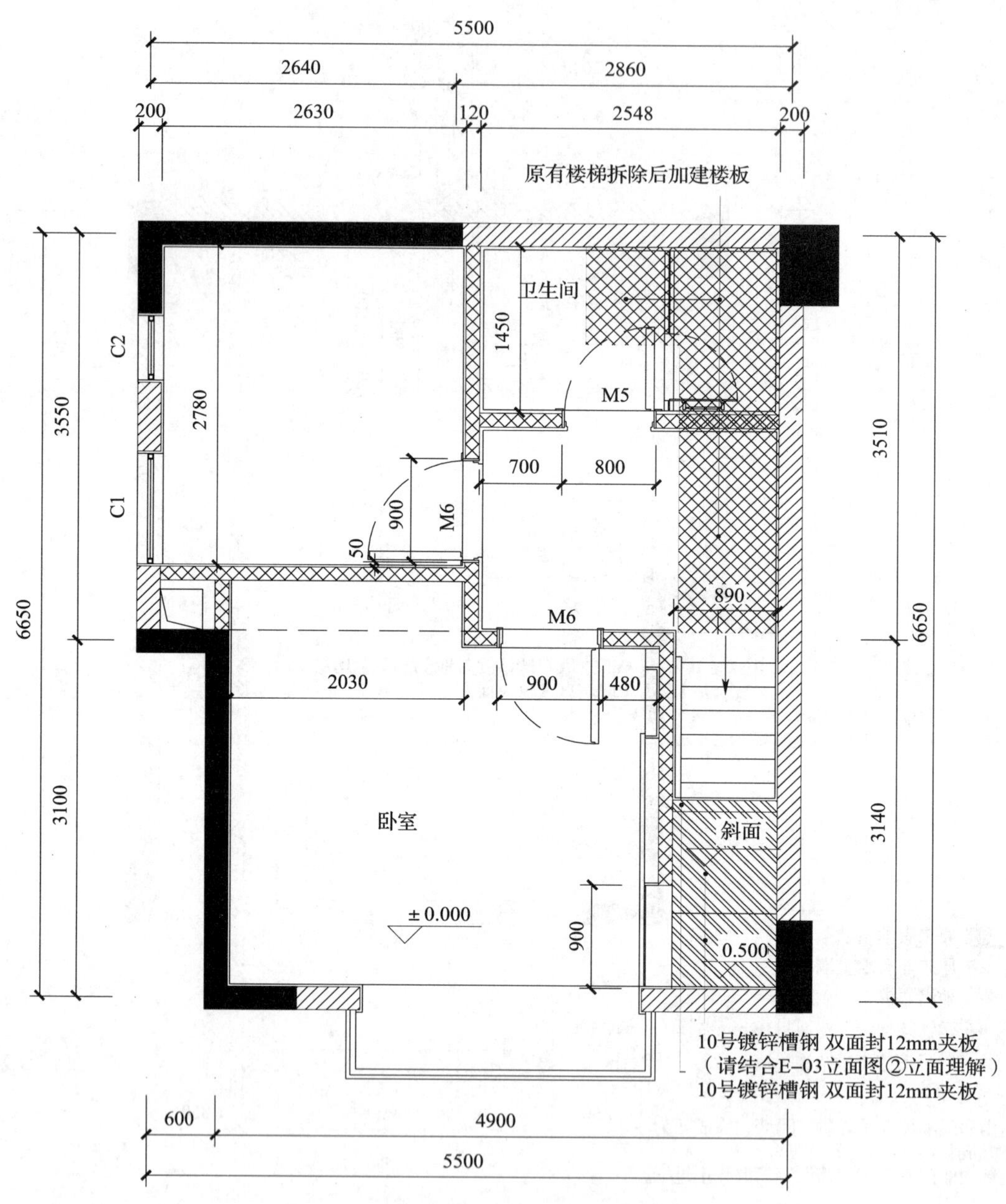

附图4　夹层平面隔墙图

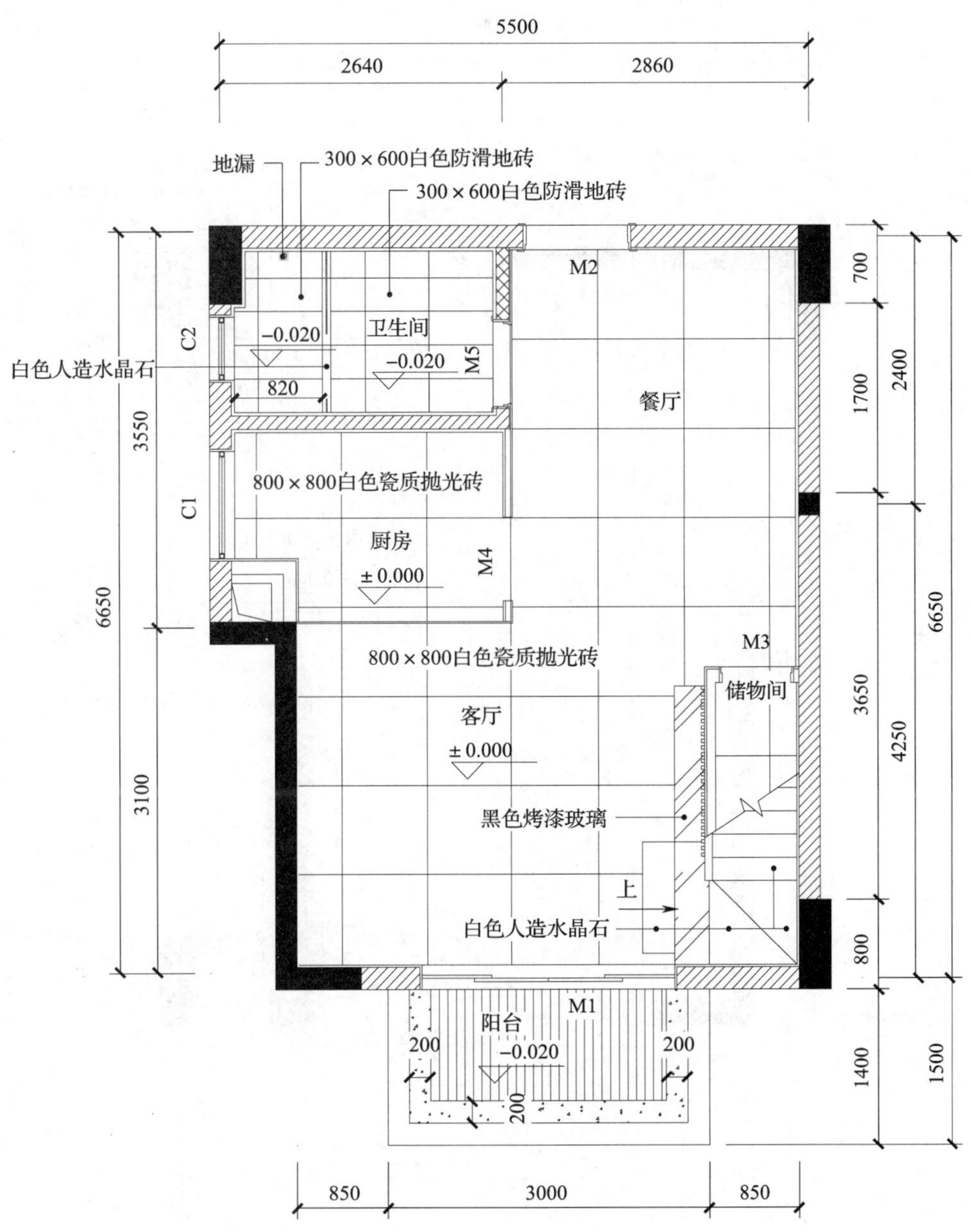

说明：1. 门槛石采用20mm厚白色人造水晶石。
2. M1、M2门槛位置不用装修，保留原样。

附图5 首层地面铺装图

5500
2640
2860
白色人造水晶石
300 × 600白色防滑地砖
300 × 600白色防滑地砖
地漏
± 0.000
卫生间
0.130
0.130
870
M6
0.150
250
C2
3550
次卧室实木地板
上
3510
M8
C1
800 × 400白色瓷质抛光砖
黑金沙大理石
小厅
± 0.000
M7
下
6650
6650
黑金沙大理石
白色人造
水晶石
主卧室
实木地板
± 0.000
3100
3140
上
0.500
C3
白色人造水晶石
1
DY-03
600
4900
5500

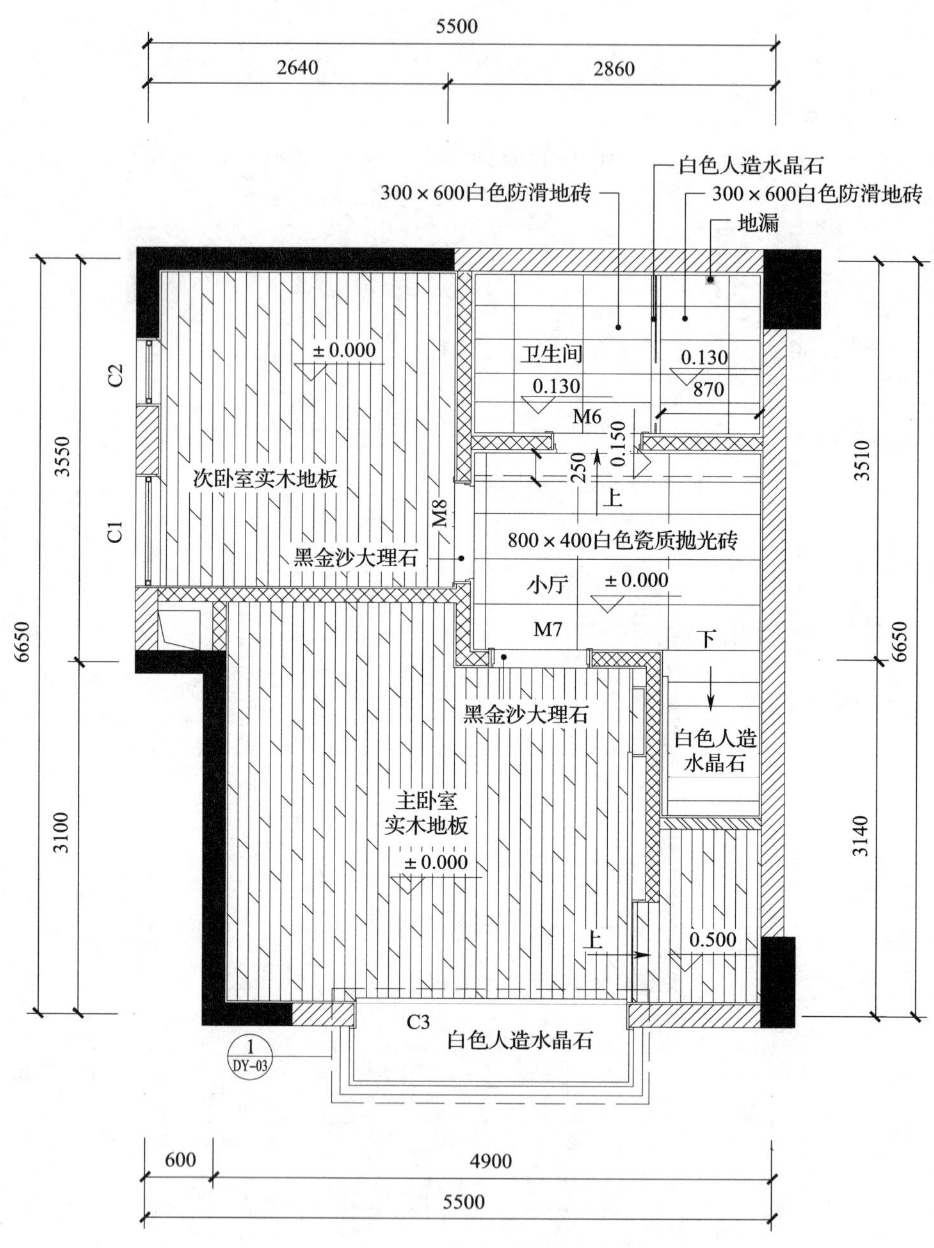

附图 6　夹层地面铺装图

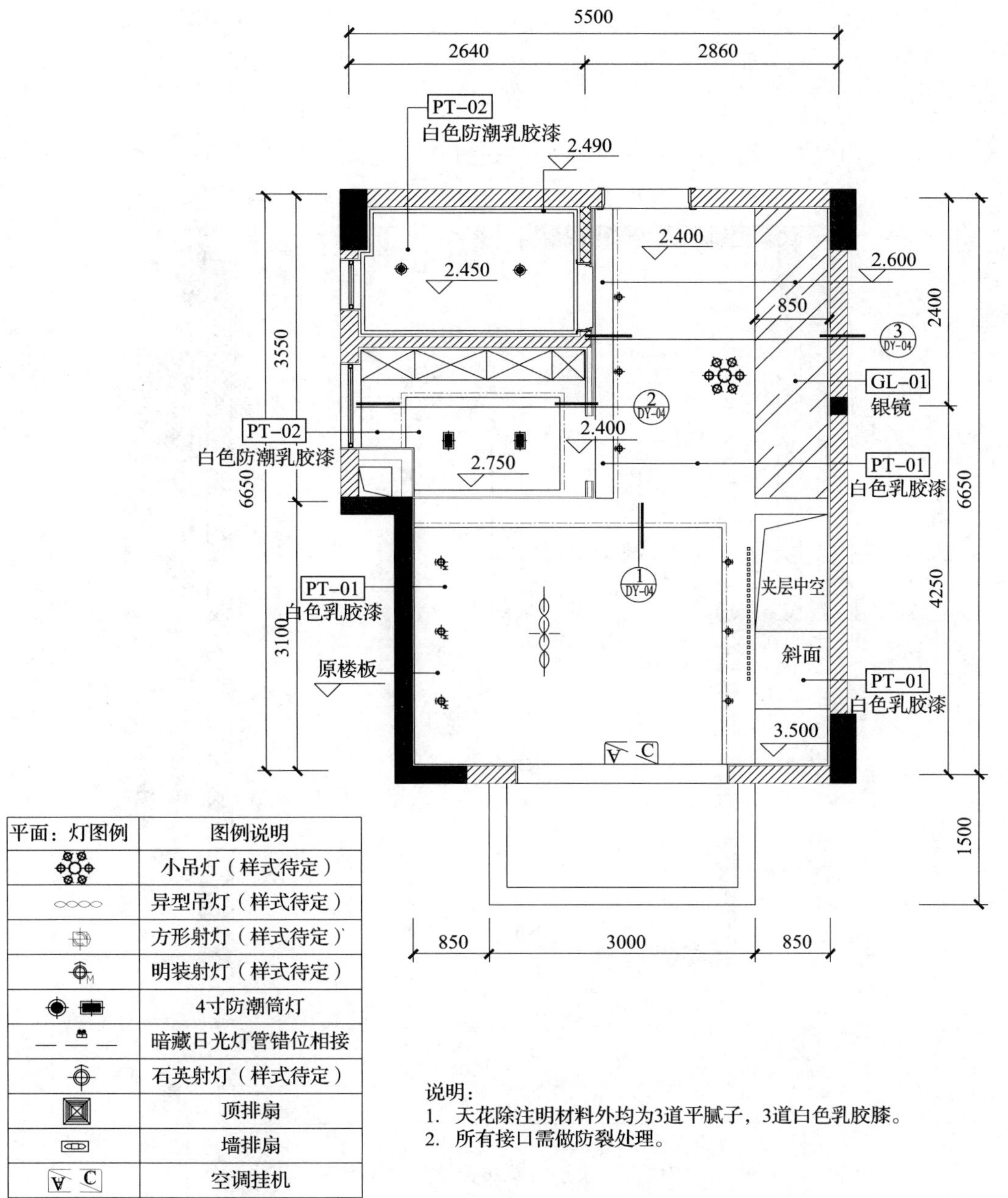

平面：灯图例	图例说明
	小吊灯（样式待定）
	异型吊灯（样式待定）
	方形射灯（样式待定）
	明装射灯（样式待定）
	4寸防潮筒灯
	暗藏日光灯管错位相接
	石英射灯（样式待定）
	顶排扇
	墙排扇
A C	空调挂机

说明：
1. 天花除注明材料外均为3道平腻子，3道白色乳胶膝。
2. 所有接口需做防裂处理。

附图 7　首层天花布置及节点索引图

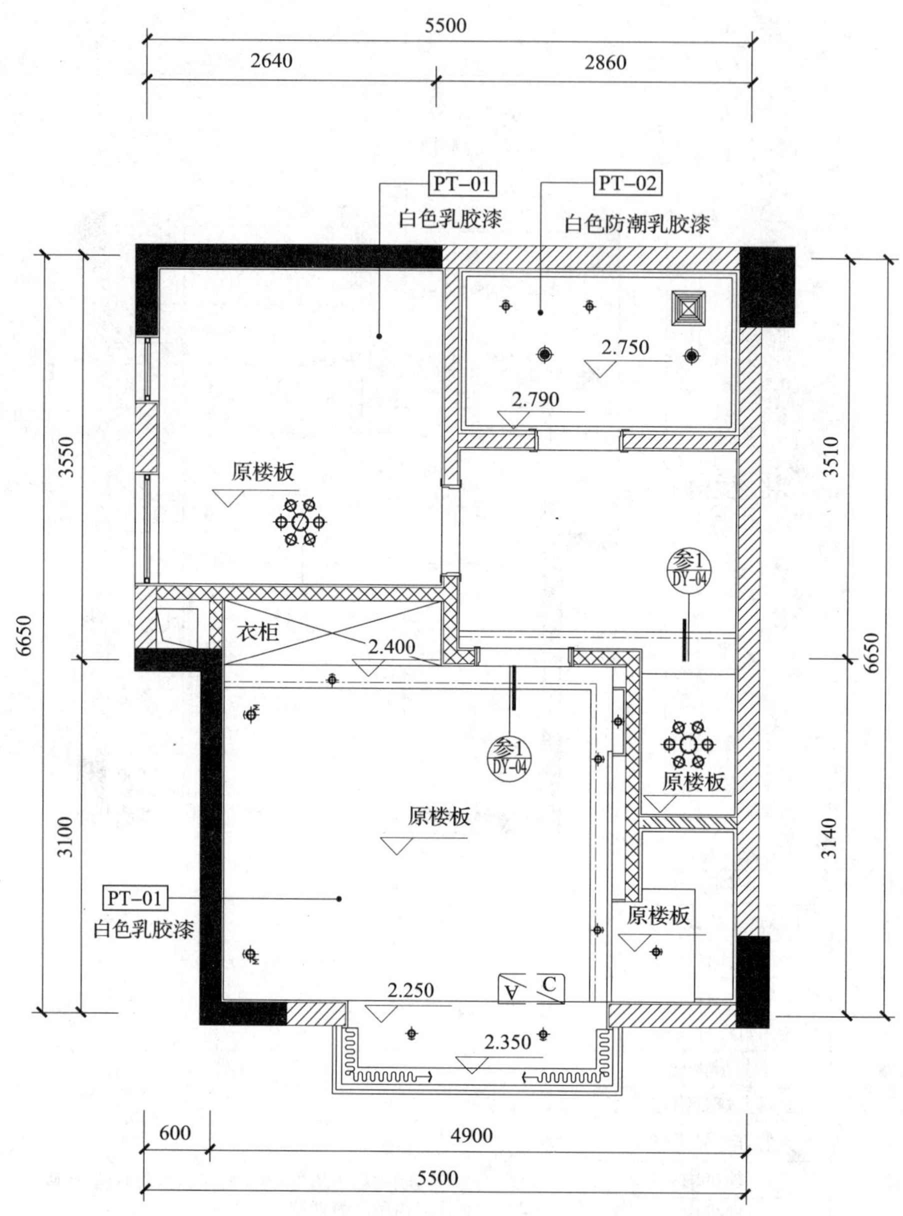

附图 8 夹层天花布置及节点索引图

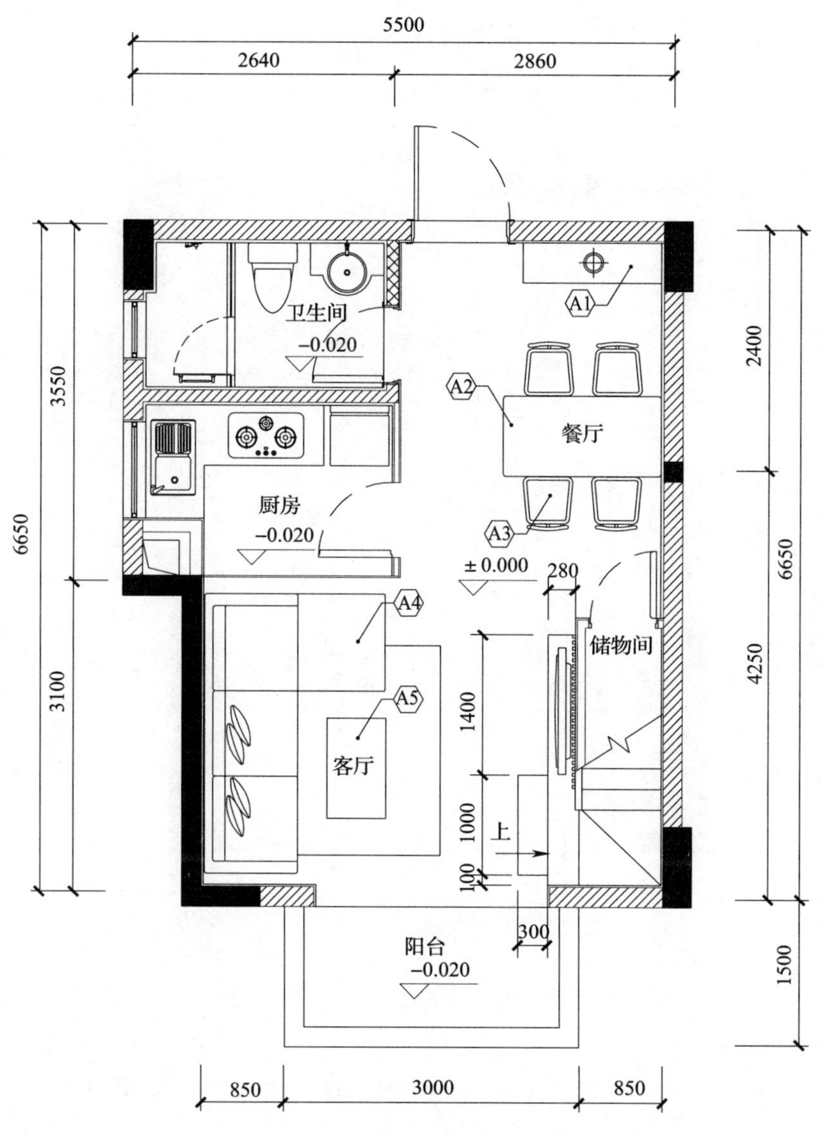

附图 9　首层平面家具尺寸图

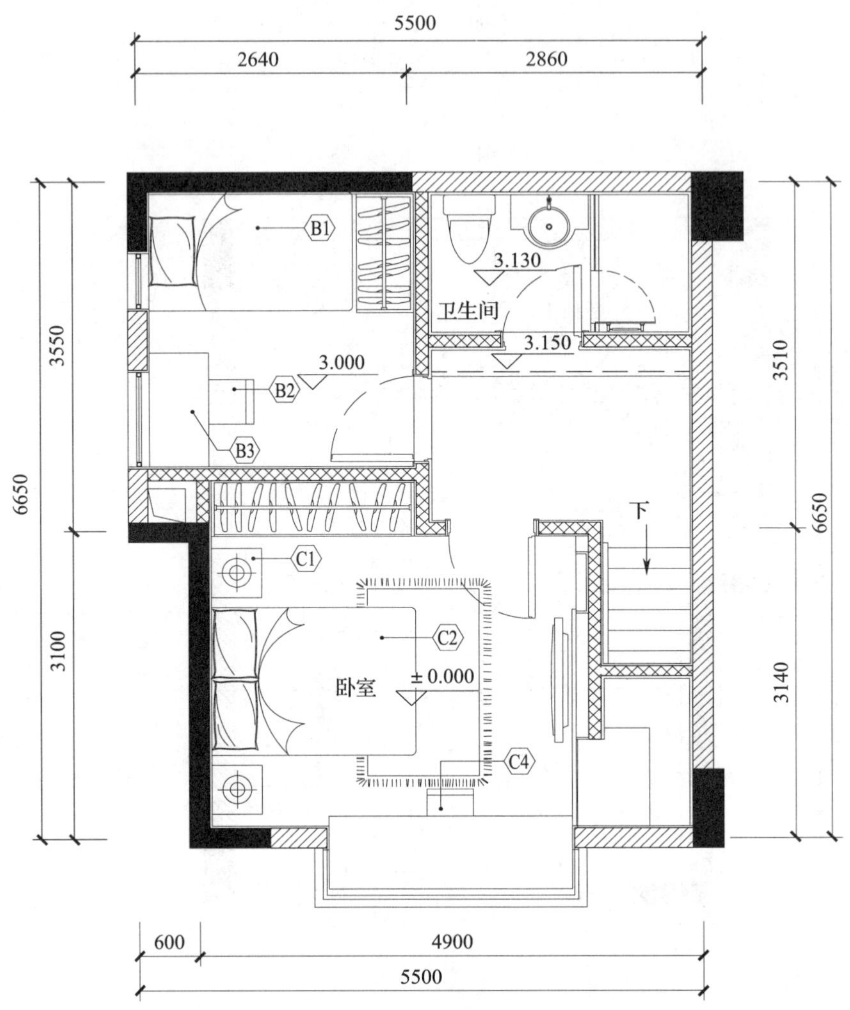

图中家具尺寸及样式仅供参考，最终以选样为准。

家具表					
图号	说明	规格尺寸	B1	床	1200×2000
A1	餐边柜	1400×400	B2	写字椅	450×450
A2	餐桌	1600×800	B3	写字桌	1175×600
A3	餐椅	540×500	C1	床头柜	500×500
A4	四人沙发	860×2790	C2	床	1500×2000
A5	茶儿	600×1000	C3	写字椅	450×450

附图 10　夹层平面家具尺寸图

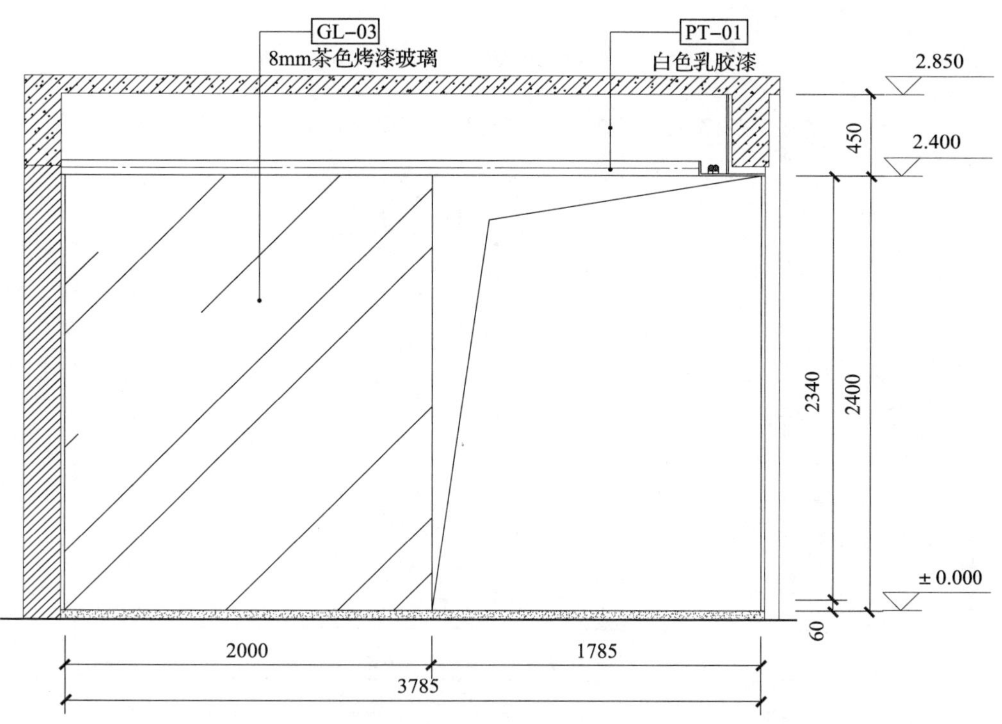

附图 11 ①首层餐厅、客厅立面图

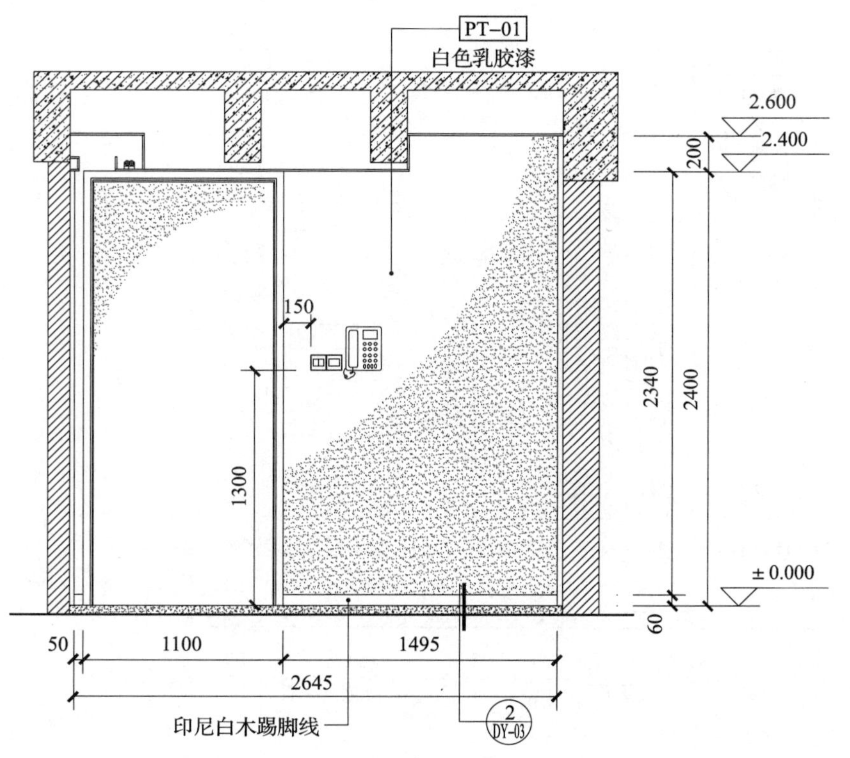

附图 12 ①-1首层餐厅、客厅立面图

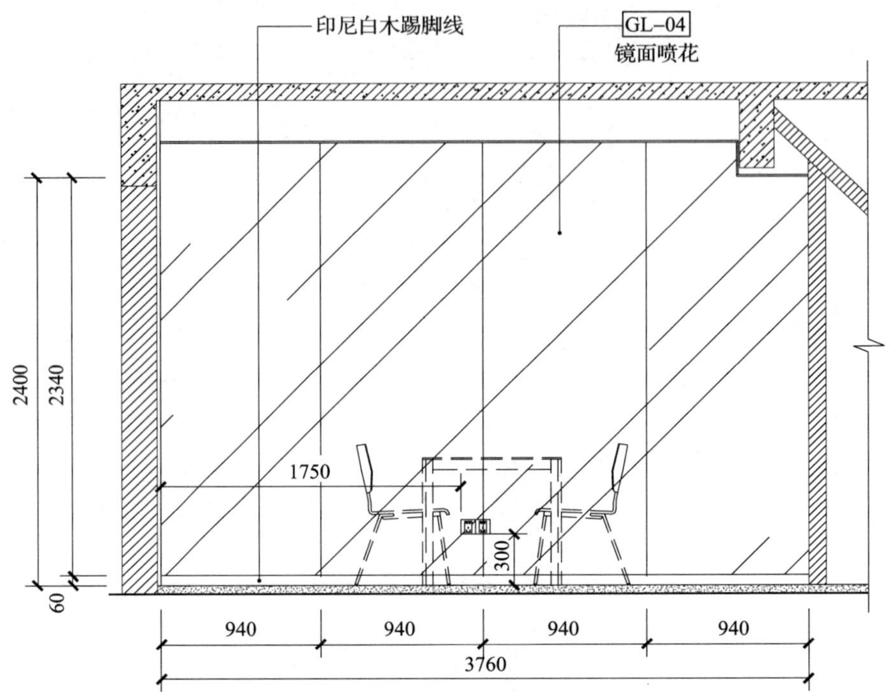

附图 13 ②-1 首层餐厅、客厅立面图

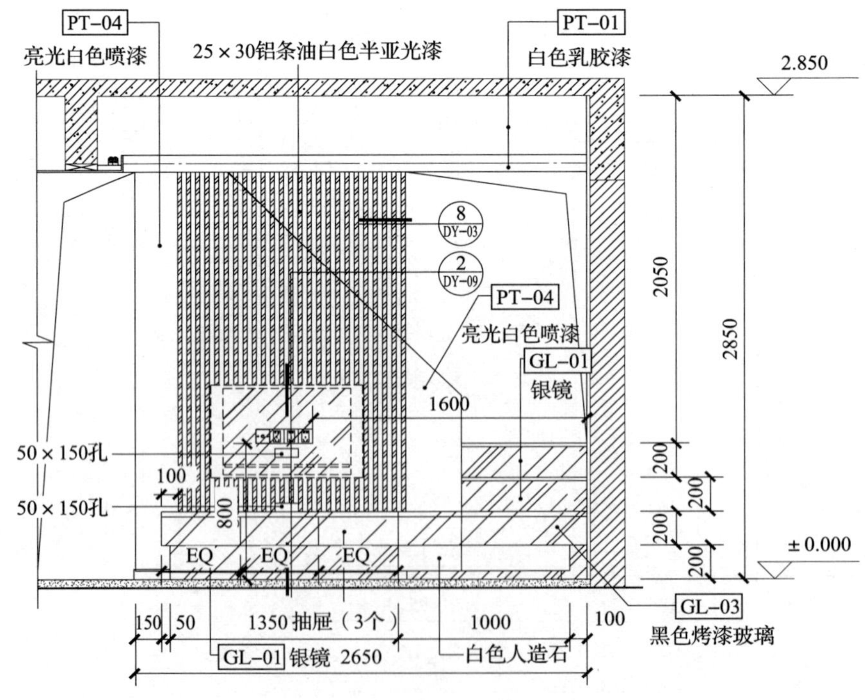

附图 14 ②首层餐厅、客厅立面图

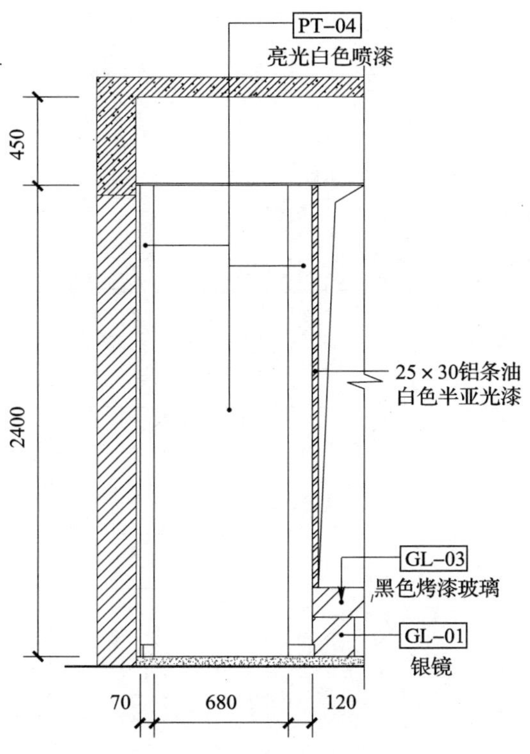

附图 15 ⑤储物间立面图

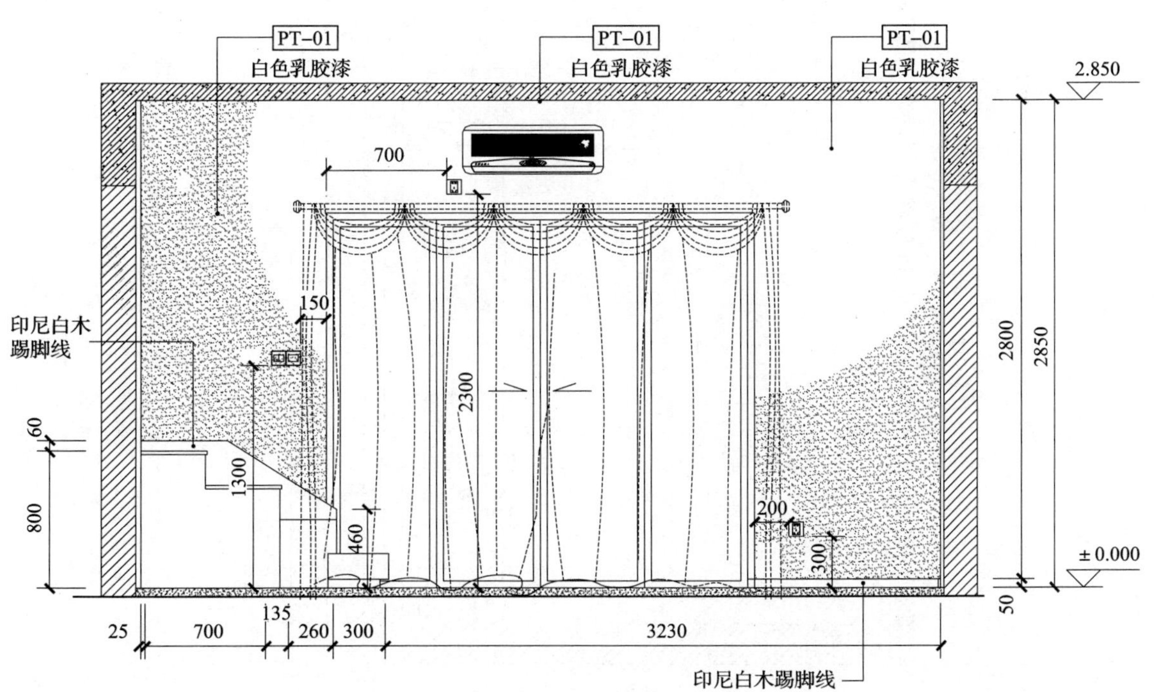

附图 16 ③首层客厅立面图

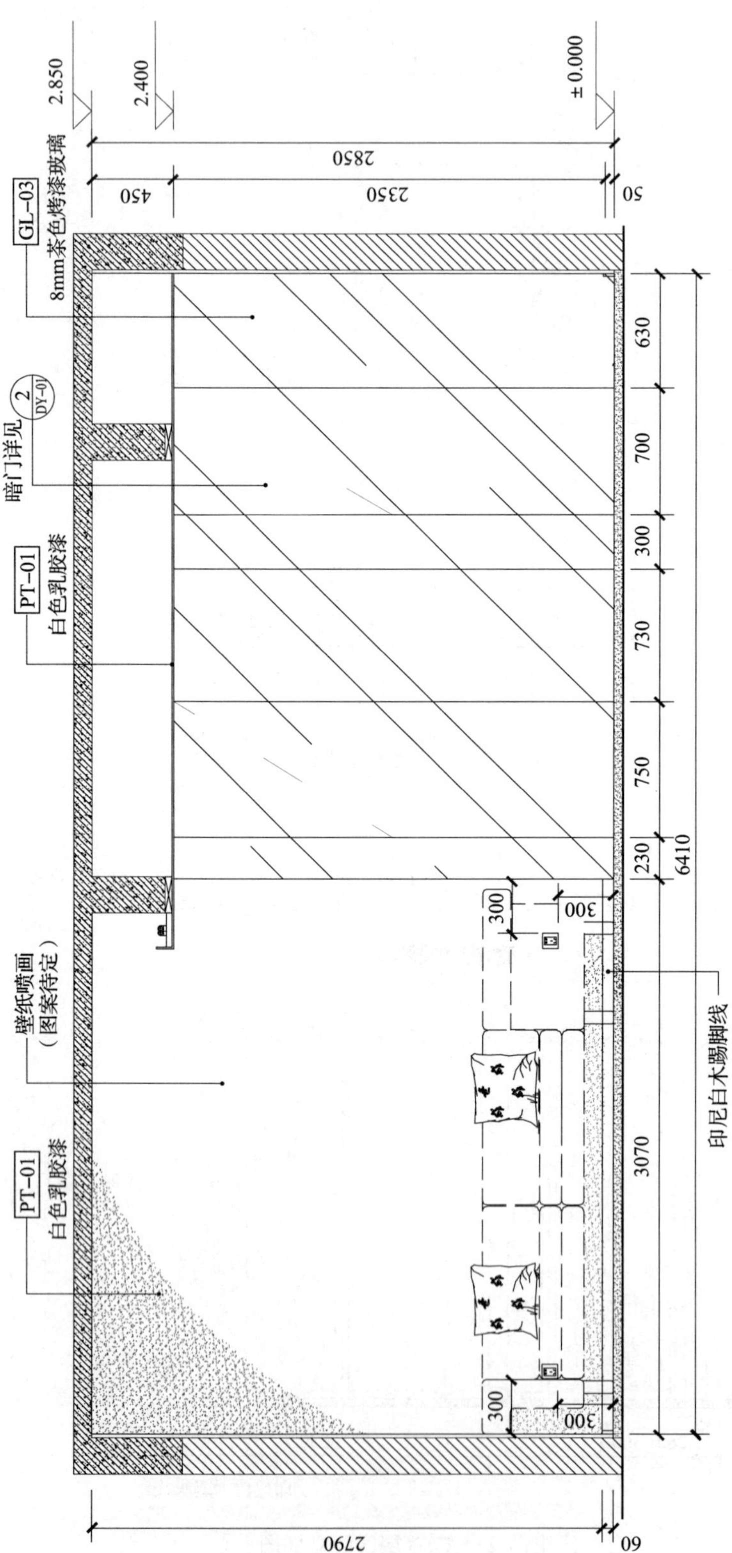

附图17 ④首层餐厅、客厅立面图

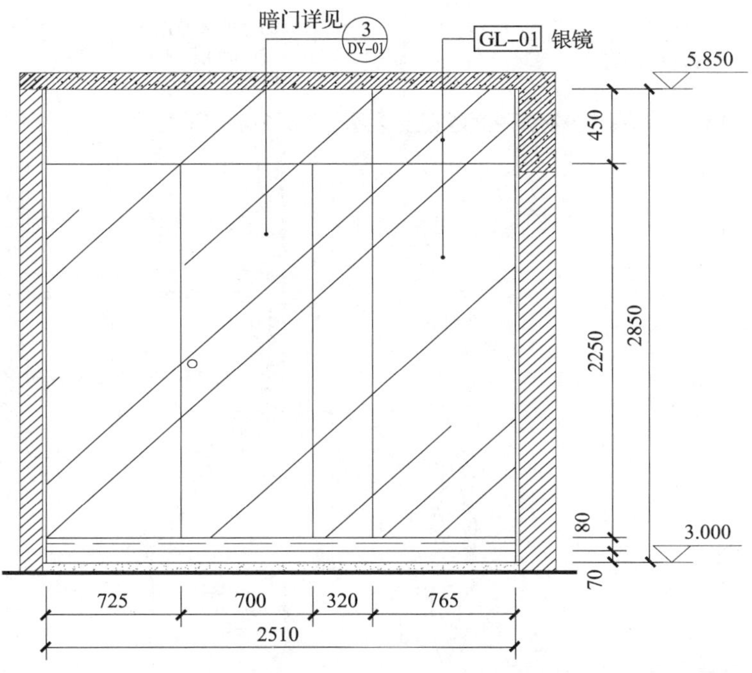

附图 18 ①夹层平面图

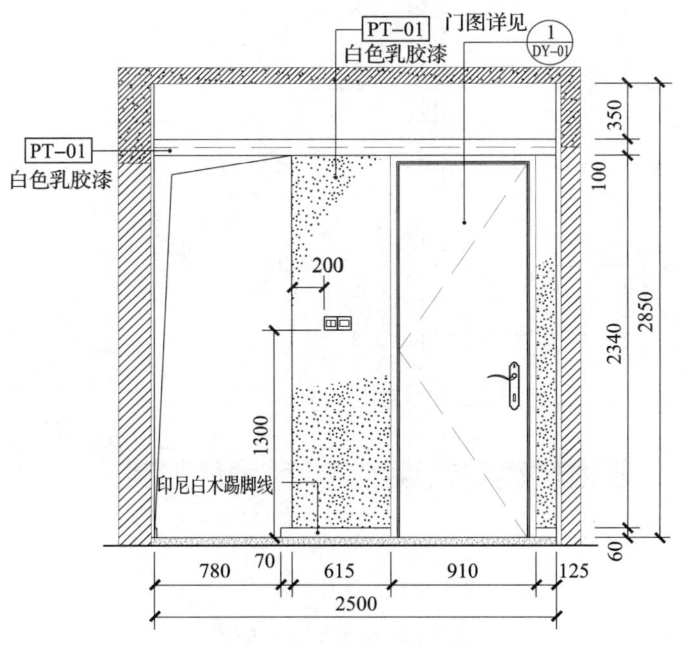

附图 19 ③楼梯立面详图

PT-01
白色乳胶漆
吊灯（选购）
10号镀锌槽钢
封12mm夹板面刷
白色乳胶漆
储物柜（现场订做）
1500
850
890
660
2250
100
5850
2640
60
200
600
7
DY-03
200
209
136.3°
印尼白木踢脚线
4号镀锌角铁
封12mm夹板面
刷白色乳胶漆
10号镀锌槽钢
封12mm夹板面
刷白色乳胶漆
暗门（截面）
储物间
PT-01
白色乳胶漆
印尼白木踢脚线
踏步（虚线表示）
GL-01 银镜
10号镀锌槽钢结构

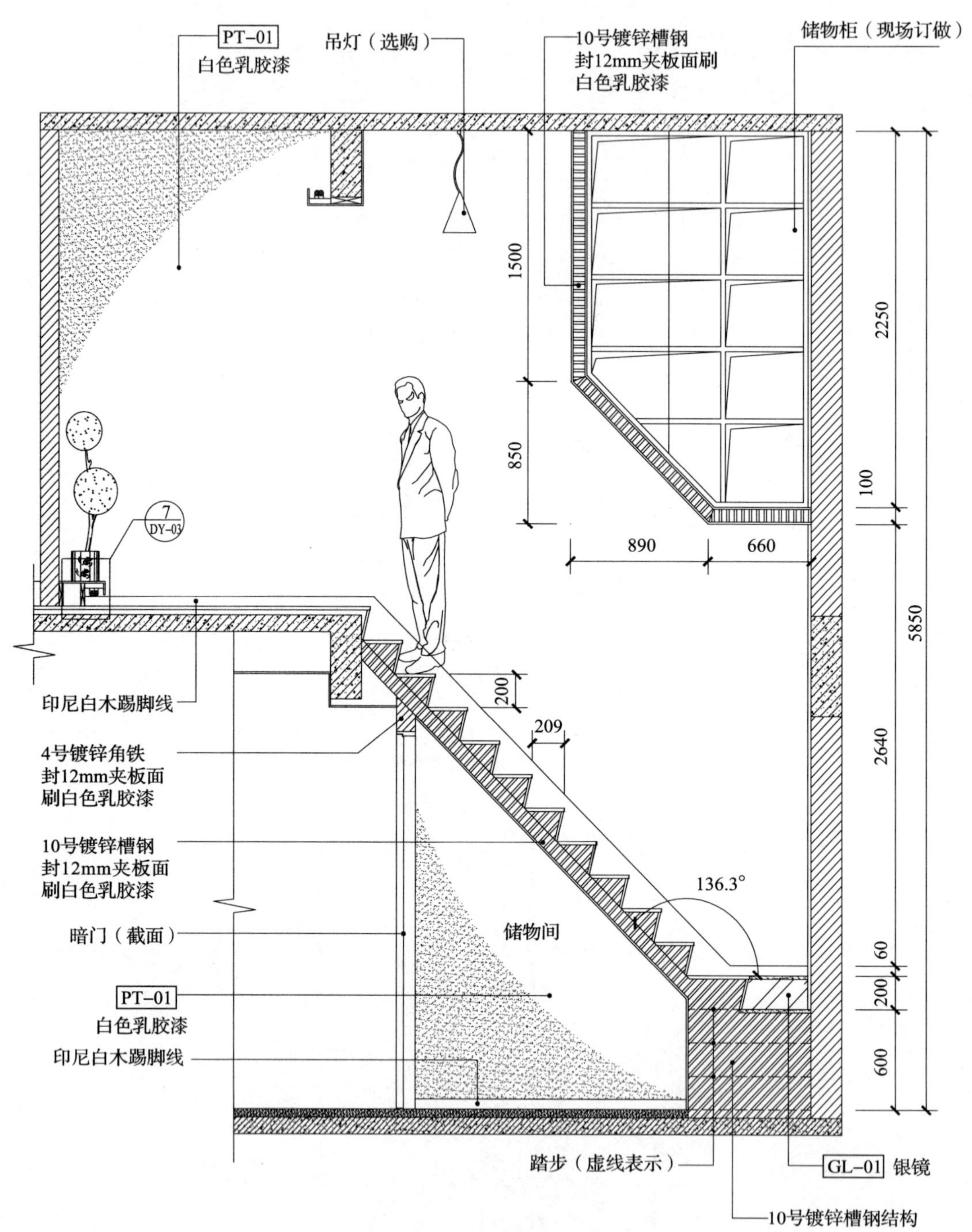

附图 20 ②夹层立面图

现场订做衣柜
吊灯（选购）
GL-03 8mm茶色烤漆玻璃
暗门详见 2 DY-01
PT-01
白色乳胶漆
450
2250
1500
850
100
660
890
5850
1100
2 DY-03
7 DY-03
60
150
PT-04
亮光白色喷漆
25×30铝条油
白色半亚光漆
印尼白木踢脚线
4号镀锌角铁
封12mm夹板面
刷白色乳胶漆
1600
10号镀锌槽钢
封12mm夹板面
刷白色乳胶漆
储物间
暗门（截面）
PT-01
白色乳胶漆
200
400
600
300
印尼白木踢脚线
踏步（虚线表示）
10号镀锌槽钢结构

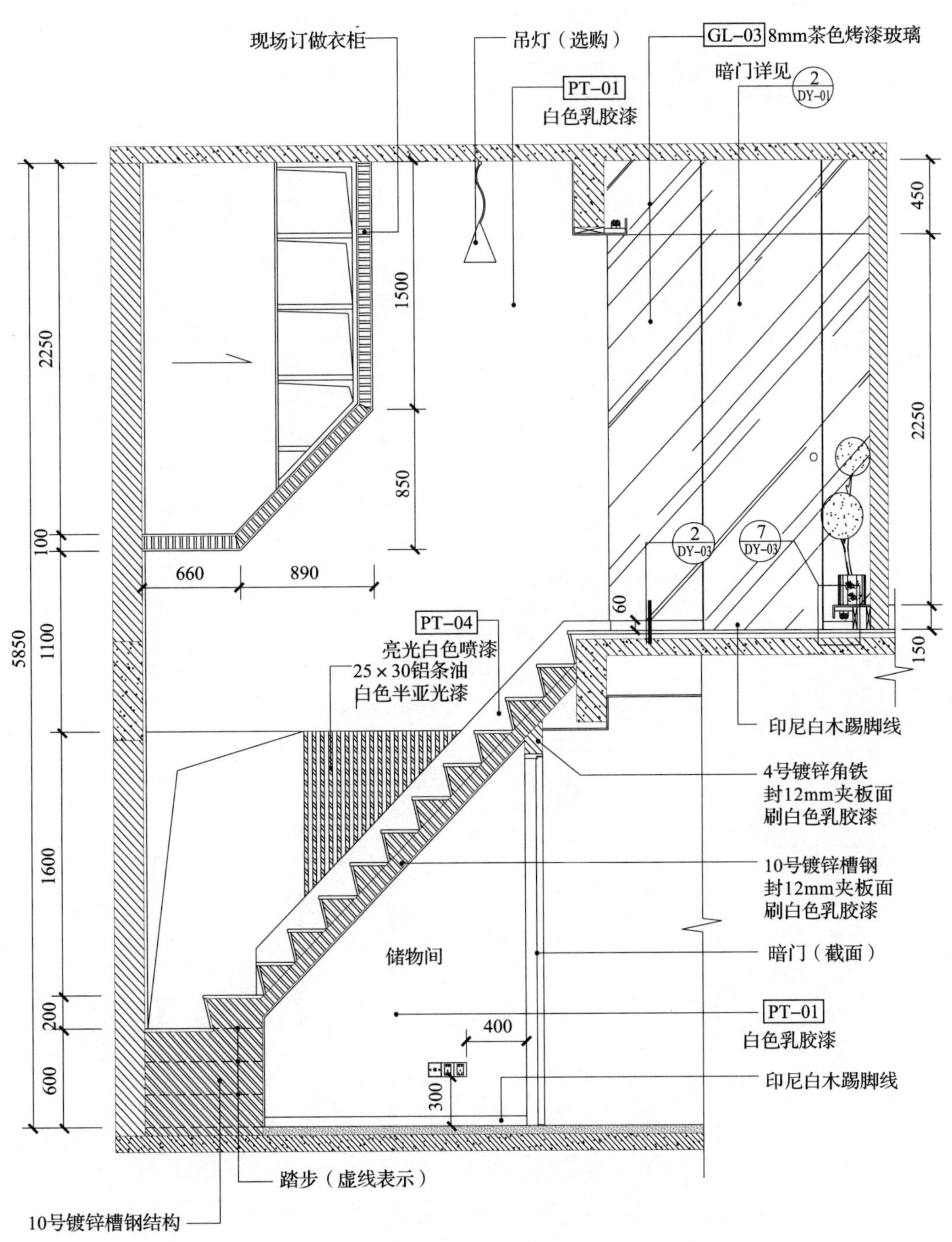

附图 21 ④夹层立面图

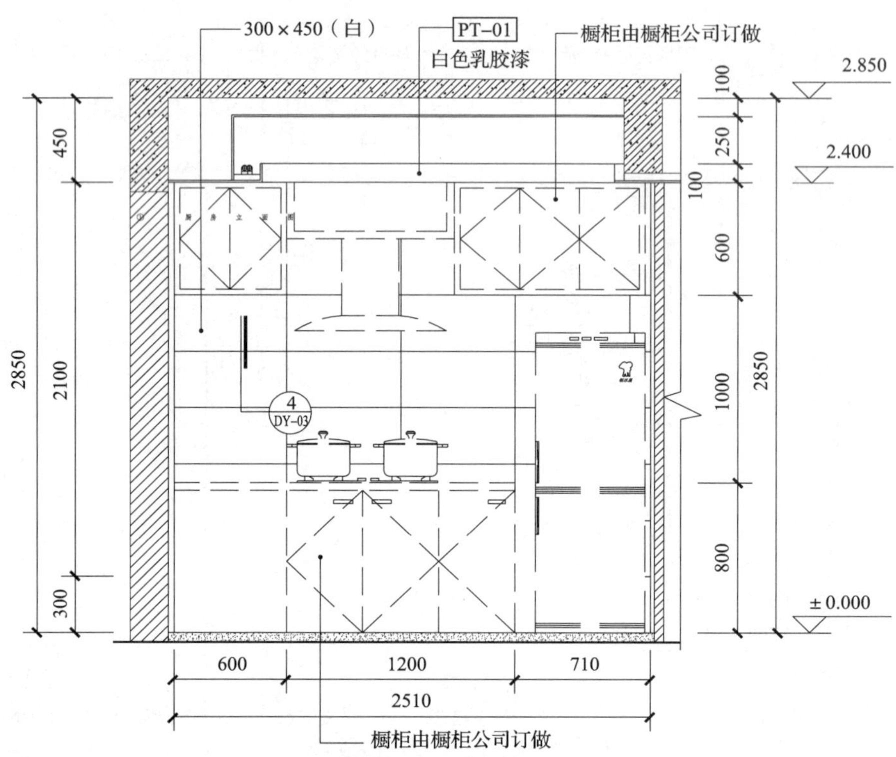

附图 22　①厨房立面图

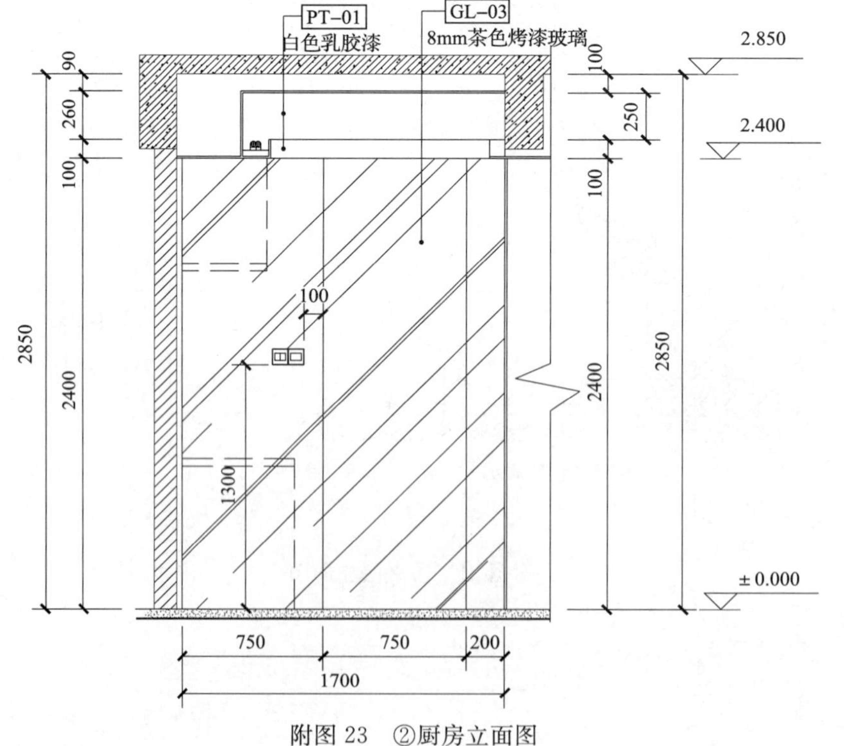

附图 23　②厨房立面图

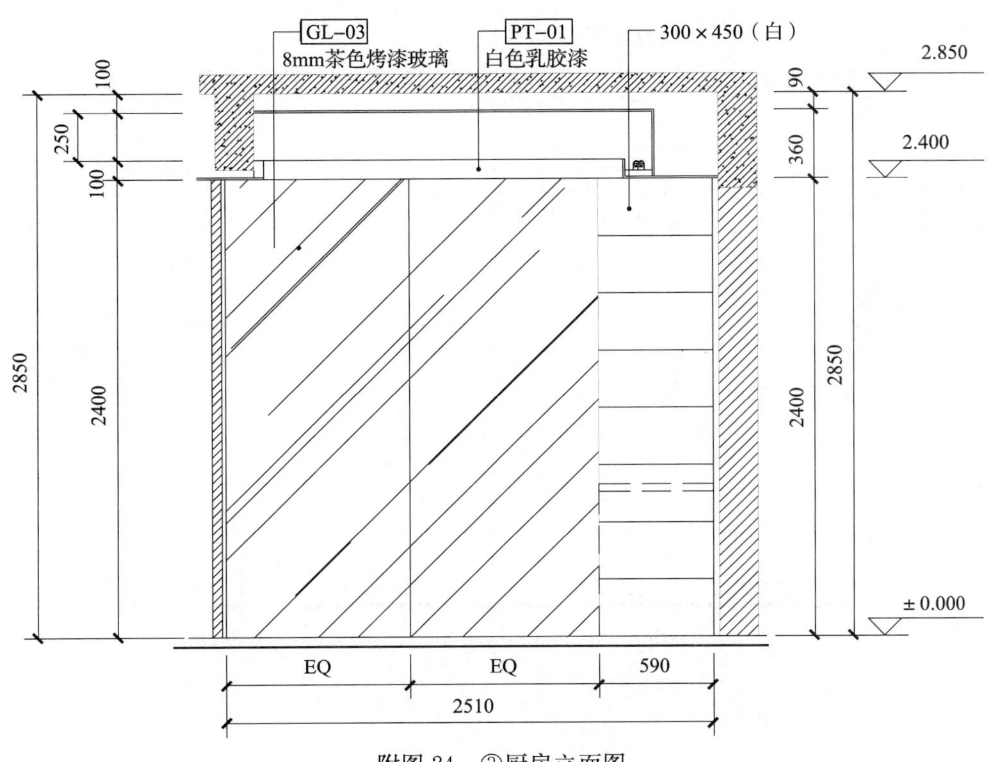

附图 24 ③厨房立面图

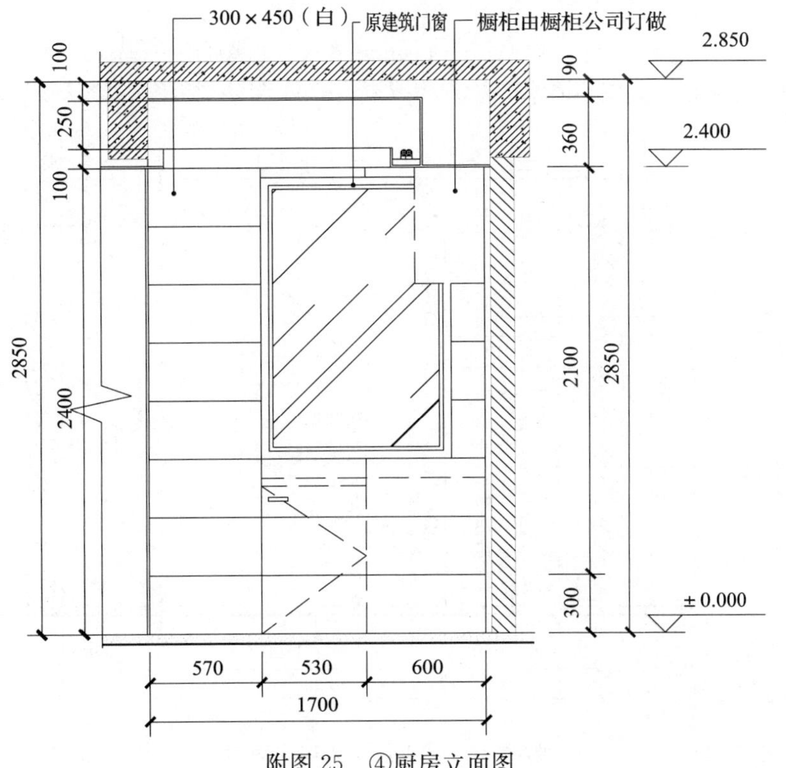

附图 25 ④厨房立面图

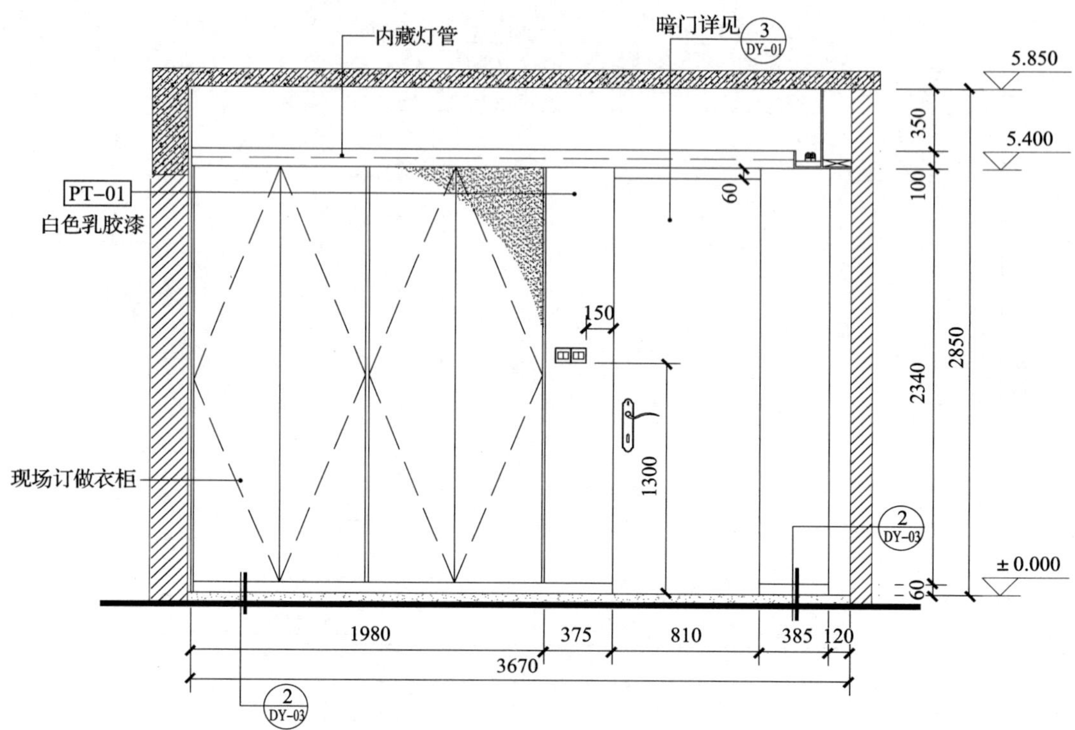

附图 26 ①夹层主人房立面图

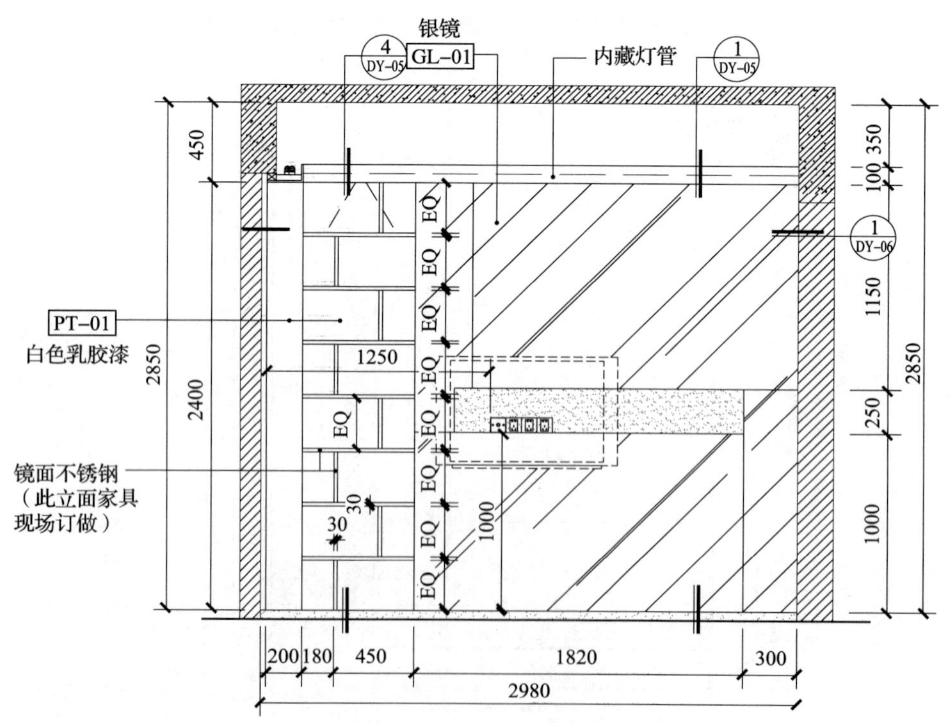

附图 27 ②夹层主人房立面图

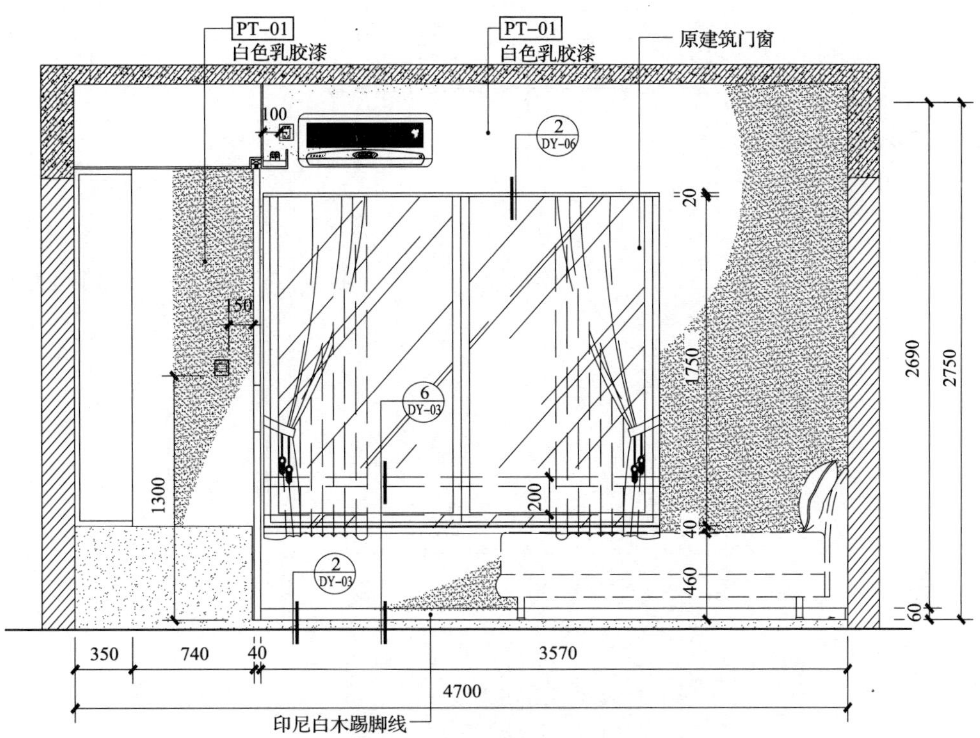

附图 28 ③夹层主人房立面图

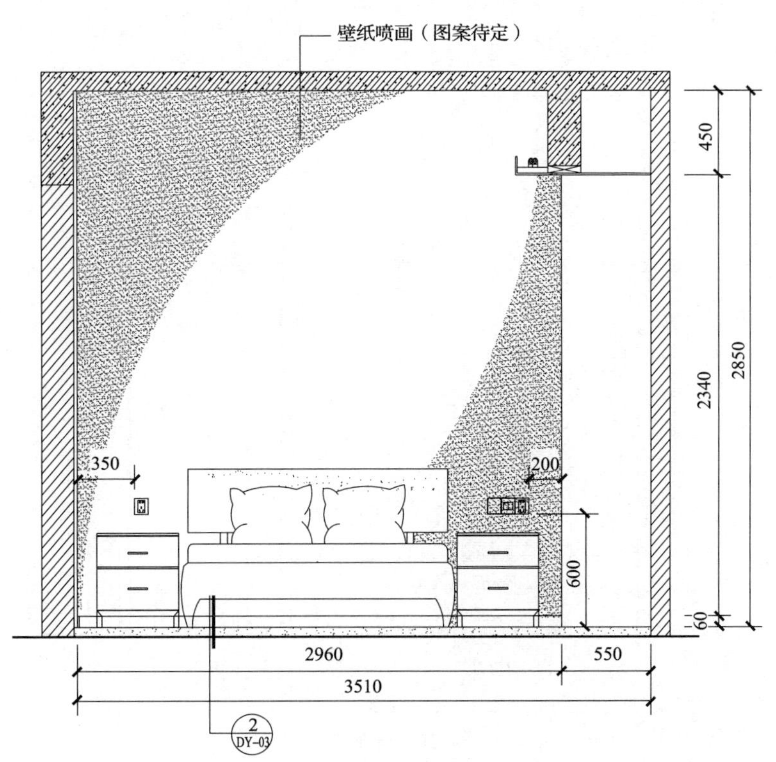

附图 29 ④夹层主人房立面图

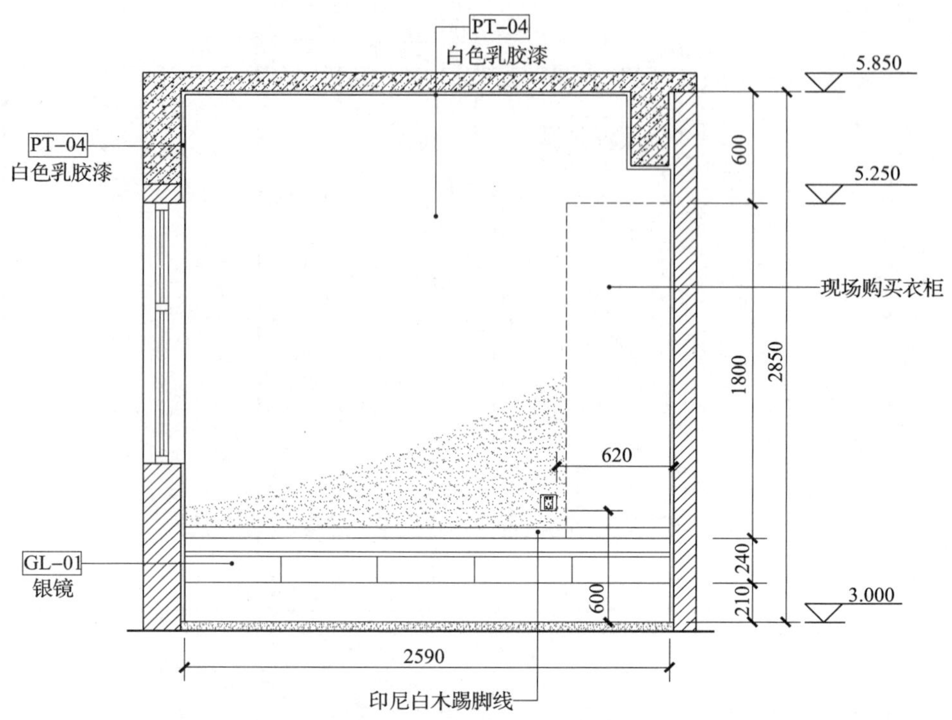

附图 30 ①夹层次卧室立面图

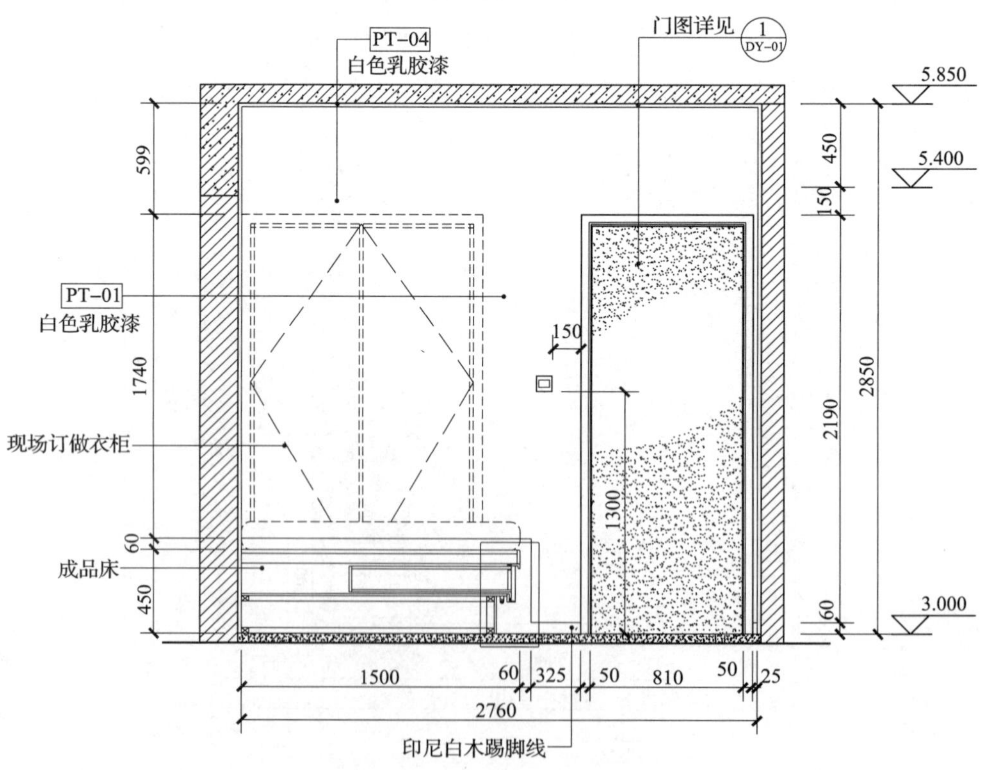

附图 31 ②夹层次卧室立面图

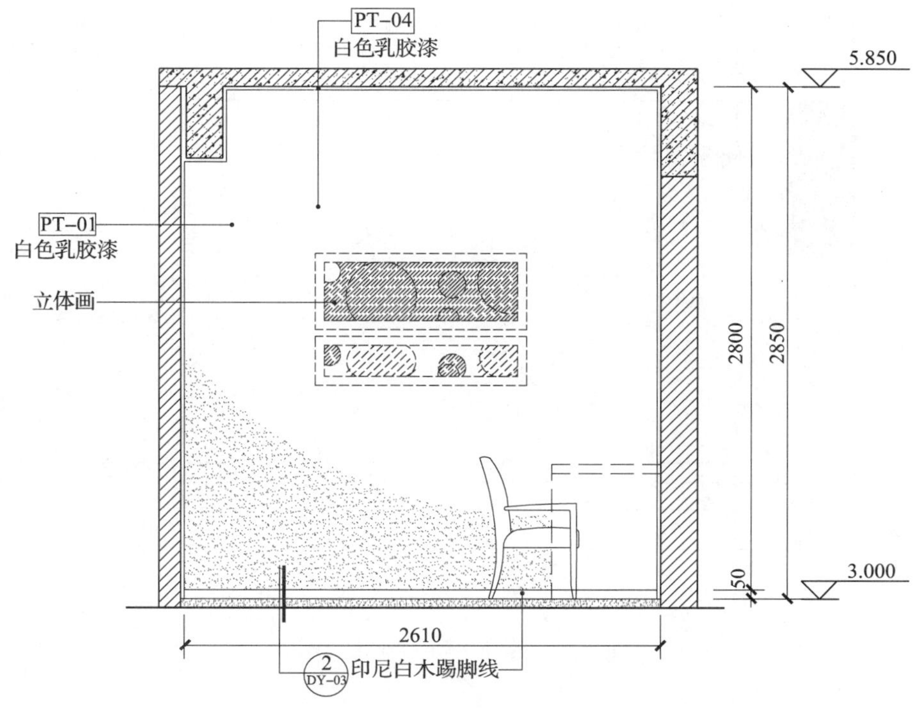

附图 32 ③夹层次卧室立面图

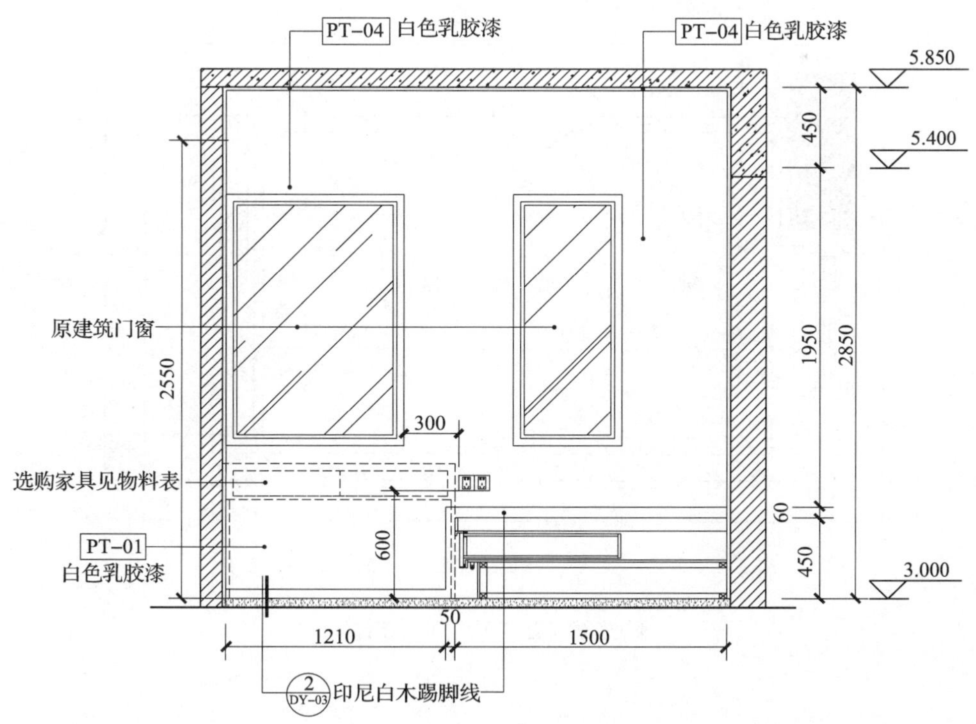

附图 33 ④夹层次卧室立面图

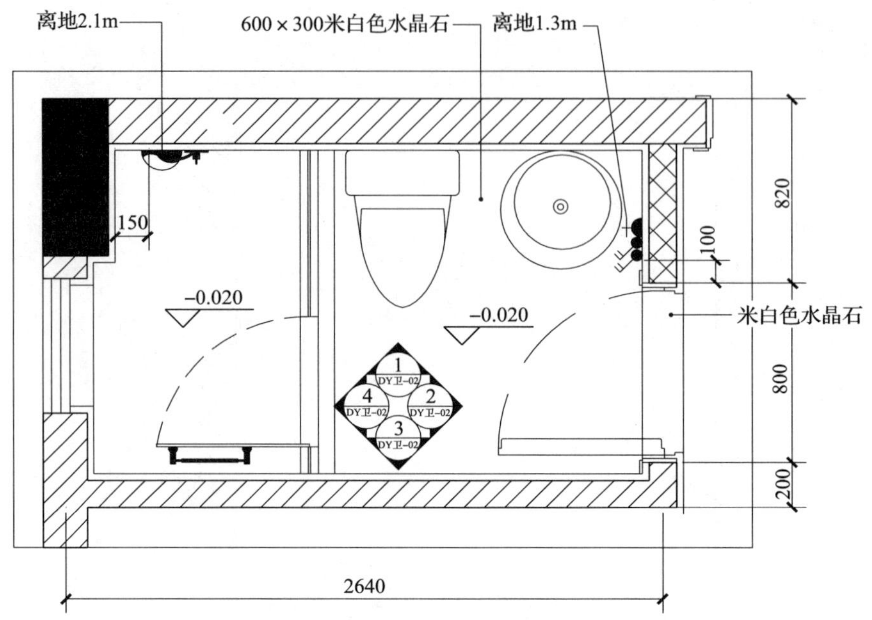

附图 34　首层卫生间平面详图

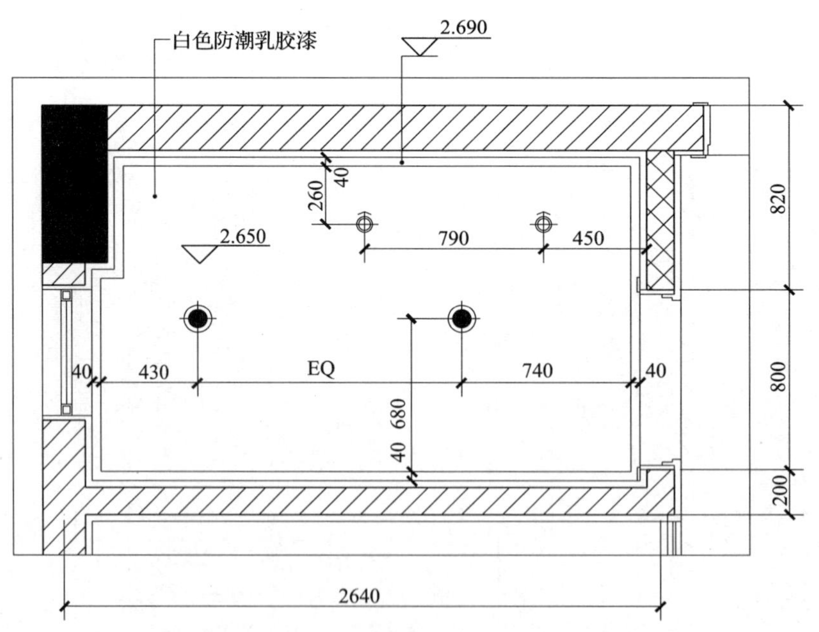

附图 35　首层卫生间天花详图

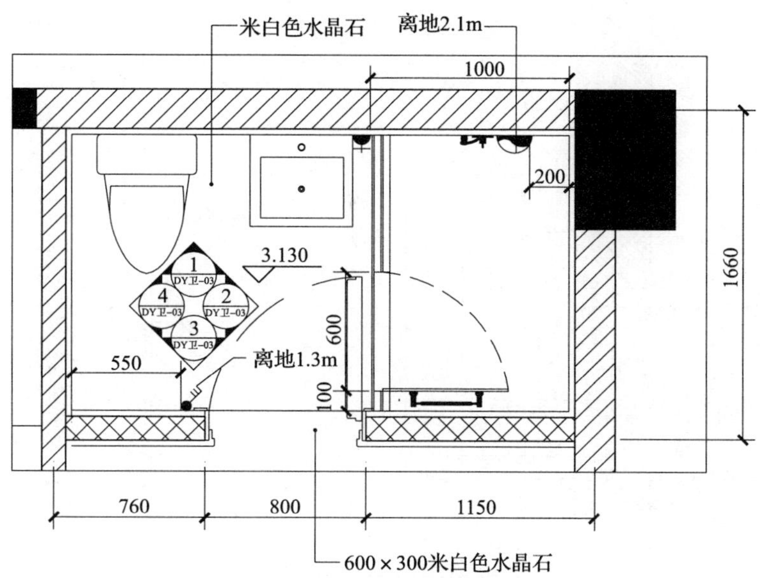

附图 36　夹层卫生间平面详图

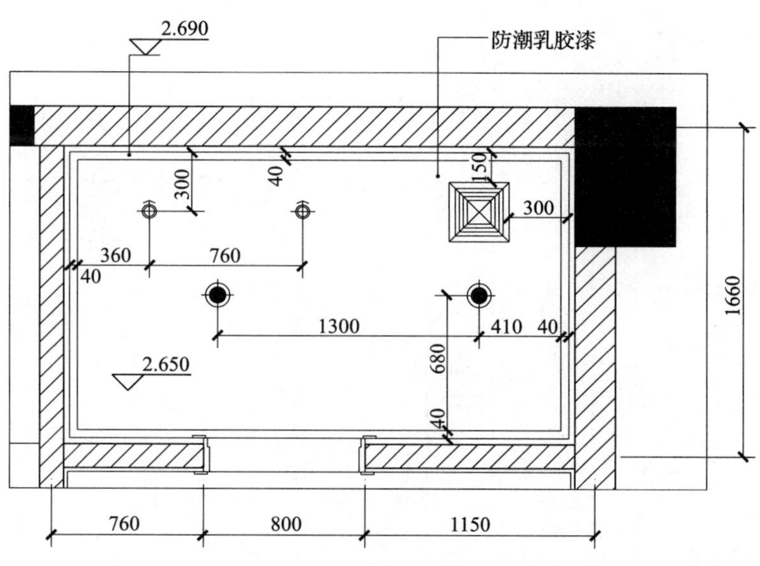

附图 37　夹层卫生间天花详图

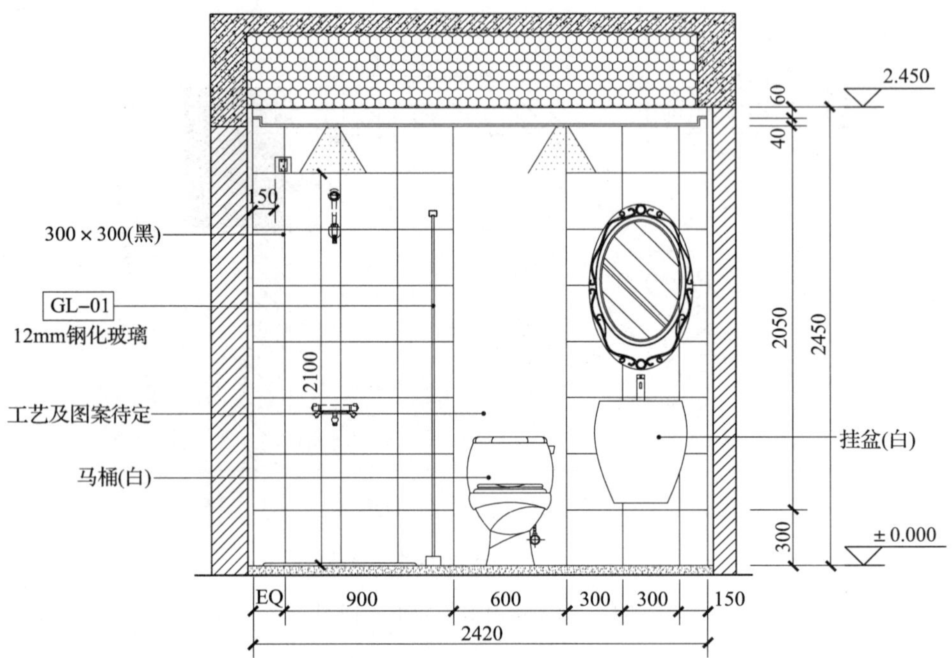

附图 38 ①首层卫生间立面图

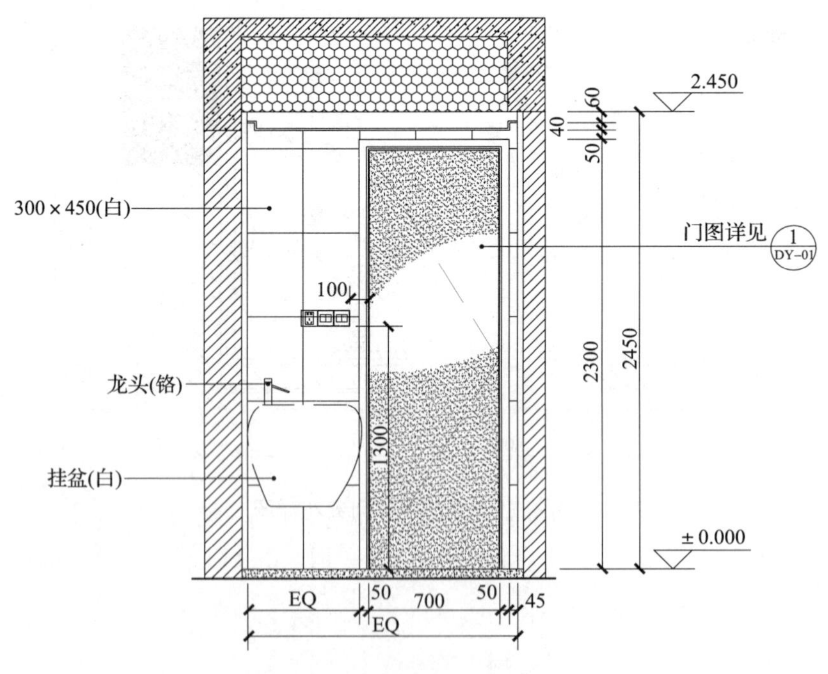

附图 39 ②首层卫生间立面图

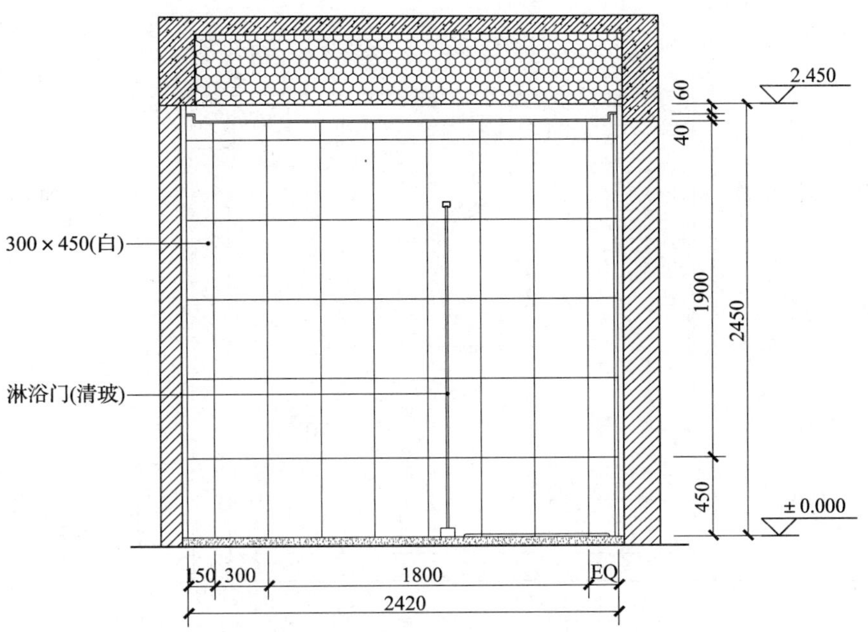

附图 40 ③首层卫生间立面图

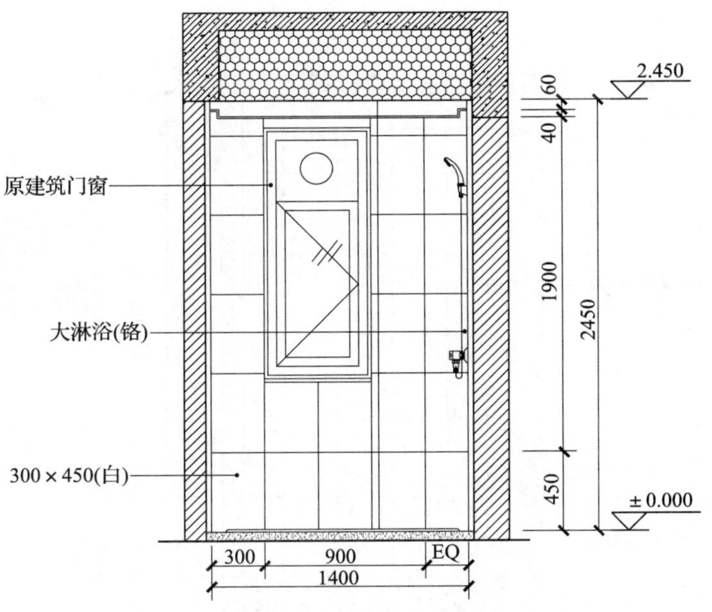

附图 41 ④首层卫生间立面图

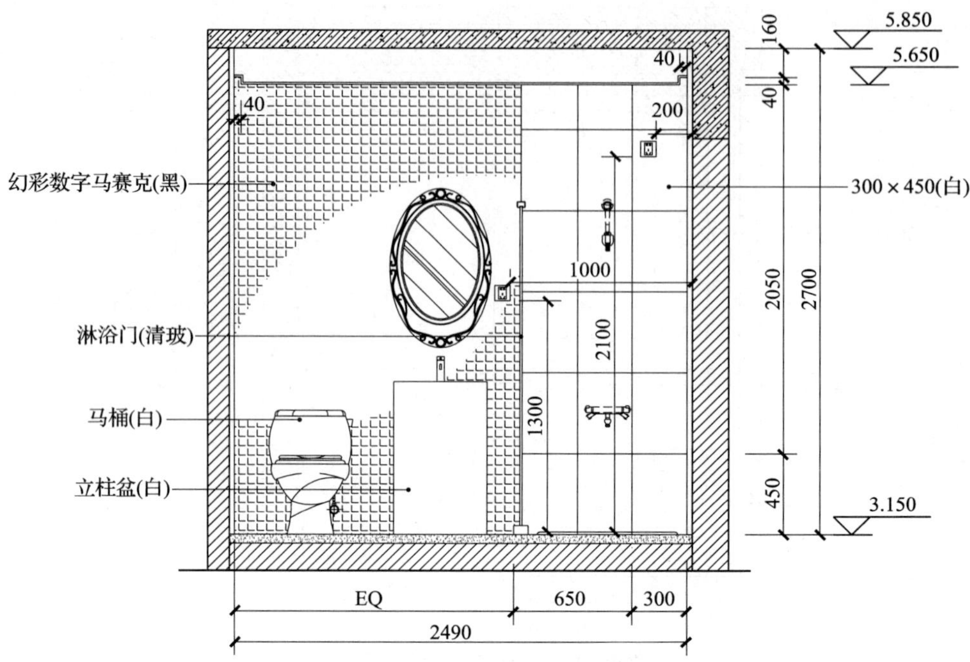

附图 42 ①夹层卫生间立面图

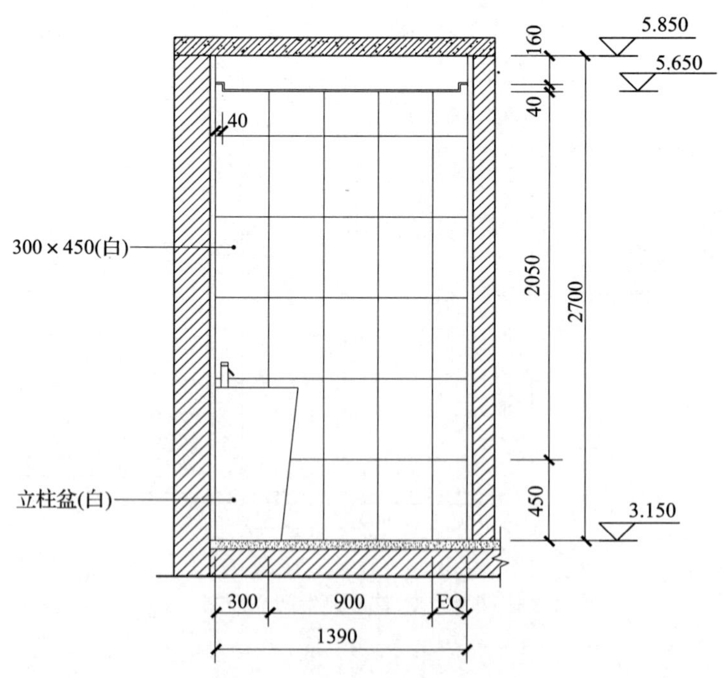

附图 43 ②夹层卫生间立面图

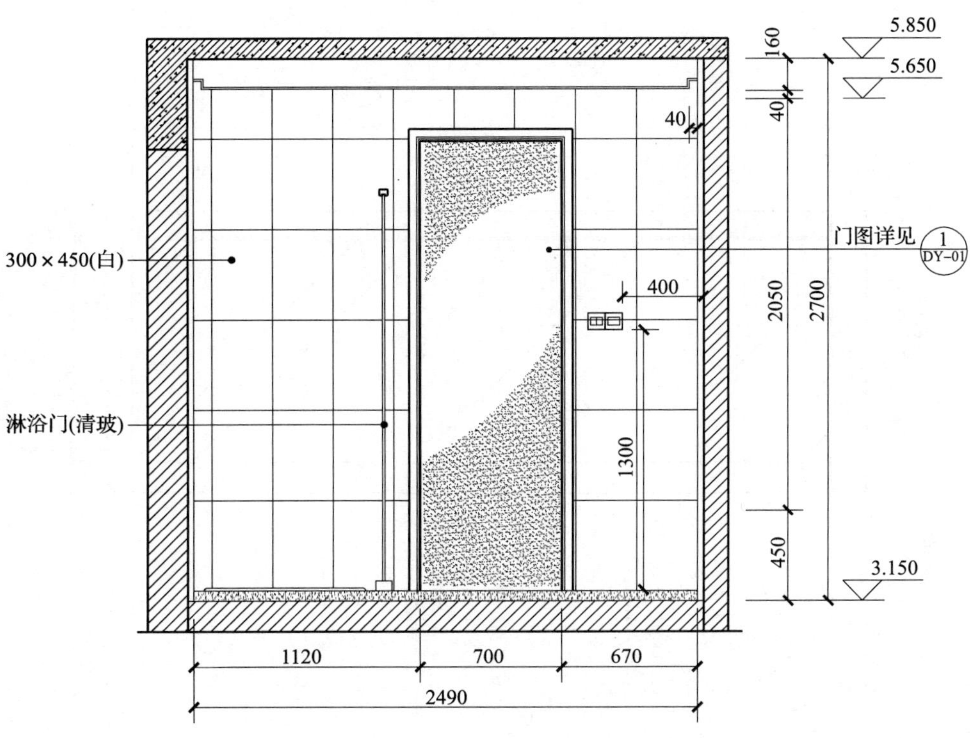

附图 44 ③夹层卫生间立面图

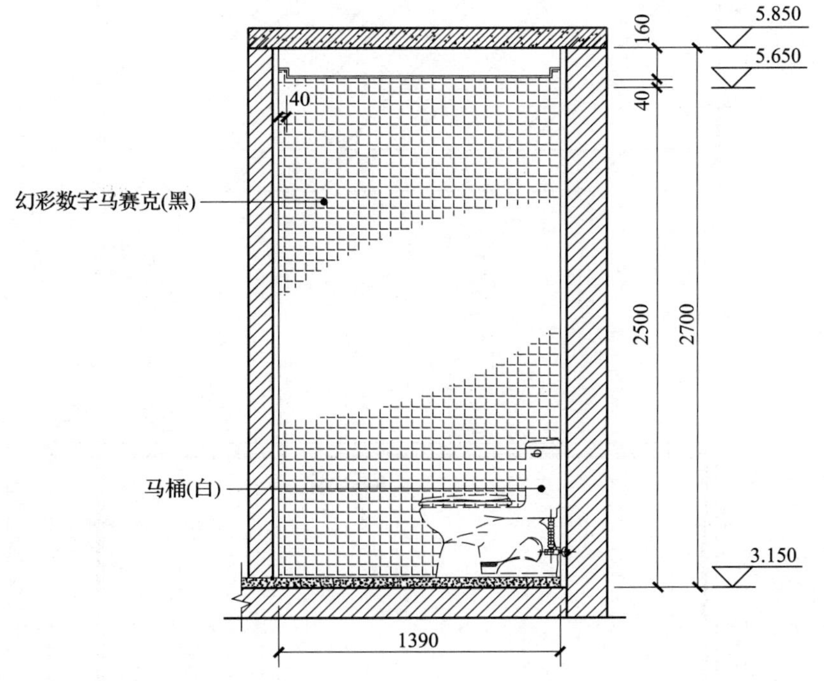

附图 45 ④夹层卫生间立面图

大样图DY-通-01

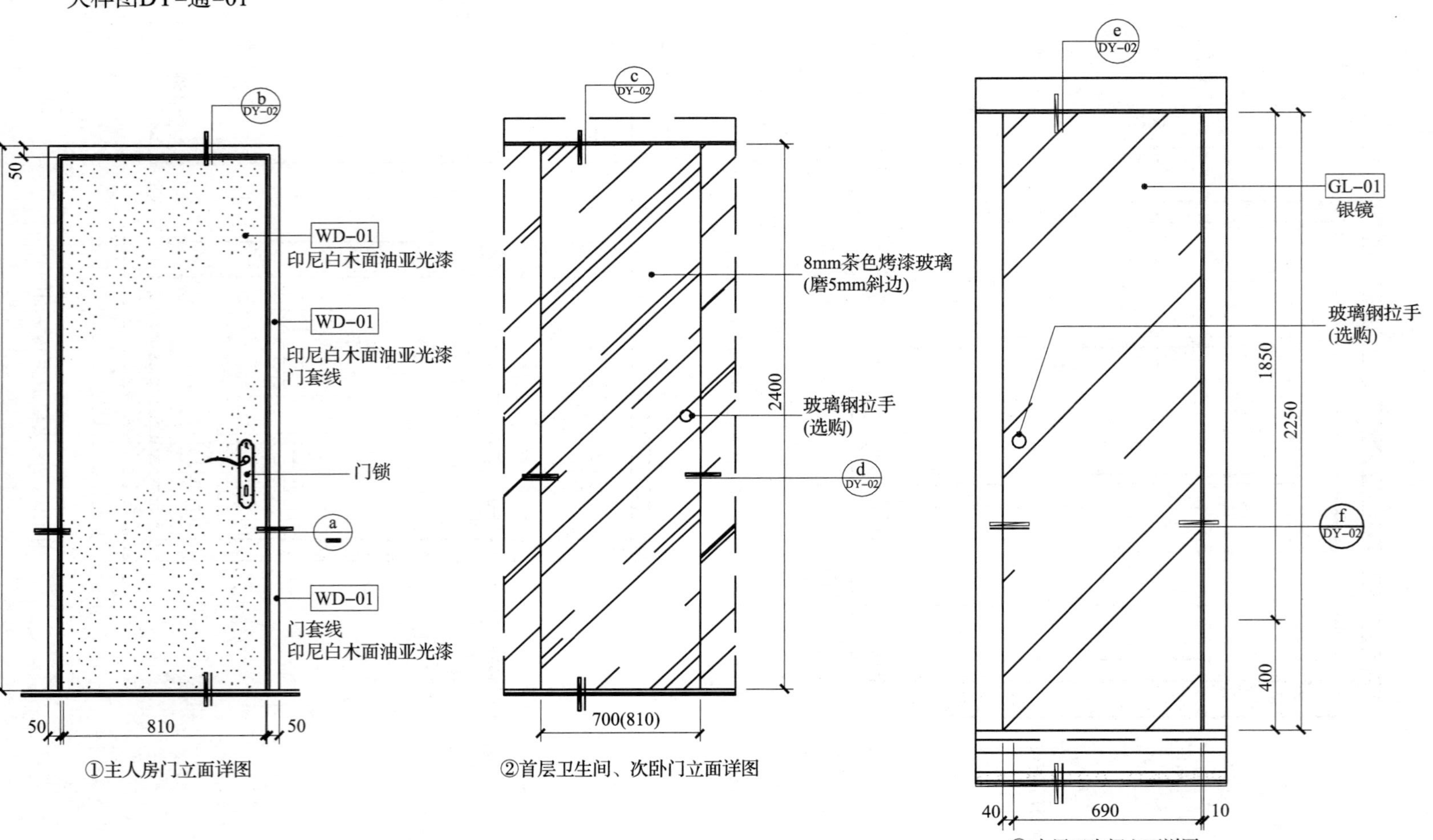

①主人房门立面详图

②首层卫生间、次卧门立面详图

③ 夹层卫生间立面详图

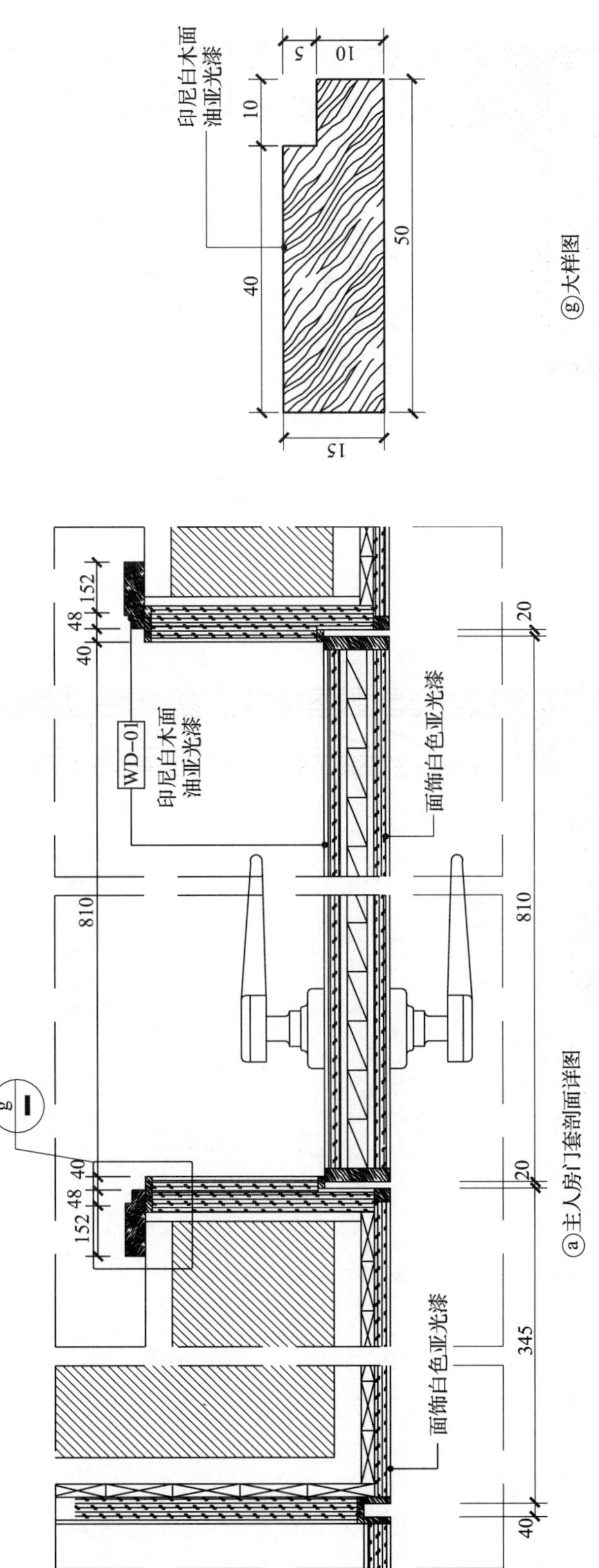

ⓖ大样图

ⓐ主人房门套剖面详图

大样图DY—通—02

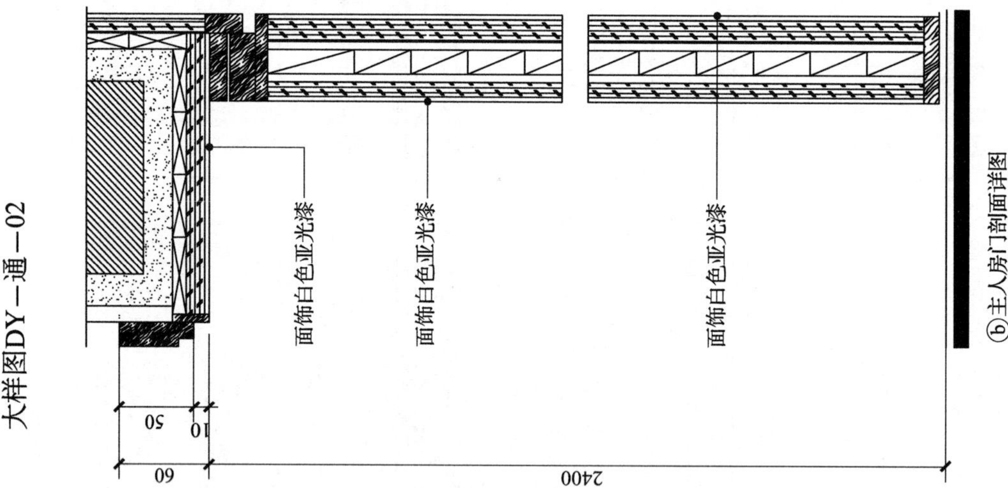

ⓑ主人房门剖面详图

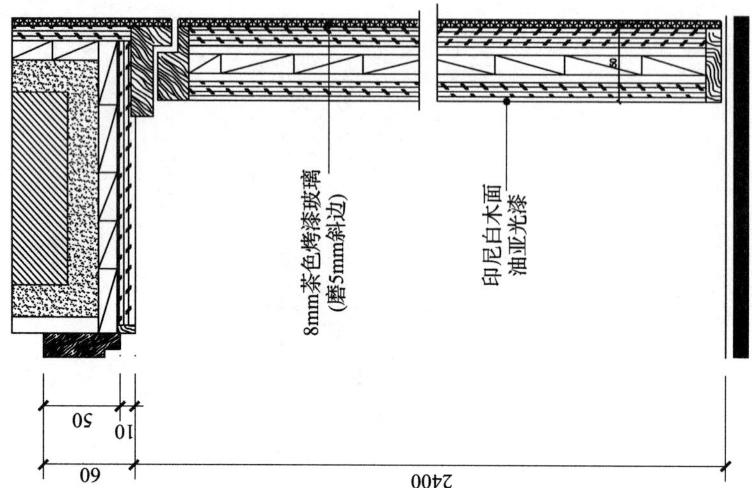

ⓒ首层卫生间及次卧室剖面详图

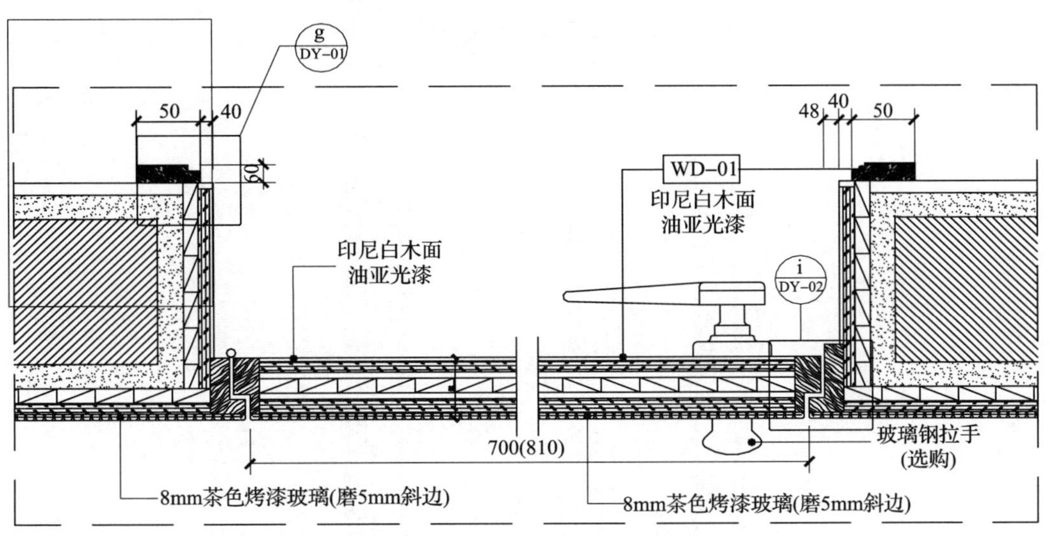

ⓓ首层卫生间、次卧门立面详图

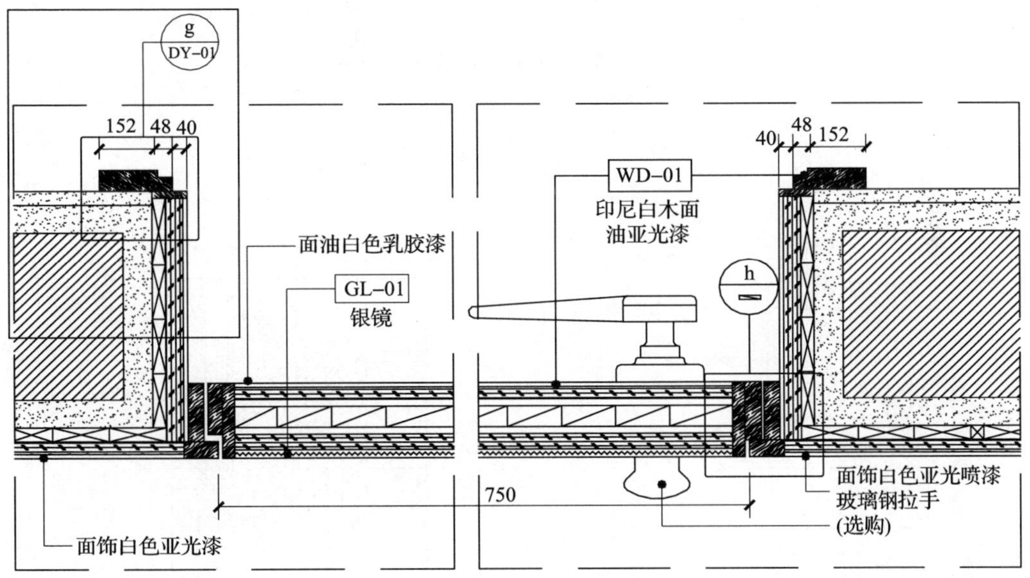

ⓕ夹层卫生间门套剖面详图

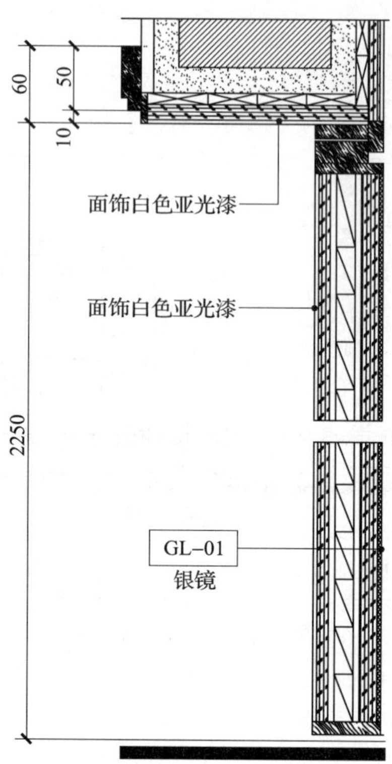

ⓔ夹层卫生间立面剖面详图

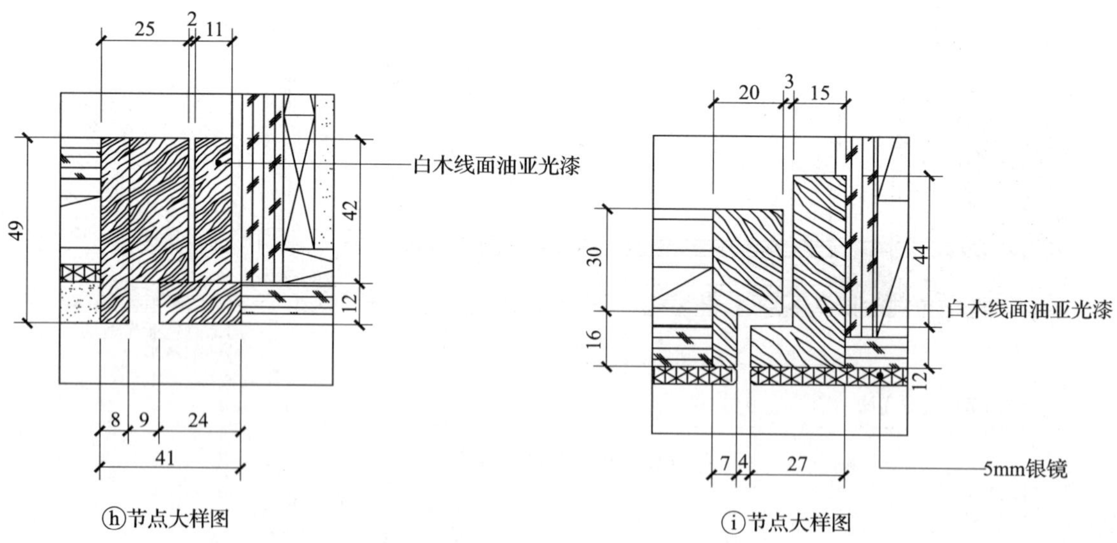

ⓗ节点大样图

ⓘ节点大样图

大样图 DY—通—03

水晶白大理石
水晶白大理石
30
40
窗户长度
40
3
—
3
—
①窗台平面详图索引
20
55
墙身饰面
40
25
25
42
60
印尼白木油亚光漆
75
②踢脚线详图
20mm厚雪花白大理石
9mm夹板结构层
8
72
150
70
250
⑦夹层平台剖面大样
10
50
10
70
水晶白大理石窗台
③窗台石剖面详图
25×30铝条
油白色半亚光漆
30
25
⑧客厅电视机背景铝方详图
8mm茶色烤漆玻璃
40号镀锌角铁
双面封12mm夹板
8mm茶色烤漆玻璃
300×450(白)
厨房
⑨墙体结构详图

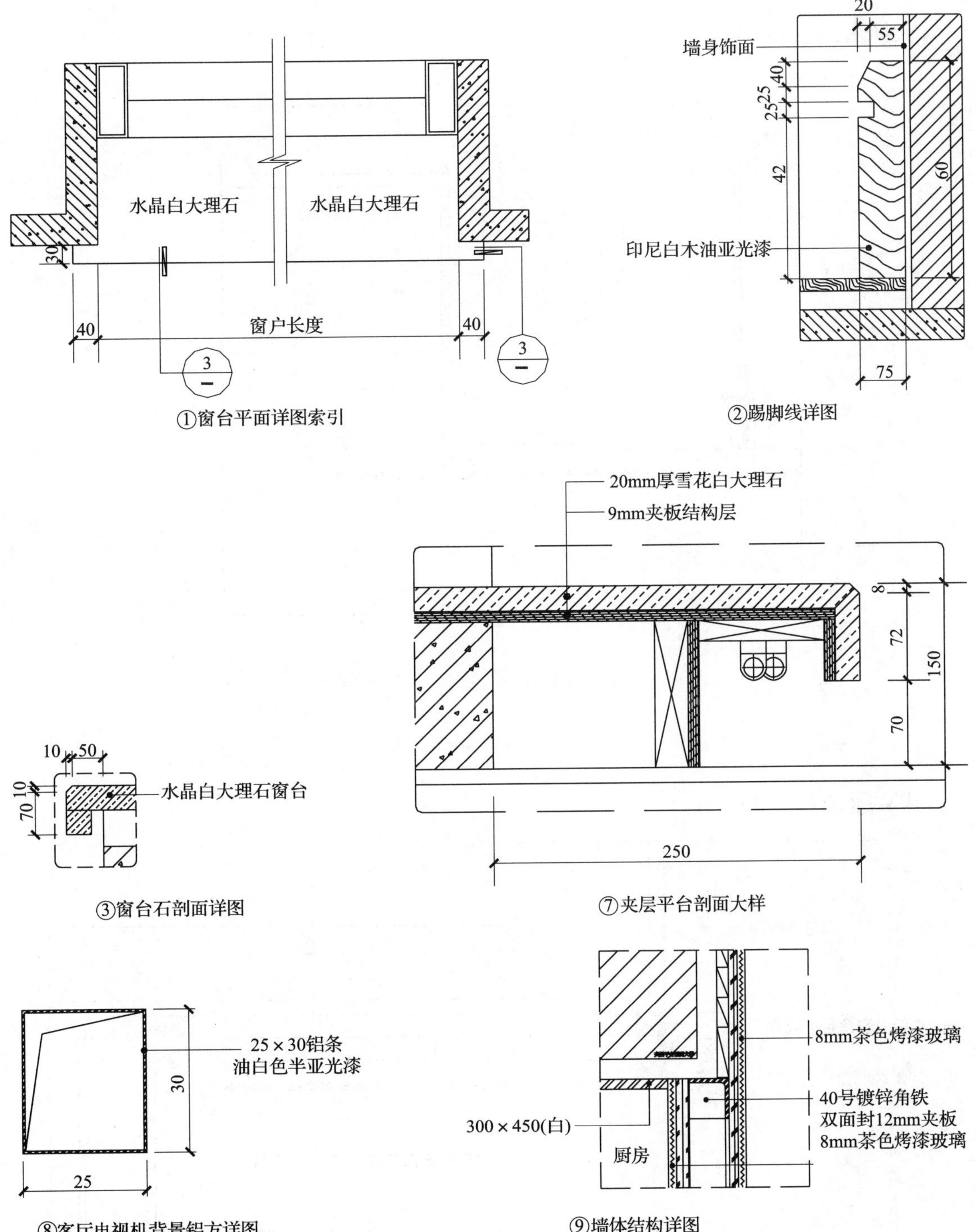

大样图DY–通–04

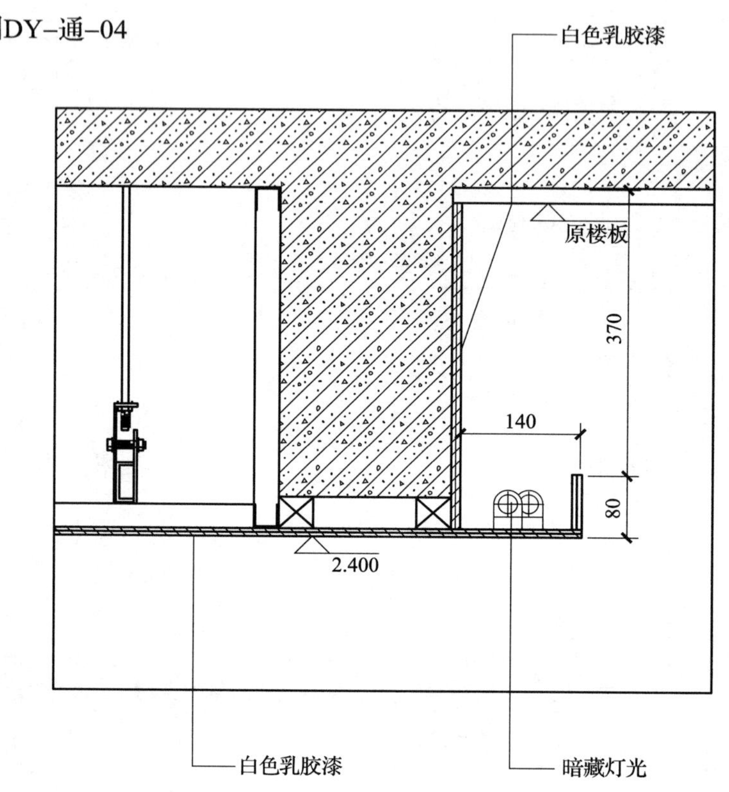

①天花大样图

大样图DY–通–06

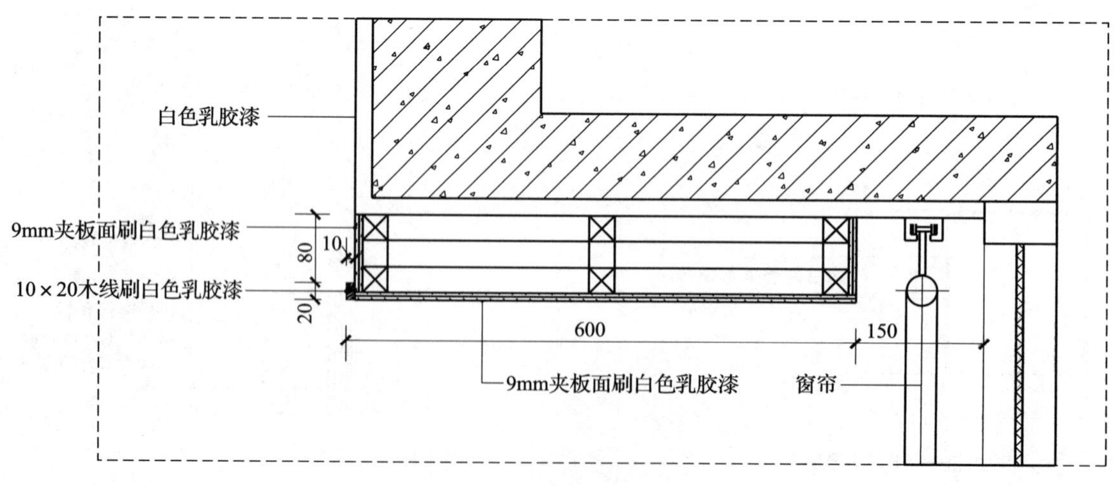

②主人房飘窗剖面详图

白色乳胶漆
白色乳胶漆
白色乳胶漆
白色乳胶漆
白色乳胶漆
暗藏灯光
暗藏灯光
暗藏灯光
茶色烤漆玻璃
40号镀锌角铁双面封12mm夹板
茶色烤漆玻璃
白色乳胶漆
白色乳胶漆
'MATT' MAS 34000
300×450(白)
2.400
2.600
150
120
80
200
50
400
2.400
140
120
80
1720
2.600
150
2.400
500

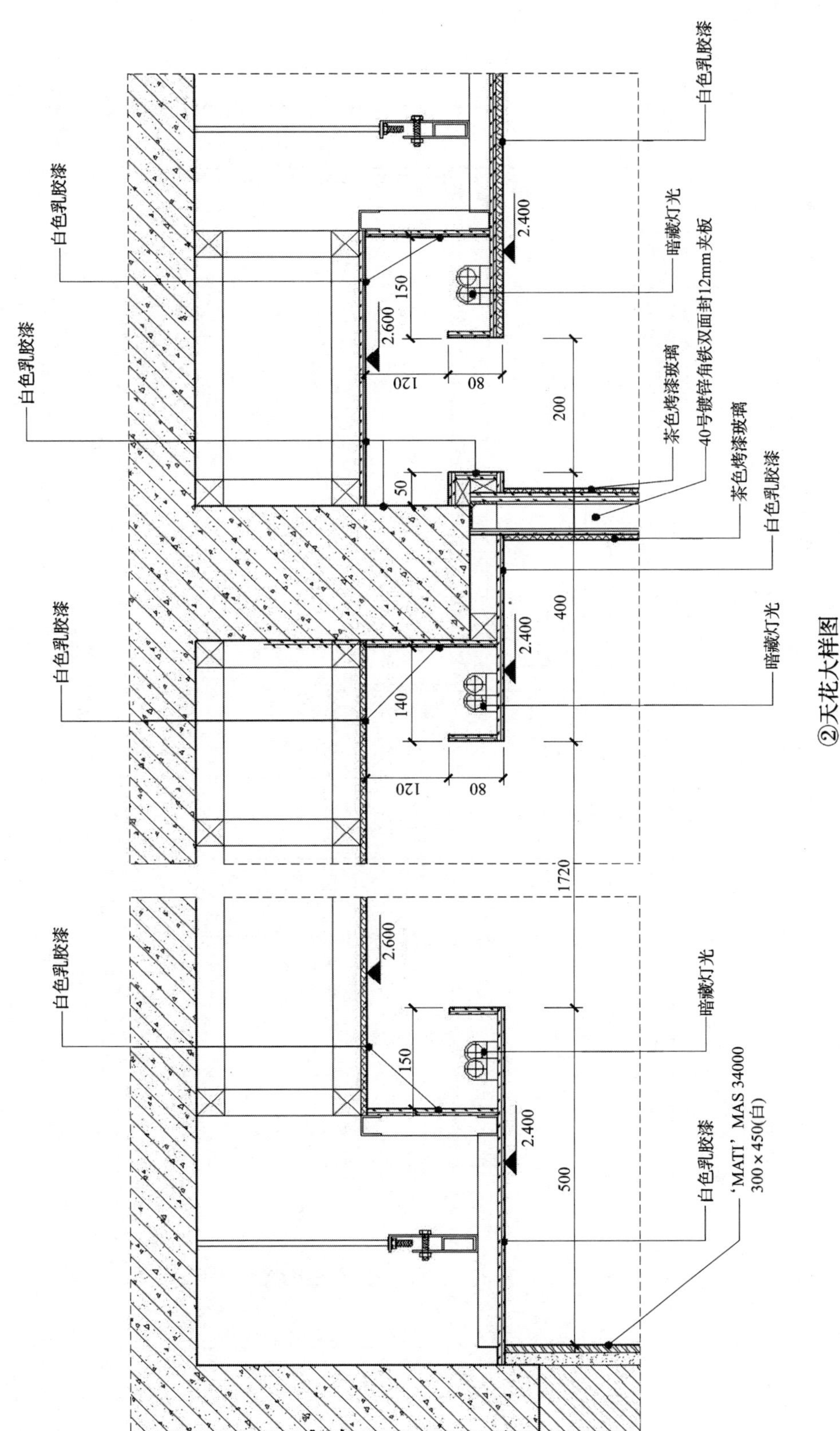

②天花大样图

GL-01
银镜
白色乳胶漆
2.600
850
200
2.400
白色乳胶漆
白色乳胶漆
1770
2.400
暗藏灯光
150
2.600
120
80
200
50
白色乳胶漆
茶色烤漆玻璃

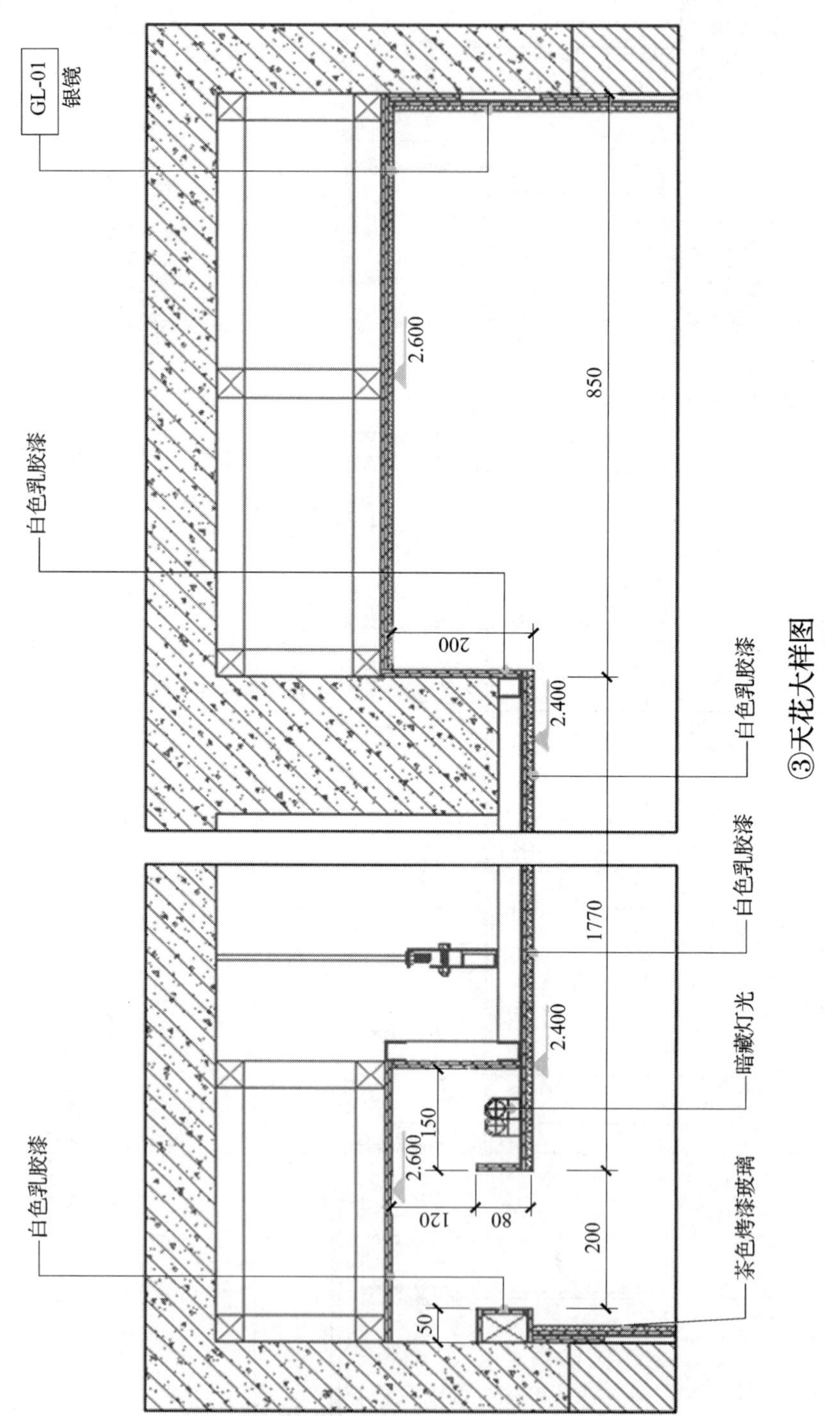

③天花大样图

大样图DY-通-09

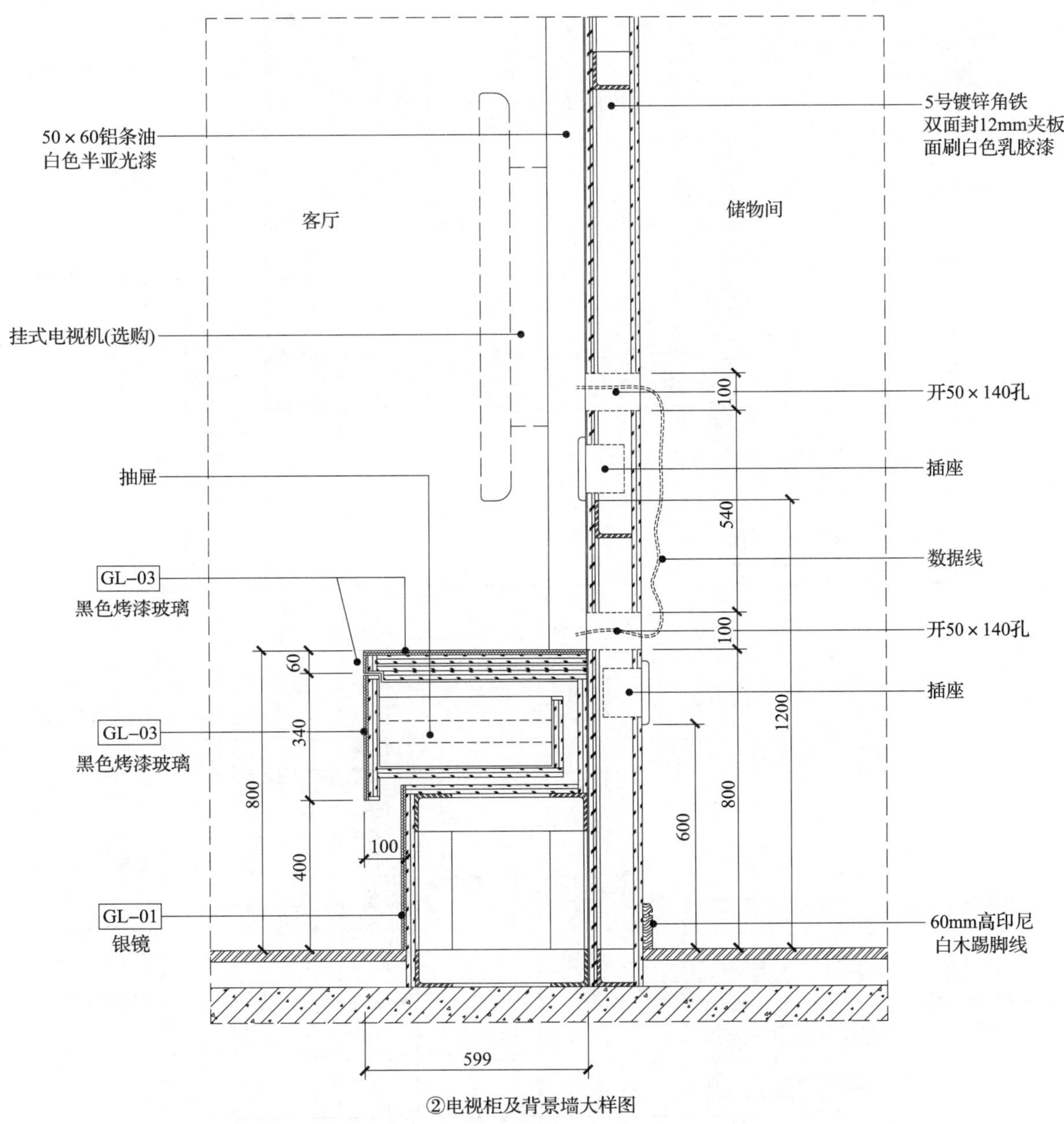

②电视柜及背景墙大样图

大样图 DY- 通 -10

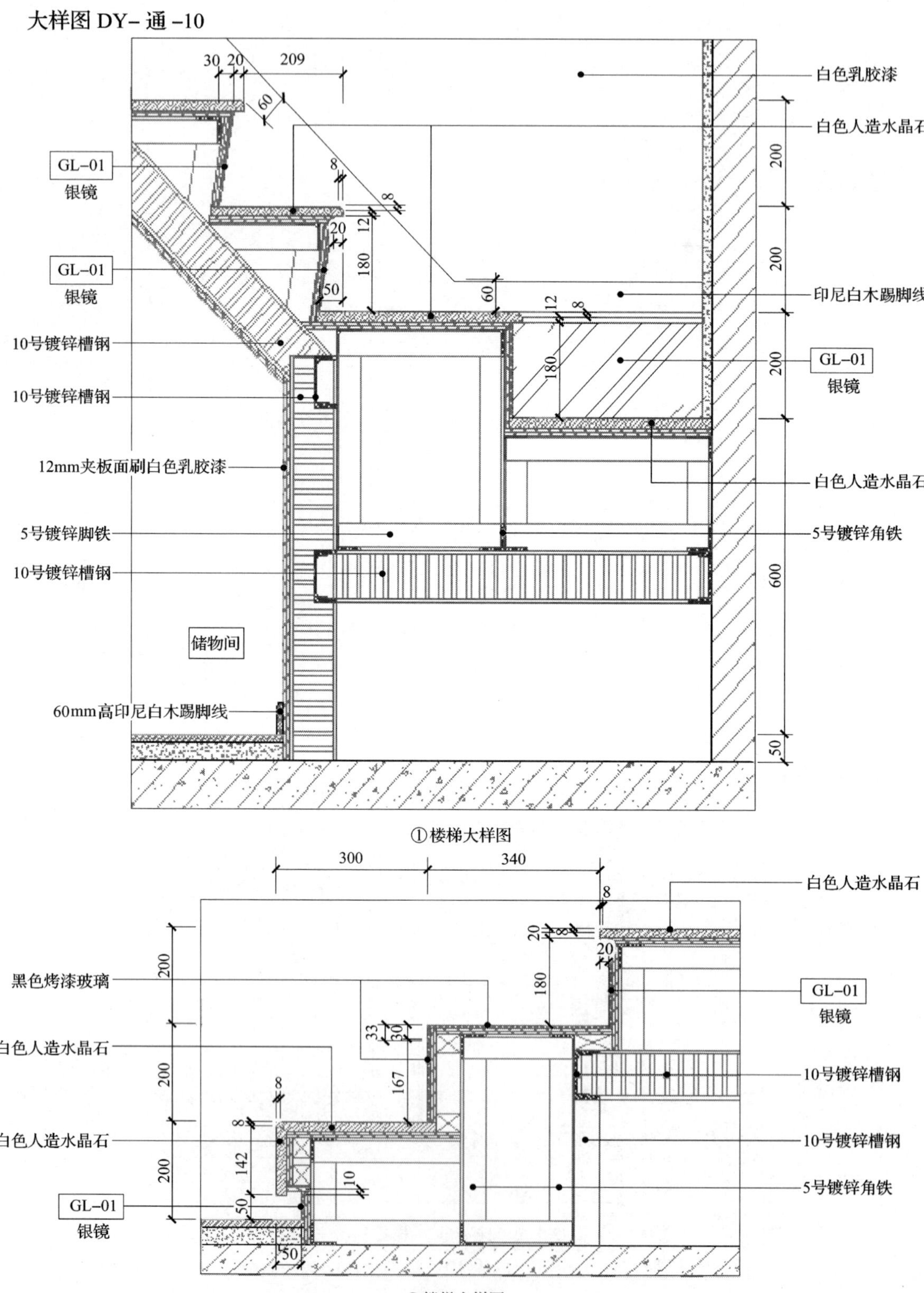

①楼梯大样图

②楼梯大样图

(2)《建设工程工程量清单计价规范》(GB 50500—2013) 和《房屋建筑与装饰工程工程量计算规范》(GB 50854—2013)。

(3) 2010 年《广东省建筑与装饰工程综合定额》(略)。

(4) 与清单编制相关的施工招标文件主要内容:

1) 合同类型:单价合同。

2) 本工程结构部分已经全部完成。

3) 材料供应方式:全部由承包人供应。

4) 暂列金额:考虑到设计变更、材料涨价风险等因素,按分部分项工程费用的 10%计算。

(5) 与招投标报价相关的施工组织设计:

1) 脚手架工程:按活动脚手架计算。

2) 材料运输:考虑直接运至施工现场,无须进行材料、构件的二次运转。

3) 垂直运输工程:假设材料全部送货上门,不考虑垂直运输。

二、工程量清单文件

1. 清单工程量计算表

清单工程量计算表,见表 10—3。

表 10—3 清单工程量计算表

序号	分项工程名称	单位	数量	工程量计算式
一、分部分项工程				
B.1 楼地面工程				
1	800 mm×800 mm 白色地砖	m^2	26.09	首层 客厅、餐厅:20.48 m^2 厨房:4.23 m^2 储物间:0.79×1.75≈1.38 (m^2)
2	300 mm×600 mm 白色防滑地砖	m^2	7.37	卫生间 一层:3.67 m^2 夹层:3.7 m^2
3	800 mm×400 mm 白色地砖	m^2	4.46	夹层小厅:4.46 m^2
4	实木地板	m^2	21.28	夹层 主卧室:13.6 m^2 高出 500 mm 处:0.88×0.5=0.44 (m^2) 次卧室:7.24 m^2

续表

序号	分项工程名称	单位	数量	工程量计算式
5	楼梯贴面	m^2	2.27	从第三级开始算 水平面（白色人造水晶石）：2.84×0.8≈2.27（m^2）
			1.78	竖面（银镜 GL－01）： 直跑梯：0.8×0.18×10＝1.44（m^2） 第四级：1.1×0.18≈0.2（m^2） 第三级：0.75×0.18≈0.14（m^2）
6	印尼白木踢脚线	m^2	2.87	梯级 E－03，2 号大样：0.5 m^2 梯级 E－02，3 号大样：0.16 m^2 首层 客厅、餐厅：［22.31－（2.4＋5.35＋1＋0.7＋2.5）］×0.06≈0.62（m^2） 储物间：［（0.79＋1.75）×2－0.7］×0.06≈0.26（m^2） 夹层 主卧室：［14.5－（0.9＋2.94）］×0.06≈0.64（m^2） 次卧室：（10.77－0.9）×0.06≈0.59（m^2） 小厅：（1.65－0.9）×0.06≈0.05（m^2） 8 mm 厚茶色烤漆玻璃：（1.76－0.9）×0.06≈0.05（m^2）（E－04 立面）
7	零星大理石踏面	m^2	0.78	夹层卫生间出口 20 mm 厚雪花白大理石：2.5×（0.25＋0.06）≈0.78（m^2） 9 mm 夹板结构层：2.5×0.29≈0.73（m^2） 龙骨：2.5×0.12×0.04＋2.5×0.1×0.02≈0.02（m^3） 石材磨边：2.5 m
8	米白色水晶石门槛石	m^2	0.24	卫生间：0.7×0.17×2≈0.24（m^2） 石材磨边：0.7×2×2＝2.8（m）
9	黑金沙门槛石	m^2	0.31	夹层房间：0.9×0.17×2≈0.31（m^2） 石材磨边：0.9×2×2＝3.6（m）
10	踢脚线抹灰	m^2	0.46	梯级边 抹灰油 PT－04 亮光白色喷漆：0.46 m^2（E－04，4 号大样）
				B.2 墙柱面工程
11	墙面一般抹灰	m^2	108.18	首层 客厅、餐厅：（22.31－5.34－2.67）×2.5－（2.4×2.2＋1×2.4）＝28.07（m^2）

续表

序号	分项工程名称	单位	数量	工程量计算式
11	墙面一般抹灰	m^2	108.18	储物间：2.61×2+0.79×（2.34+0.67）−0.7×2.4≈5.92（m^2） 首层楼梯边：3.61 m^2 夹层 主卧室：（14.4−0.88）×2.5−0.9×2.4=31.64（m^2） 次卧室：10.77×2.5−（0.9×2.4+1.5×1+1.5×0.6）≈22.37（m^2） 小厅：1.65×2.5−0.9×2.4≈1.97（m^2）（E−03，3号大样） E03−2立面（含楼梯边）：14.6 m^2
12	8 mm厚茶色烤漆玻璃（有墙体）	m^2	4.8	首层 卫生间：1.62×2.4−0.8×2.4≈1.97（m^2） 夹层 次卧室：1.75×2.85−0.9×2.4≈2.83（m^2）（E−04，4号大样）
13	8 mm厚茶色烤漆玻璃（中间木龙骨，双面胶合板底烤漆玻璃面）	m^2	4.15	首层 厨房：1.73×2.4=4.15（m^2）
14	8 mm厚茶色烤漆玻璃（无木龙骨，单面烤漆玻璃）	m^2	4.85	首层 厨房：2.02×2.4≈4.85（m^2）
15	银镜	m^2	14.56	首层 餐厅：9.47 m^2 夹层 卫生间：2.55×2.7−0.8×2.25≈5.09（m^2）（E−03，1号大样）
16	300 mm×450 mm白瓷片	m^2	31.28	首层 厨房：（8.75−1.96−1.73）×2.4−1×1.5≈10.64（m^2） 卫生间：（7.96−2.42）×2.39−（0.6×1.5+0.8×2.4）≈10.42（m^2） 夹层 卫生间：（8−1.58−1.39）×2.39−0.8×2.25≈10.22（m^2）
17	300 mm×300 mm黑瓷片	m^2	4.35	首层 卫生间：（2.42−0.6）×2.39≈4.35（m^2）

续表

序号	分项工程名称	单位	数量	工程量计算式
18	300 mm×300 mm 工艺图案瓷片	m^2	1.43	首层 卫生间：0.6×2.39≈1.43（m^2）
19	幻彩数字马赛克	m^2	7.1	夹层 卫生间：（1.58+1.39）×2.39≈7.1（m^2）
20	隔断（12 mm 厚钢化玻璃）	m^2	5.22	卫生间 首层：1.5×1.8=2.7（m^2） 夹层：1.4×1.8=2.52（m^2） 白色人造水晶石底座（细部装饰） 首层：1.5×（0.05×2+0.08）=0.27（m^2） 夹层：1.4×（0.05×2+0.08）≈0.25（m^2）
21	装饰板墙面 （封 12 mm 厚夹板）	m^2	1.34	夹层主人房：0.89×1.5≈1.34（m^2）　（E—03 立面图 2 立面）
B.3 天棚工程				
22	天棚抹灰	m^2	36.93	首层 客厅：11.74 m^2 储物间：0.79×1.75×1.15≈1.59（m^2）　（楼梯底） 夹层 主卧室：11.9 m^2 次卧室：7.24 m^2 小厅：4.46 m^2
23	天棚吊顶 （平面天棚）	m^2	7.37	卫生间（防水石膏板天棚） 首层：3.67 m^2 展开：3.98 m^2 夹层：3.7 m^2 展开：4.01 m^2
24	天棚吊顶（平面天棚）	m^2	3.4	夹层（胶合板天棚） 小厅：0.57 m^2 灯槽（80 mm 高）：2.51×0.08≈0.2（m^2） 灯槽竖面（420 mm 高）：2.51×0.42≈1.05（m^2） 主卧室：1.51+1.32（窗顶）=2.83（m^2） 灯槽（80 mm 高）：6.08×0.08≈0.49（m^2） 灯槽竖面（420 mm 高）：6.08×0.42≈2.55（m^2） 窗顶竖面（100 mm 高）：（2.2+3.05）×0.1≈0.53（m^2）

续表

序号	分项工程名称	单位	数量	工程量计算式
25	天棚吊顶（藻井天棚）	m^2	4.23	厨房：4.23 m^2（胶合板天棚） 灯槽（80 mm 高）：5×0.08=0.4（m^2） 灯槽竖面（360 mm 高）：5×0.36=1.8（m^2） 灯槽（220 mm 高）：5×（0.14+0.08）=1.1（m^2）
26	天棚吊顶（跌级天棚）	m^2	11.4	客厅、餐厅：11.4 m^2（胶合板天棚） 灯槽（80 mm 高）：（3.35+6.18）×0.08≈0.76（m^2） 灯槽（200 mm 高）：（3.35+0.2+4.17）×0.2≈1.54（m^2） 灯槽竖面（360 mm 高）：6.18×0.43≈2.66（m^2） 烤漆玻璃顶木条：3.35×（0.05×2+0.08）≈0.6（m^2）
27	双面胶合板天棚	m^2	1.67	夹层次卧室 0.89×（1.22+0.66）≈1.67（m^2）（E—03 立面图2 立面）
B.4 门窗工程				
28	首层卫生间门 M3 （700 mm×2 400 mm）	樘	1	见门窗表
29	首层厨房门 M4 （750 mm×2 400 mm）	樘	1	见门窗表
30	首层卫生间门 M5 （800 mm×2 400 mm）	樘	1	见门窗表
31	夹层卫生间门 M6 （800 mm×2 250 mm）	樘	1	见门窗表
32	主卧室门 M7 （900 mm×2 400 mm）	樘	1	见门窗表
33	次卧室门 M8 （900 mm×2 400 mm）	樘	1	见门窗表
34	木门窗套	m^2	2.68	主卧室门 M7 9 mm 厚胶合板：（2.4×2+0.9）×0.12≈0.68（m^2） 15 mm 厚胶合板：（2.4×2+0.9）×0.15≈0.86（m^2） 50 mm×15 mm 印尼白木装饰条：2.4×2+0.9=5.7（m） 25 mm×2 mm 木装饰压条：2.4×2+0.9=5.7（m） 4 mm×2 mm 木装饰压条：2.4×2+0.9=5.7（m） 5 mm×6 mm 木装饰压条：2.4×2+0.9=5.7（m） 次卧室门 M8 9 mm 厚胶合板：（2.4×2+0.9）×0.12≈0.68（m^2）

续表

序号	分项工程名称	单位	数量	工程量计算式
34	木门窗套	m^2	2.68	50 mm×15 mm 印尼白木装饰条：2.4×2+0.9=5.7（m） 12 mm×2 mm 木装饰压条：2.4×2+0.9=5.7（m） 首层卫生间门 M5 9 mm 厚胶合板：（2.4×2+0.8）×0.12≈0.67（m^2） 50 mm×15 mm 印尼白木装饰条：2.4×2+0.8=5.6（m） 12 mm×2 mm 木装饰压条：2.4×2+0.8=5.6（m） 夹层卫生间门 M6 9 mm 厚胶合板：（2.25×2+0.8）×0.12≈0.64（m^2） 50 mm×15 mm 印尼白木装饰条：2.25×2+0.8=5.3（m） 22 mm×2 mm 木装饰压条：2.25×2+0.7=5.2（m）
35	大理石窗台板	m	2.4	长度：2.4 m 夹层主人房：2.4×（0.63+0.02）=1.56（m^2）（DY—03，6 号大样） 石材磨边：2.4 m
				B.5 油漆、涂料、裱糊工程
36	抹灰面油漆（内墙面）	m^2	104.57	内墙面抹灰：108.18−3.61=104.57（m^2）（其中 3.61m^2 做亮光白色喷漆）
37	抹灰面油漆（天棚面）	m^2	36.93	乳胶漆，同天棚面抹灰：36.93 m^2
38	刷喷涂料（踢脚线）	m^2	4.07	梯级边 PT—04 亮光白色喷漆：0.46 m^2 （E—04，4 号大样） 首层楼梯边：3.61 m^2 （E—01，2 号立面）
39	吊顶胶合板油漆（白色乳胶漆）	m^2	24.64	按吊顶展开面积计算： 0.57+0.2+1.05+2.83+0.49+2.55+0.59+11.4+0.76+1.54+2.66=24.64（m^2）
40	吊顶胶合板油漆（厨房油防潮乳胶漆）	m^2	7.53	按吊顶展开面积计算： 4.23+0.4+1.8+1.1=7.53（m^2）
41	吊顶石膏板油漆（卫生间油防潮乳胶漆）	m^2	7.99	按吊顶展开面积计算：3.98+4.01=7.99（m^2）
				B.6 其他工程
42	矮柜	个	1	首层楼梯边 立面：2.5×0.4=1（m^2） 1. 黑色烤漆玻璃 GL—03：1.49（m^2） 平面：2.5×0.28=0.7（m^2） 立面：2.5×0.2=0.5（m^2）

续表

序号	分项工程名称	单位	数量	工程量计算式
42	矮柜	个	1	侧面：0.12×2=0.24（m^2） 2. 银镜 GL−01：0.4（m^2） 立面：1.4×0.22≈0.31（m^2） 梯底：1.5×0.06=0.09（m^2） 3. 白色人造水晶石：0.55 m^2 平面：1×0.3=0.3（m^2） 立面：1×0.15=0.15（m^2） 侧面：0.05×2=0.1（m^2） 4. 等边角钢∟50×5：45.24 kg 第一级：1×3.77（kg/m）×2=7.54（kg） 第二级：2.5×3.77（kg/m）×4=37.7（kg）
43	金属装饰线	m	50	首层楼梯边（25 mm×30 mm 铝条油白色半亚光漆） 长度：2×25=50（m） 质量：0.33（kg/m）×50=16.5（kg） 表面油漆：0.11（m^2/m）×50=5.5（m^2）
				二、措施项目
44	墙柱面活动脚手架	m^2	233.41	首层 客厅、餐厅：22.31×2.85=63.58（m^2） 储物间：2.61×2+（0.67+2.34）×0.79≈7.6（m^2） 卫生间：7.96×2.45≈19.5（m^2） 厨房：8.75×2.85≈24.94（m^2） 夹层 主卧室：14.4×2.85=41.04（m^2） 小厅：8.58×2.85≈24.45（m^2） 卫生间：8×2.7=21.6（m^2） 次卧室：10.77×2.85≈30.69（m^2）
45	天棚活动脚手架	m^2	59.95	首层 客厅、餐厅：21.2 m^2 储物间：0.79×1.75≈1.38（m^2） 卫生间：3.67 m^2 厨房：4.23 m^2 夹层 主卧室：11.9 m^2 小厅：4.46 m^2 卫生间：3.7 m^2 次卧室：7.24 m^2 楼梯位置：2.27 m^2

2. 工程量清单

工程量清单如下。

小复式室内装饰工程

招标工程量清单

招 标 人：×××房地产开发有限公司
（单位盖章）

造价咨询人：
（单位资质专用章）

法定代表人
或其授权人：
（签字或盖章）

法定代表人
或其授权人：
（签字或盖章）

编 制 人：
（造价人员签字盖专用章）

复 核 人：
（造价工程师签字盖专用章）

编制时间： 年 月 日

复核时间： 年 月 日

总 说 明

工程名称：小复式室内装饰工程 第1页 共1页

一、工程概况

1. 工程名称：阳光半岛 样板间 装修设计；

2. 建筑地点：中山市；

3. 建设单位：×××房地产开发有限公司；

4. 建筑层数：1层（小复式），本单元位于第12层；

5. 结构类型：框剪结构；

6. 本工程为土建结构部分完成后的室内二次装修，不包括室外装饰。

二、招标范围

设计图纸范围内的室内装饰工程，详见招标文件。

三、工程量清单编制依据

1.《建设工程工程量清单计价规范》（GB 50500—2013）和《房屋建筑与装饰工程工程量计算规范》（GB 50854—2013）；

2. 国家及省级建设主管部门颁发的有关规定；

3. 本工程的设计文件、与本工程有关的标准、规范、技术资料；

4. 招标文件及其补充通知、答疑纪要；

5. 2010年《广东省建筑与装饰工程综合定额定额》；

6. 广州地区建筑与装饰工程定额计价程序表（2010年4月1日起执行）；

7. 主要材料、设备、成品价格根据市场调查信息并参考本地区的工程造价管理机构发布的指导价；

8. 其他相关资料。

四、工程量清单编制的相关说明

1. 分部分项工程量清单

（1）部分门窗（有标注）已经是安装好的成品不计算；

（2）图纸标注现场订做的装饰不计算。

2. 措施项目清单

墙柱面和天棚装饰使用活动脚手架，假设材料全部送货上门，不考虑垂直运输。

3. 其他项目费

（1）暂列金额：考虑到设计变更、材料涨价风险等因素，按分部分项工程费用的10%计算；

（2）材料检验试验费：按分部分项工程费用的0.3%计算；

（3）预算包干费：按分部分项工程费用的1%计算。

4. 规费和税金项目费：按现行计费文件进行报价。

分部分项工程和单价措施项目清单与计价表

工程名称：小复式室内装饰工程　　　　　　　　　　　　第1页　共8页

序号	项目编码	项目名称	项目特征描述	计量单位	工程量	金额（元）	
						综合单价	合价
		H门窗工程					
1	010801001001	木质门	1. 门代号及洞口尺寸：M7，900 mm×2 400 mm 2. 注明：特殊五金及配套小五金在单价内综合考虑	樘	1		
2	010801001002	木质门	1. 门代号及洞口尺寸：M8，900 mm×2 400mm 2. 注明：特殊五金及配套小五金在单价内综合考虑	樘	1		
3	010801001003	木质门	1. 门代号及洞口尺寸：M5，800 mm×2 400 mm 2. 注明：特殊五金及配套小五金在单价内综合考虑	樘	1		
4	010801001004	木质门	1. 门代号及洞口尺寸：M6，800 mm×2 250 mm 2. 注明：特殊五金及配套小五金在单价内综合考虑	樘	1		
5	010801001005	木质门	1. 门代号及洞口尺寸：M3，700 mm×2 400 mm 2. 注明：特殊五金及配套小五金在单价内综合考虑	樘	1		
6	010805005001	全玻自由门	1. 门代号及洞口尺寸：M4，750 mm×2 400 mm 2. 玻璃品种、厚度：8 mm 茶色烤漆玻璃 3. 注明：特殊五金及配套小五金在单价内综合考虑	樘	1		
7	010808007001	成品木门窗套	1. 门代号及洞口尺寸：M5、M6、M7、M8，洞口尺寸：综合考虑 2. 门套材料品种、规格：胶合板基层，印尼实木贴面	m^2	2.68		
本页小计							

分部分项工程和单价措施项目清单与计价表

工程名称：小复式室内装饰工程　　　　第2页　共8页

序号	项目编码	项目名称	项目特征描述	计量单位	工程量	金额（元）	
						综合单价	合价
		H门窗工程					
8	010809004001	石材窗台板	1. 找平层厚度、砂浆配合比：20 mm厚1∶2. 5水泥砂浆 2. 窗台板材质、规格、颜色：20 mm厚水晶白大理石	m	2.4		
		分部小计					
		L楼地面装饰工程					
9	011102003001	块料楼地面	1. 工程部位：客厅、餐厅、厨房、储物间 2. 找平层厚度、砂浆配合比：20 mm厚1∶2.5水泥砂浆 3. 面层材料品种、规格、颜色：800 mm×800 mm白色瓷质抛光砖	m^2	26.09		
10	011102003002	块料楼地面	1. 工程部位：卫生间 2. 找平层厚度、砂浆配合比：20厚1∶2.5水泥砂浆 3. 面层材料品种、规格、颜色：300 mm×600 mm白色防滑地砖	m^2	7.37		
11	011102003003	块料楼地面	1. 工程部位：夹层小厅 2. 找平层厚度、砂浆配合比：20厚1∶2.5水泥砂浆 3. 面层材料品种、规格、颜色：800 mm×400 mm白色瓷质抛光砖	m^2	4.46		
12	011104002001	实木地板	1. 工程部位：主、次卧室 2. 找平层厚度、砂浆配合比：30厚1∶2.5水泥砂浆找平层 3. 防潮层材料种类：防潮纸一层 4. 面层材料品种、规格：普通实木地板，铺在水泥地面上	m^2	21.28		
13	011105001001	水泥砂浆踢脚线	1. 工程部位：楼梯边 2. 踢脚线高度：60 mm 3. 底层厚度、砂浆配合比：20 mm厚1∶1∶6水泥石灰砂浆	m^2	0.46		
		本页小计					

分部分项工程和单价措施项目清单与计价表

工程名称：小复式室内装饰工程　　　　第3页　共8页

序号	项目编码	项目名称	项目特征描述	计量单位	工程量	金额（元）	
						综合单价	合价
14	011105005001	木质踢脚线	1. 踢脚线高度：60 mm 2. 底层厚度、砂浆配合比：20 mm厚1∶1∶6水泥石灰砂浆 3. 面层材料品种、规格、颜色：15 mm厚印尼白木成品踢脚线	m^2	2.87		
15	011106002001	块料楼梯面层	1. 工程部位：楼梯 2. 找平层厚度、砂浆配合比：20 mm厚1∶2.5水泥砂浆 3. 面层材料品种、规格、颜色：踏面：白色人造水晶石，踢面：6 mm厚银镜玻璃	m^2	2.27		
16	011108001001	门口大理石踏面	1. 工程部位：夹层卫生间出口 2. 找平层厚度、砂浆配合比：1∶2.5水泥砂浆 3. 基层厚度、材料种类：方木块面铺胶合板基层 4. 面层材料品种、规格、颜色：20 mm厚雪花白大理石 5. 防护材料种类：大理石底刷养护液，面刷保护液	m^2	0.78		
17	011108001002	黑金沙门槛石	1. 工程部位：主、次卧室 2. 找平层厚度、砂浆配合比：20 mm厚1∶2.5水泥防水砂浆 3. 面层材料品种、规格、颜色：黑金沙大理石	m^2	0.31		
18	011108003001	水晶石门槛石	1. 工程部位：卫生间 2. 找平层厚度、砂浆配合比：20 mm厚1∶2.5水泥防水砂浆 3. 面层材料品种、规格、颜色：米白色水晶石	m^2	0.24		
		分部小计					
		M墙、柱面装饰与隔断、幕墙工程					
19	011201001001	墙面一般抹灰	1. 墙体类型：内墙 2. 底层厚度、砂浆配合比：15 mm厚1∶2∶8水泥石灰砂浆底 3. 面层厚度、砂浆配合比：5 mm厚1∶2.5水泥砂浆面	m^2	108.18		
		本页小计					

分部分项工程和单价措施项目清单与计价表

工程名称：小复式室内装饰工程　　　　第 4 页　共 8 页

序号	项目编码	项目名称	项目特征描述	计量单位	工程量	金额（元）	
						综合单价	合价
20	011204003001	块料墙面	1. 部位：厨房、卫生间 2. 底层厚度、砂浆配合比：15 mm厚1∶1∶6水泥石灰砂浆 3. 面层材料品种、规格、品牌、颜色：300 mm×450 mm白瓷砖	m^2	31.28		
21	011204003002	块料墙面	1. 工程部位：首层卫生间 2. 底层厚度、砂浆配合比：15 mm厚1∶1∶6水泥石灰砂浆 3. 面层材料品种、规格、颜色：300 mm×300 mm黑瓷砖	m^2	4.35		
22	011204003003	块料墙面	1. 工程部位：首层卫生间 2. 底层厚度、砂浆配合比：15 mm厚1∶1∶6水泥石灰砂浆 3. 面层材料品种、规格、颜色：300 mm×300 mm工艺图案瓷砖	m^2	1.43		
23	011204003004	块料墙面	1. 工程部位：夹层卫生间 2. 底层厚度、砂浆配合比：15 mm厚1∶1∶6水泥石灰砂浆 3. 面层材料品种、规格、颜色：幻彩数字马赛克	m^2	7.1		
24	011207001001	墙面装饰板	1. 工程部位：首层卫生间、夹层次卧室 2. 龙骨材料种类、规格、中距：木龙骨断面 7.5 cm^2 木龙骨平均中距（mm以内）300 3. 基层材料种类、规格：9 mm厚胶合板 4. 面层材料品种、规格、颜色：8 mm厚茶色烤漆玻璃	m^2	4.8		
25	011207001002	墙面装饰板	1. 工程部位：首层餐厅、夹层卫生间 2. 基层材料种类、规格：9 mm厚胶合板 3. 面层材料品种、颜色：银镜	m^2	14.56		
		本页小计					

分部分项工程和单价措施项目清单与计价表

工程名称：小复式室内装饰工程　　　　第5页　共8页

序号	项目编码	项目名称	项目特征描述	计量单位	工程量	金额（元）	
						综合单价	合价
26	011207001003	墙面装饰板	1. 工程部位：首层厨房 2. 龙骨材料种类、规格、中距：龙骨断面 13 cm^2 内，木龙骨平均中距（mm 以内）300 3. 基层材料种类、规格：9 mm 厚胶合板 4. 面层材料品种、规格、颜色：8 mm厚茶色烤漆玻璃（双面）	m^2	4.15		
27	011207001004	墙面装饰板	1. 工程部位：首层厨房 2. 面层材料品种、规格、颜色：8 mm厚茶色烤漆玻璃	m^2	4.85		
28	011207001005	墙面装饰板	1. 工程部位：夹层主人房 2. 面层材料品种、规格：双面12 mm厚胶合板 3. 油漆品种、刷漆遍数：白色乳胶漆二遍	m^2	1.34		
29	011210003001	玻璃隔断	1. 工程部位：卫生间 2. 底座材料种类、规格：白色人造水晶石 3. 玻璃品种、规格、颜色：12 mm厚钢化玻璃	m^2	5.51		
		分部小计					
		N 天棚工程					
30	011301001001	天棚抹灰	抹灰厚度、材料种类：10 mm 厚 1∶1∶6 水泥石灰砂浆底，1∶2.5 水泥砂浆面	m^2	36.93		
31	011302001001	吊顶天棚	1. 工程部位：卫生间 2. 吊顶形式：平面天棚 3. 龙骨类型、材料种类、中距：装配式 U 形轻钢天棚龙骨（不上人型），面层规格 450 mm×450 mm 平面 4. 面层材料品种：防水石膏板面层	m^2	7.37		
		本页小计					

分部分项工程和单价措施项目清单与计价表

工程名称：小复式室内装饰工程　　　　第6页　共8页

序号	项目编码	项目名称	项目特征描述	计量单位	工程量	金额（元）	
						综合单价	合价
32	011302001002	吊顶天棚	1. 工程部位：夹层小厅、主卧室 2. 吊顶形式：平面天棚 3. 龙骨类型、材料种类、中距：装配式U形轻钢天棚龙骨（上人型），面层规格450 mm×450 mm平面 4. 面层材料品种、规格：9 mm厚胶合板	m^2	3.4		
33	011302001003	吊顶天棚	1. 工程部位：厨房 2. 吊顶形式：藻井天棚 3. 龙骨类型、材料种类、中距：装配式U形轻钢天棚龙骨（上人型），面层规格450 mm×450 mm跌级 4. 面层材料品种、规格：9 mm厚胶合板	m^2	4.23		
34	011302001004	吊顶天棚	1. 工程部位：客厅、餐厅 2. 吊顶形式：跌级天棚 3. 龙骨类型、材料种类、中距：装配式U形轻钢天棚龙骨（上人型），面层规格450 mm×450 mm平面 4. 面层材料品种、规格：9 mm厚胶合板	m^2	11.4		
35	011302001005	吊顶天棚	1. 工程部位：夹层次卧室 2. 面层材料品种、规格：双面12 mm厚胶合板 3. 油漆品种、刷漆遍数：白色乳胶漆二遍	m^2	1.67		
		分部小计					
		P油漆、涂料、裱糊工程					
36	011404004001	木方格吊顶天棚油漆	1. 工程部位：天棚胶合板面 2. 刮腻子遍数：满刮腻子二道，砂纸磨平 3. 油漆品种、刷漆遍数：白色乳胶漆二遍	m^2	24.64		
本页小计							

分部分项工程和单价措施项目清单与计价表

工程名称：小复式室内装饰工程　　　　第 7 页　共 8 页

<table>
<tr><th rowspan="2">序号</th><th rowspan="2">项目编码</th><th rowspan="2">项目名称</th><th rowspan="2">项目特征描述</th><th rowspan="2">计量单位</th><th rowspan="2">工程量</th><th colspan="2">金额（元）</th></tr>
<tr><th>综合单价</th><th>合价</th></tr>
<tr><td>37</td><td>011404004002</td><td>木方格吊顶天棚油漆</td><td>1. 工程部位：厨房天棚胶合板面
2. 刮腻子遍数：满刮腻子二道，砂纸磨平
3. 油漆品种、刷漆遍数：白色防潮乳胶漆二遍</td><td>m²</td><td>7.53</td><td></td><td></td></tr>
<tr><td>38</td><td>011406001001</td><td>抹灰面油漆</td><td>1. 工程部位：内墙
2. 刮腻子遍数：满刮腻子二道，砂纸磨平
3. 油漆品种、刷漆遍数：白色乳胶漆二遍</td><td>m²</td><td>104.57</td><td></td><td></td></tr>
<tr><td>39</td><td>011406001002</td><td>抹灰面油漆</td><td>1. 工程部位：天棚
2. 刮腻子遍数：满刮腻子二道，砂纸磨平
3. 油漆品种、刷漆遍数：白色乳胶漆二遍</td><td>m²</td><td>36.93</td><td></td><td></td></tr>
<tr><td>40</td><td>011406001003</td><td>抹灰面油漆</td><td>1. 工程部位：梯级边
2. 刮腻子遍数：满刮腻子二道，砂纸磨平
3. 油漆品种、刷漆遍数：亮光白色喷漆二遍</td><td>m²</td><td>4.07</td><td></td><td></td></tr>
<tr><td>41</td><td>011406001004</td><td>石膏板面油漆</td><td>1. 工程部位：卫生间石膏板天棚
2. 刮腻子遍数：满刮腻子二道，砂纸磨平
3. 油漆品种、刷漆遍数：白色防潮乳胶漆二遍</td><td>m²</td><td>7.99</td><td></td><td></td></tr>
<tr><td></td><td></td><td colspan="2">分部小计</td><td></td><td></td><td></td><td></td></tr>
<tr><td colspan="6">本页小计</td><td colspan="2"></td></tr>
</table>

分部分项工程和单价措施项目清单与计价表

工程名称：小复式室内装饰工程　　　　第 8 页　共 8 页

<table>
<tr><th rowspan="2">序号</th><th rowspan="2">项目编码</th><th rowspan="2">项目名称</th><th rowspan="2">项目特征描述</th><th rowspan="2">计量单位</th><th rowspan="2">工程量</th><th colspan="2">金额（元）</th></tr>
<tr><th>综合单价</th><th>合价</th></tr>
<tr><td></td><td></td><td colspan="2">Q 其他装饰工程</td><td></td><td></td><td></td><td></td></tr>
<tr><td>42</td><td>011501011001</td><td>矮柜</td><td>1. 工程部位：首层楼梯边
2. 台柜规格：矮柜 2 500 mm×400 mm
3. 材料种类、规格：黑色烤漆玻璃、银镜、白色人造水晶石面层，胶合板基层
4. 结构骨架：等边角钢∟50×5
5. 注明：特殊五金及配套小五金在单价内综合考虑</td><td>个</td><td>1</td><td></td><td></td></tr>
<tr><td>43</td><td>011502001001</td><td>金属装饰线</td><td>1. 工程部位：首层楼梯边
2. 线条材料品种、规格：成品 25 mm×30 mm 空心铝条（含油白色半亚光漆二遍）</td><td>m</td><td>50</td><td></td><td></td></tr>
<tr><td></td><td></td><td colspan="2">分部小计</td><td></td><td></td><td></td><td></td></tr>
<tr><td></td><td></td><td colspan="2">S 措施项目</td><td></td><td></td><td></td><td></td></tr>
<tr><td>44</td><td>粤 011701012001</td><td>活动脚手架</td><td>搭设部位：墙柱面</td><td>m²</td><td>233.41</td><td></td><td></td></tr>
<tr><td>45</td><td>粤 011701012002</td><td>活动脚手架</td><td>搭设部位：天棚</td><td>m²</td><td>59.95</td><td></td><td></td></tr>
<tr><td></td><td></td><td colspan="2">分部小计</td><td></td><td></td><td></td><td></td></tr>
<tr><td></td><td></td><td></td><td></td><td></td><td></td><td></td><td></td></tr>
<tr><td></td><td></td><td></td><td></td><td></td><td></td><td></td><td></td></tr>
<tr><td colspan="6">本页小计</td><td></td><td></td></tr>
<tr><td colspan="6">合　计</td><td></td><td></td></tr>
</table>

第二节　室内装饰工程投标报价编制实例

（1）工程内容，同第一节中小复式室内装饰工程。

（2）根据第一节的工程量清单，按《建设工程工程量清单计价规范》（GB 50500—2013）和《房屋建筑与装饰工程工程量计算规范》（GB 50854—2013）规定的格式和要求编制投标报价书。

（3）本节中只列出部分工程量清单单价分析表，其他均从略。

（4）与招投标报价相关的施工组织设计。

1）脚手架工程：按活动脚手架计算。

2）材料运输：考虑直接运至施工现场，无须进行材料、构件的二次运转。

3）垂直运输工程：假设材料全部送货上门，不考虑垂直运输。

（5）表格如下。

室内装饰工程工程量清单报价表

投　标　总　价

招　　标　　人：×××房地产开发有限公司

工　程　名　称：小复式室内装饰工程

投标价（小写）：67，150.34

（大写）：陆万柒仟壹佰伍拾元叁角叁分

投　标　人：

（单位盖章）

法定代表人
或其授权人：

（签字或盖章）

编　制　人：

（造价人员签字盖专用章）

编制时间：　　年　月　日

总　说　明

工程名称：小复式室内装饰工程　　　　第1页　共1页

一、工程概况

1. 工程名称：阳光半岛样板间装修设计；

2. 建筑地点：中山市；

3. 建设单位：×××房地产开发有限公司；

4. 建筑层数：1层（小复式），本单元位于第12层；

5. 结构类型：框剪结构；

6. 本工程为土建结构部分完成后的室内二次装修，不包括室外装饰。

二、投标范围：设计图纸范围内的室内装饰工程，详见招标文件。

三、投标报价编制依据

1.《建设工程工程量清单计价规范》（GB 50500—2013）和《房屋建筑与装饰工程工程量计算规范》（GB 50854—2013）；

2. 本工程的设计文件、招标文件、工程量清单及总说明文件；

3. 国家及省级建设主管部门颁发的有关规定；

4. 2010年《综合定额》；

5. 广州地区建筑与装饰工程定额计价程序表（2010年4月1日起执行）；

6. 主要材料、设备、成品价格根据本公司的市场调查信息并参考本地区的工程造价管理机构发布的指导价；

7. 其他相关资料。

四、工程量清单编制的相关说明

1. 分部分项工程量清单报价

（1）根据招标文件中的分部分项工程量清单及总说明和其他相关内容，按上述编制依据确定的综合单价进行报价；

（2）综合单价中包括招标文件中要求的投标人承担的风险费用。

2. 措施项目清单

墙柱面和天棚装饰使用活动脚手架，假设材料全部送货上门，不考虑垂直运输。

3. 其他项目费

（1）暂列金额：考虑到设计变更、材料涨价风险等因素，按分部分项工程费用的10%计算；

（2）材料检验试验费：按分部分项工程费用的0.3%计算；

（3）预算包干费：按分部分项工程费用的1%计算。

4. 规费和税金项目费：按现行计费文件进行报价。

单位工程投标报价汇总表

工程名称：小复式室内装饰工程　　　　第1页　共1页

序号	费用名称	计算基础	金额（元）
1	分部分项合计	分部分项合计	57 052.98
2	措施合计	安全防护、文明施工措施项目费＋其他措施费	1 437.74
2.1	安全防护、文明施工措施项目费	安全及文明施工措施费	1 437.74
2.2	其他措施费	其他措施费	
3	其他项目	其他项目合计	6 275.83
3.1	材料检验试验费	材料检验试验费	
3.2	工程优质费	工程优质费	
3.3	暂列金额	暂列金额	5 705.3
3.4	暂估价	暂估价合计	
3.5	计日工	计日工	
3.6	总承包服务费	总承包服务费	
3.7	材料保管费	材料保管费	
3.8	预算包干费	预算包干费	570.53
3.9	索赔费用	索赔费用	
3.10	现场签证费用	现场签证费用	
4	规费	规费合计	64.77
5	税金	分部分项合计＋措施合计＋其他项目＋规费	2 319.02
6	总造价	分部分项合计＋措施合计＋其他项目＋规费＋税金	67 150.34

分部分项工程和单价措施项目清单与计价表

工程名称：小复式室内装饰工程　　　　第 1 页　共 7 页

序号	项目编码	项目名称	项目特征描述	计量单位	工程量	金额（元）	
						综合单价	合价
		H 门窗工程					
1	010801001001	木质门	1. 门代号及洞口尺寸：M7，900 mm×2 400 mm 2. 注明：特殊五金及配套小五金在单价内综合考虑	樘	1	1 182.48	1 182.48
2	010801001002	木质门	1. 门代号及洞口尺寸：M8，900 mm×2 400 mm 2. 注明：特殊五金及配套小五金在单价内综合考虑	樘	1	1 722.48	1 722.48
3	010801001003	木质门	1. 门代号及洞口尺寸：M5，800 mm×2 400 mm 2. 注明：特殊五金及配套小五金在单价内综合考虑	樘	1	1 531.09	1 531.09
4	010801001004	木质门	1. 门代号及洞口尺寸：M6，800 mm×2 250 mm 2. 注明：特殊五金及配套小五金在单价内综合考虑	樘	1	1 345.39	1 345.39
5	010801001005	木质门	1. 门代号及洞口尺寸：M3，700 mm×2 400 mm 2. 注明：特殊五金及配套小五金在单价内综合考虑	樘	1	931.09	931.09
6	010805005001	全玻自由门	1. 门代号及洞口尺寸：M4，750 mm×2 400 mm 2. 玻璃品种、厚度：8 mm 茶色烤漆玻璃 3. 注明：特殊五金及配套小五金在单价内综合考虑	樘	1	719.15	719.15
7	010808007001	成品木门窗套	1. 门代号及洞口尺寸：M5、M6、M7、M8，洞口尺寸：综合考虑 2. 门套材料品种、规格：胶合板基层，印尼实木贴面	m^2	2.68	260.7	698.68
		本页小计					8 130.36

分部分项工程和单价措施项目清单与计价表

工程名称：小复式室内装饰工程　　　　第 2 页　共 7 页

序号	项目编码	项目名称	项目特征描述	计量单位	工程量	金额（元）	
						综合单价	合价
8	010809004001	石材窗台板	1. 找平层厚度、砂浆配合比：20 mm 厚 1∶2.5水泥砂浆 2. 窗台板材质、规格、颜色：20 mm 厚水晶白大理石	m	2.4	280	672
		分部小计					8 802.36
		L 楼地面装饰工程					
9	011102003001	块料楼地面	1. 工程部位：客厅、餐厅、厨房、储物间 2. 找平层厚度、砂浆配合比：20 mm 厚 1∶2.5水泥砂浆 3. 面层材料品种、规格、颜色：800 mm×800 mm 白色瓷质抛光砖	m^2	26.09	173.14	4 517.22
10	011102003002	块料楼地面	1. 工程部位：卫生间 2. 找平层厚度、砂浆配合比：20 mm 厚 1∶2.5水泥砂浆 3. 面层材料品种、规格、颜色：300 mm×600 mm 白色防滑地砖	m^2	7.37	121.74	897.22
11	011102003003	块料楼地面	1. 工程部位：夹层小厅 2. 找平层厚度、砂浆配合比：20 mm 厚 1∶2.5水泥砂浆 3. 面层材料品种、规格、颜色：800 mm×400 mm 白色瓷质抛光砖	m^2	4.46	154.86	690.68
12	011104002001	实木地板	1. 工程部位：主、次卧室 2. 找平层厚度、砂浆配合比：30 mm 厚 1∶2.5水泥砂浆找平层 3. 防潮层材料种类：防潮纸一层 4. 面层材料品种、规格：普通实木地板，铺在水泥地面上	m^2	21.28	238.21	5069.11
13	011105001001	水泥砂浆踢脚线	1. 工程部位：楼梯边 2. 踢脚线高度：60mm 3. 底层厚度、砂浆配合比：20 mm 厚 1∶1∶6 水泥石灰砂浆	m^2	0.46	38.68	17.79
		本页小计					11 864.02

分部分项工程和单价措施项目清单与计价表

工程名称：小复式室内装饰工程　　第 3 页　共 7 页

序号	项目编码	项目名称	项目特征描述	计量单位	工程量	金额（元）	
						综合单价	合价
14	011105005001	木质踢脚线	1. 踢脚线高度：60 mm 2. 底层厚度、砂浆配合比：20 mm 厚 1∶1∶6 水泥石灰砂浆 3. 面层材料品种、规格、颜色：15 mm 厚印尼白木成品踢脚线	m^2	2.87	333.66	957.6
15	011106002001	块料楼梯面层	1. 工程部位：楼梯 2. 找平层厚度、砂浆配合比：20 mm 厚 1∶2.5 水泥砂浆 3. 面层材料品种、规格、颜色：踏面：白色人造水晶石，踢面：6 mm 厚银镜玻璃	m^2	2.27	457.87	1 039.36
16	011108001001	门口大理石踏面	1. 工程部位：夹层卫生间出口 2. 找平层厚度、砂浆配合比：1∶2.5 水泥砂浆 3. 基层厚度、材料种类：方木块面铺胶合板基层 4. 面层材料品种、规格、颜色：20 mm 厚雪花白大理石 5. 防护材料种类：大理石底刷养护液，面刷保护液	m^2	0.78	921.58	718.83
17	011108001002	黑金沙门槛石	1. 工程部位：主、次卧室 2. 找平层厚度、砂浆配合比：20 mm 厚 1∶2.5 水泥防水砂浆 3. 面层材料品种、规格、颜色：黑金沙大理石	m^2	0.31	558.9	173.26
18	011108003001	水晶石门槛石	1. 工程部位：卫生间 2. 找平层厚度、砂浆配合比：20 mm 厚 1∶2.5 水泥防水砂浆 3. 面层材料品种、规格、颜色：米白色水晶石	m^2	0.24	465.15	111.64
		分部小计					14 192.71
		M 墙、柱面装饰与隔断、幕墙工程					
19	011201001001	墙面一般抹灰	1. 墙体类型：内墙 2. 底层厚度、砂浆配合比：15 mm 厚 1∶2∶8 水泥石灰砂浆底 3. 面层厚度、砂浆配合比：5 mm 厚 1∶2.5 水泥砂浆面	m^2	108.18	24.62	2 663.39
本页小计							5 664.08

分部分项工程和单价措施项目清单与计价表

工程名称：小复式室内装饰工程　　　　第 4 页　共 7 页

序号	项目编码	项目名称	项目特征描述	计量单位	工程量	金额（元）	
						综合单价	合价
20	011204003001	块料墙面	1. 工程部位：厨房、卫生间 2. 底层厚度、砂浆配合比：15 mm 厚 1∶1∶6 水泥石灰砂浆 3. 面层材料品种、规格、品牌、颜色：300 mm×450 mm 白瓷砖	m^2	31.28	90.18	2 820.83
21	011204003002	块料墙面	1. 工程部位：首层卫生间 2. 底层厚度、砂浆配合比：15 mm 厚 1∶1∶6 水泥石灰砂浆 3. 面层材料品种、规格、颜色：300 mm×300 mm 黑瓷砖	m^2	4.35	91.37	397.46
22	011204003003	块料墙面	1. 工程部位：首层卫生间 2. 底层厚度、砂浆配合比：15 mm 厚 1∶1∶6 水泥石灰砂浆 3. 面层材料品种、规格、颜色：300 mm×300 mm 工艺图案瓷砖	m^2	1.43	97.58	139.54
23	011204003004	块料墙面	1. 工程部位：夹层卫生间 2. 底层厚度、砂浆配合比：15 mm 厚 1∶1∶6 水泥石灰砂浆 3. 面层材料品种、规格、颜色：幻彩数字马赛克	m^2	7.1	95.38	677.2
24	011207001001	墙面装饰板	1. 工程部位：首层卫生间、夹层次卧室 2. 龙骨材料种类、规格、中距：木龙骨断面 7.5 cm^2，木龙骨平均中距（mm 以内）300 3. 基层材料种类、规格：9 mm 厚胶合板 4. 面层材料品种、规格、颜色：8 mm 厚茶色烤漆玻璃	m^2	4.8	414.62	1 990.18
25	011207001002	墙面装饰板	1. 工程部位：首层餐厅、夹层卫生间 2. 基层材料种类、规格：9 mm 厚胶合板 3. 面层材料品种、颜色：银镜	m^2	14.56	386.68	5 630.06
本页小计							11 655.27

分部分项工程和单价措施项目清单与计价表

工程名称：小复式室内装饰工程　　　　第 5 页　共 7 页

序号	项目编码	项目名称	项目特征描述	计量单位	工程量	金额（元）	
						综合单价	合价
26	011207001003	墙面装饰板	1. 工程部位：首层厨房 2. 龙骨材料种类、规格、中距：龙骨断面 13 cm^2 内木龙骨平均中距（mm 以内）300 3. 基层材料种类、规格：9 mm 厚胶合板 4. 面层材料品种、规格、颜色：8 mm 厚茶色烤漆玻璃（双面）	m^2	4.15	686.5	2 848.98
27	011207001004	墙面装饰板	1. 工程部位：首层厨房 2. 面层材料品种、规格、颜色：8 mm 厚茶色烤漆玻璃	m^2	4.85	273.53	1 326.62
28	011207001005	墙面装饰板	1. 工程部位：夹层主人房 2. 面层材料品种、规格：双面 12 mm 厚胶合板 3. 油漆品种、刷漆遍数：白色乳胶漆二遍	m^2	1.34	181.8	243.61
29	011210003001	玻璃隔断	1. 工程部位：卫生间 2. 底座材料种类、规格：白色人造水晶石 3. 玻璃品种、规格、颜色：12 mm 厚钢化玻璃	m^2	5.51	304.71	1 678.95
		分部小计					20 416.82
		N 天棚工程					
30	011301001001	天棚抹灰	抹灰厚度、材料种类：10 mm 厚 1∶1∶6 水泥石灰砂浆底，1∶2.5 水泥砂浆面	m^2	36.93	23.54	869.33
31	011302001001	吊顶天棚	1. 工程部位：卫生间 2. 吊顶形式：平面天棚 3. 龙骨类型、材料种类、中距：装配式 U 形轻钢天棚龙骨（不上人型），面层规格 450 mm×450 mm 平面 4. 面层材料品种：防水石膏板面层	m^2	7.37	113.45	836.13
32	011302001002	吊顶天棚	1. 工程部位：夹层小厅、主卧室 2. 吊顶形式：平面天棚 3. 龙骨类型、材料种类、中距：装配式 U 形轻钢天棚龙骨（上人型），面层规格 450 mm×450 mm 平面 4. 面层材料品种、规格：9 mm 厚胶合板	m^2	3.4	252.89	859.83
		本页小计					8 663.45

分部分项工程和单价措施项目清单与计价表

工程名称：小复式室内装饰工程　　　　第6页　共7页

序号	项目编码	项目名称	项目特征描述	计量单位	工程量	金额（元）	
						综合单价	合价
33	011302001003	吊顶天棚	1. 工程部位：厨房 2. 吊顶形式：藻井天棚 3. 龙骨类型、材料种类、中距：装配式U形轻钢天棚龙骨（上人型），面层规格450 mm×450 mm跌级 4. 面层材料品种、规格：9 mm厚胶合板	m^2	4.23	256.76	1 086.09
34	011302001004	吊顶天棚	1. 工程部位：客厅、餐厅 2. 吊顶形式：跌级天棚 3. 龙骨类型、材料种类、中距：装配式U形轻钢天棚龙骨（上人型），面层规格450 mm×450 mm平面 4. 面层材料品种、规格：9 mm厚胶合板	m^2	11.4	199.42	2 273.39
35	011302001005	吊顶天棚	1. 工程部位：夹层次卧室 2. 面层材料品种、规格：双面12 mm厚胶合板 3. 油漆品种、刷漆遍数：白色乳胶漆二遍	m^2	1.67	177.49	296.41
		分部小计					6 221.18
		P 油漆、涂料、裱糊工程					
36	011404004001	木方格吊顶天棚油漆	1. 工程部位：天棚胶合板面 2. 刮腻子遍数：满刮腻子二道，砂纸磨平 3. 油漆品种、刷漆遍数：白色乳胶漆二遍	m^2	24.64	29.04	715.55
37	011404004002	木方格吊顶天棚油漆	1. 工程部位：厨房天棚胶合板面 2. 刮腻子遍数：满刮腻子二道，砂纸磨平 3. 油漆品种、刷漆遍数：白色防潮乳胶漆二遍	m^2	7.53	36.81	277.18
38	011406001001	抹灰面油漆	1. 工程部位：内墙 2. 刮腻子遍数：满刮腻子二道，砂纸磨平 3. 油漆品种、刷漆遍数：白色乳胶漆二遍	m^2	104.57	21.07	2 203.29
39	011406001002	抹灰面油漆	1. 工程部位：天棚 2. 刮腻子遍数：满刮腻子二道，砂纸磨平 3. 油漆品种、刷漆遍数：白色乳胶漆二遍	m^2	36.93	21.95	810.61
40	011406001003	抹灰面油漆	1. 工程部位：梯级边 2. 刮腻子遍数：满刮腻子二道，砂纸磨平 3. 油漆品种、刷漆遍数：亮光白色喷漆二遍	m^2	4.07	26.65	108.47
		本页小计					7 770.99

分部分项工程和单价措施项目清单与计价表

工程名称：小复式室内装饰工程　　　　第7页　共7页

序号	项目编码	项目名称	项目特征描述	计量单位	工程量	金额（元）	
						综合单价	合价
41	011406001004	石膏板面油漆	1. 工程部位：卫生间石膏板天棚 2. 刮腻子遍数：满刮腻子二道，砂纸磨平 3. 油漆品种、刷漆遍数：白色防潮乳胶漆二遍	m^2	7.99	29.49	235.63
		分部小计					4 350.73
		Q其他工程					
42	011501011001	矮柜	1. 工程部位：首层楼梯边 2. 台柜规格：矮柜2 500 mm×400 mm 3. 材料种类、规格：黑色烤漆玻璃、银镜、白色人造水晶石面层，胶合板基层 4. 结构骨架：等边角钢L 50×5 5. 注明：特殊五金及配套小五金在单价内综合考虑	个	1	1 822.52	1 822.52
43	011502001001	金属装饰线	1. 工程部位：首层楼梯边 2. 线条材料品种、规格：成品25 mm×30 mm空心铝条（含油白色半亚光漆二遍）	m	50	11.74	587
		分部小计					2 409.52
		S措施项目					
44	粤011701012001	活动脚手架	搭设部位：墙柱面	m^2	233.41	1.75	408.47
45	粤011701012002	活动脚手架	搭设部位：天棚	m^2	59.95	4.19	251.19
		分部小计					659.66
本页小计							3 304.81
合　计							57 052.98

综合单价分析表

工程名称：小复式室内装饰工程　　　　第 1 页　共 1 页

<table>
<tr><td>项目编码</td><td>011102003001</td><td>项目名称</td><td colspan="6">块料楼地面</td><td>计量单位</td><td colspan="2">m²</td><td>清单工程量</td><td>26.09</td></tr>
<tr><td colspan="14">综合单价分析</td></tr>
<tr><td rowspan="2">定额编号</td><td rowspan="2">定额名称</td><td rowspan="2">定额单位</td><td rowspan="2">工程数量</td><td colspan="5">单价（元）</td><td colspan="5">合价（元）</td></tr>
<tr><td>人工费</td><td>材料费</td><td>机械费</td><td>管理费</td><td>利润</td><td>人工费</td><td>材料费</td><td>机械费</td><td>管理费</td><td>利润</td></tr>
<tr><td>A9—69 换</td><td>楼地面陶瓷块料（每块周长 mm）3 200 以内，水泥砂浆，合并制作子目，水泥砂浆 1∶2</td><td>100 m²</td><td>0.01</td><td>2 103.03</td><td>13 342.42</td><td>15.61</td><td>203.96</td><td>378.55</td><td>21.03</td><td>133.42</td><td>0.16</td><td>2.04</td><td>3.79</td></tr>
<tr><td>A9—1 换</td><td>楼地面水泥砂浆找平层混凝土或硬基层上 20 mm，合并制作子目，水泥砂浆 1∶2.5</td><td>100 m²</td><td>0.01</td><td>547.86</td><td>544.32</td><td>31.21</td><td>48.37</td><td>98.61</td><td>5.48</td><td>5.44</td><td>0.31</td><td>0.48</td><td>0.99</td></tr>
<tr><td colspan="2">人工单价</td><td colspan="7">小计</td><td>26.51</td><td>138.87</td><td>0.47</td><td>2.52</td><td>4.77</td></tr>
<tr><td colspan="2">综合工日 92 元/工日</td><td colspan="7">未计价材料费</td><td colspan="5"></td></tr>
<tr><td colspan="9">综合单价</td><td colspan="5">173.14</td></tr>
<tr><td rowspan="6">材料费明细</td><td colspan="5">主要材料名称、规格、型号</td><td colspan="2">单位</td><td colspan="2">数量</td><td>单价（元）</td><td>合价（元）</td><td>暂估单价（元）</td><td>暂估合价（元）</td></tr>
<tr><td colspan="5">复合普通硅酸盐水泥 P.C　32.5</td><td colspan="2">t</td><td colspan="2">0.0012</td><td>368.42</td><td>0.44</td><td></td><td></td></tr>
<tr><td colspan="5">白色瓷质抛光砖 800 mm×800 mm</td><td colspan="2">m²</td><td colspan="2">1.04</td><td>125</td><td>130</td><td></td><td></td></tr>
<tr><td colspan="9">其他材料费</td><td>—</td><td>8.43</td><td>—</td><td></td></tr>
<tr><td colspan="9">材料费小计</td><td>—</td><td>138.87</td><td>—</td><td></td></tr>
<tr><td colspan="5"></td><td colspan="2"></td><td colspan="2"></td><td></td><td></td><td></td><td></td></tr>
</table>

总价措施项目清单与计价表

工程名称：小复式室内装饰工程　　第1页　共1页

序号	项目编码	项目名称	计算基础	费率（%）	金额（元）	调整费率（%）	调整后金额（元）	备注
1	011707001001	安全文明施工（含环境保护、文明施工、安全施工、临时设施）	分部分项合计	2.52	1 437.74			以分部分项工程费为计算基础，费率2.52% 1 437.74
2	011707002001	夜间施工		20				以夜间施工项目人工费的20%计算
3	011707003001	非夜间施工照明						
4	011707004001	二次搬运						
5	011707005001	冬雨季施工						
6	011707006001	地上、地下设施、建筑物的临时保护设施						
7	011707007001	已完工程及设备保护						
合　计					1 437.74			

其他项目清单与计价汇总表

工程名称：小复式室内装饰工程　　第1页　共1页

序号	项目名称	金额（元）	结算金额（元）	备注
1	材料检验试验费			
2	工程优质费			
3	暂列金额	5 705.30		
4	暂估价			
4.1	材料暂估价	—		
4.2	专业工程暂估价			
5	计日工			
6	总承包服务费			
7	材料保管费			
8	预算包干费	570.53		
9	现场签证费用			
10	索赔费用			
合　计		6 275.83		—

暂列金额明细表

工程名称：小复式室内装饰工程　　　　第1页　共1页

序号	项目名称	计量单位	暂定金额（元）	备注
1	暂列金额	元	5 705.30	
合　计			5 705.30	—

规费和税金项目计算表

工程名称：小复式室内装饰工程　　　　第1页　共1页

序号	项目名称	计算基础	费率（%）	金额（元）
1	规费	规费合计		64.77
1.1	工程排污费	分部分项合计＋措施合计＋其他项目	0	
1.2	施工噪声排污费	分部分项合计＋措施合计＋其他项目	0	
1.3	防洪工程维护费	分部分项合计＋措施合计＋其他项目	0	
1.4	危险作业意外伤害保险费	分部分项合计＋措施合计＋其他项目	0.1	
2	税金及堤围防护费	分部分项合计＋措施合计＋其他项目＋规费	3.577	2 319.02
	合　计			2 383.79

思考与练习

试根据案例室内装饰工程工程量清单报价表中的综合单价分析表格式，把其他分部分项工程量清单的综合单价计算出来。